国防科技图书出版基金

液体火箭发动机系统稳定性

Stability of Liquid Rocket Engine System

李斌 著

国防工业出版社

·北京·

图书在版编目（CIP）数据

液体火箭发动机系统稳定性/李斌著. —北京：
国防工业出版社，2023.3
 ISBN 978 – 7 – 118 – 12963 – 2

Ⅰ.①液… Ⅱ.①李… Ⅲ.①液体推进剂火箭发动机
–稳定性 Ⅳ.①V434

中国国家版本馆 CIP 数据核字（2023）第 074157 号

※

国防工业出版社出版发行
（北京市海淀区紫竹院南路23号 邮政编码100048）
北京龙世杰印刷有限公司印刷
新华书店经售

*

开本 710×1000 1/16 插页 16 印张 22 字数 385 千字
2023 年 3 月第 1 版第 1 次印刷 印数 1—2000 册 定价 186.00 元

（本书如有印装错误，我社负责调换）

国防书店:(010)88540777	发行邮购:(010)88540776
发行业务:(010)88540717	发行传真:(010)88540762

致 读 者

本书由中央军委装备发展部**国防科技图书出版基金**资助出版。

为了促进国防科技和武器装备发展,加强社会主义物质文明和精神文明建设,培养优秀科技人才,确保国防科技优秀图书的出版,原国防科工委于1988年初决定每年拨出专款,设立国防科技图书出版基金,成立评审委员会,扶持、审定出版国防科技优秀图书。这是一项具有深远意义的创举。

国防科技图书出版基金资助的对象是:

1. 在国防科学技术领域中,学术水平高,内容有创见,在学科上居领先地位的基础科学理论图书;在工程技术理论方面有突破的应用科学专著。

2. 学术思想新颖,内容具体、实用,对国防科技和武器装备发展具有较大推动作用的专著;密切结合国防现代化和武器装备现代化需要的高新技术内容的专著。

3. 有重要发展前景和有重大开拓使用价值,密切结合国防现代化和武器装备现代化需要的新工艺、新材料内容的专著。

4. 填补目前我国科技领域空白并具有军事应用前景的薄弱学科和边缘学科的科技图书。

国防科技图书出版基金评审委员会在中央军委装备发展部的领导下开展工作,负责掌握出版基金的使用方向,评审受理的图书选题,决定资助的图书选题和资助金额,以及决定中断或取消资助等。经评审给予资助的图书,由国防工业出版社出版发行。

国防科技和武器装备发展已经取得了举世瞩目的成就,国防科技图书承担着记载和弘扬这些成就,积累和传播科技知识的使命。开展好评审工作,使有限的基金发挥出巨大的效能,需要不断摸索、认真总结和及时改进,更需要国防科技和武器装备建设战线广大科技工作者、专家、教授,以及社会各界朋友的热情支持。

让我们携起手来,为祖国昌盛、科技腾飞、出版繁荣而共同奋斗!

国防科技图书出版基金
评审委员会

国防科技图书出版基金
2020 年度评审委员会组成人员

主 任 委 员　吴有生
副主任委员　郝　刚
秘 书 长　　郝　刚
副 秘 书 长　刘　华
委　　　员　于登云　王清贤　甘晓华　邢海鹰　巩水利
（按姓氏笔画排序）刘　宏　孙秀冬　芮筱亭　杨　伟　杨德森
　　　　　　吴宏鑫　肖志力　初军田　张良培　陆　军
　　　　　　陈小前　赵万生　赵凤起　郭志强　唐志共
　　　　　　康　锐　韩祖南　魏炳波

序

液体火箭发动机是航天事业发展的基石,是运载火箭、导弹武器的核心分系统之一。液体火箭发动机为我国"两弹一星""载人航天""北斗导航"等重大航天工程和国防现代化建设作出了重大贡献。

液体火箭发动机事业自创建之日起,走过了"仿制起步""自主研制""创新提高"和"全面发展"的艰难而又辉煌的发展历程。经过几代人60多年的努力,液体火箭发动机技术从第一代的"燃气发生器循环"进化到了第二代的"高压补燃循环",发动机产品也从机械产品向机电产品过渡,并逐步从一次性使用向可重复使用方向发展,事业初创阶段的试错式研制方法已经慢慢淡出人们的视野,基于数据库的建模仿真研制方式得到越来越多的应用。

本质上,液体火箭发动机是能量密度非常高的热机,其系统复杂,各组件的参数耦合性强。目前,我国已经较好地掌握了发动机静态分析及控制技术、发动机过渡过程控制技术,分析模型及仿真方法也较为成熟,但对于发动机系统稳定性控制技术一直缺乏较为成熟的、适用于工程分析的研究方法。

李斌研究员长期从事液体火箭发动机技术研究和技术管理工作,是该技术领域杰出的代表人物之一。他结合发动机研制进行了系统稳定性问题的深入研究,并投入大量时间收集、整理、提炼了相关素材,撰写成这部著作。该书系统地总结了多年来发动机系统稳定性问题的研究方法,归纳了几类机理,建立了适用于不同频率范围的液路系统、流体机械系统、气路系统的动力学模型,针对不同机理的振荡问题给出相应的稳定性分析方法;详细讨论了发动机全系统频率特性、"箭体-发动机推进剂供应系统"回路振荡、"发动机-流量调节器"回路振荡、泵气蚀自激振荡、气液掺混过程引起的低频振荡、"燃烧室-推进剂供应系统"回路低频振荡、管路-流量调节器自激振荡等问题的分析方法及不稳定抑制措施。

该书具有一定的理论深度,同时又有较强的工程应用价值。该书的研究成果不仅可用于未来先进的大范围变推力发动机、内部耦合更为强烈的补燃循环发动机、不同推进剂组合发动机等系统稳定性问题的分析及控制,还可用于易出现 POGO 稳定性问题的大型运载火箭供应系统、各类挤压式试验系统、涡轮泵的水力试验系统等各类流体系统的频率特性、稳定性分析。

  该书涵盖了发动机系统稳定性相关的模型建立、分析方法、典型问题分析案例、工程试验数据对比,同时也探讨了各类稳定性问题的机理,内容新颖,深入浅出,在同类书籍中是很少见的。该书在国内首次建立起液体火箭发动机宽频率范围全系统稳定性理论体系,弥补了国内在液体火箭发动机系统稳定性方面书籍的空缺,适用于从事液体火箭发动机设计的工程技术人员,也可以作为高等院校相关专业的参考书。特此,推荐给广大读者。

张贵田

中国工程院院士

前 言

为了满足航天运输的需要,必须研制出能量密度尽可能高的动力装置——液体火箭发动机。液体火箭发动机工作中,伴随着强烈的机械与化学能量转化过程,包括推进剂的高速流动、高速机械旋转、气液掺混、剧烈燃烧与传热、流固热声的耦合等过程,而建立起能够准确描述这些过程的可靠模型是发动机研制的理论基础。

经过近百年的研究和发展,液体火箭发动机科研人员已经积累了丰富的研究经验,建立了比较全面的理论技术体系。对于发动机静态特性,形成了较为完备的模型和计算方法,已经具备对稳态工况准确预示和调节的能力;对于发动机起动、关机等过渡过程,结合仿真和工程经验,也形成了各种循环方式发动机的控制原则和策略;而通过对某些工况点下或过渡过程中的振荡过程进行建模和试验验证研究发动机系统稳定性特性,一直是液体火箭发动机技术研究中的难题。

在挤压式发动机系统、开式循环发动机系统、补燃循环发动机系统、冲压发动机、吸气式组合发动机系统以及很多地面试验系统中,流体经常会出现较大幅值的特定突频振荡,这就是本书探讨的系统稳定性问题,这些特定频率的流体振荡会引起发动机结构振动,甚至推力波动。幅值较大时,会导致结构破坏,特别是补燃循环发动机系统,其工作过程的能量密度最高,通过频带宽,有些环节有相位滞后,这些都会导致某些发动机组件、分系统甚至整个主系统回路在某些频率下失去工作稳定性。系统振荡过程往往与燃烧、气液掺混流动、机械运动等复杂的动力学过程相关,系统振荡频率范围覆盖了低频(在50Hz以下)、中频(50~400Hz)和高频(在400Hz以上),很多振荡过程的数据特征相似,但机理完全不同,所采取的抑制措施也不尽相同;系统的振荡过程对边界条件也非常敏感,在飞行过程和地面试验系统中,表现的特征也大相径庭。正由于这些原因,给发动机振荡过程的机理分析与建模、试验方案设计与验证以及稳定性控制带来了很大的难度。

本书简单介绍用于系统稳定性分析的控制理论,重点针对液体火箭发动机系统的振荡过程,介绍适应于不同频率范围的液路系统、流体机械系统、气路系统的动力学模型,在此基础上,针对不同机理的系统振荡问题讨论管路-流量调节器系统振荡、供应系统与燃烧过程耦合振荡、两相流自激振荡、发动机与流量调节器系统振荡、发动机整机振荡等问题,分析了振荡机理、振荡特性和控制措施。本书还通过发动机研究中的实例介绍了通过冷态试验或热试验研究系统稳定性的方法,书中的理论与方法都通过了实际发动机的验证,相信对读者开展研究工作会有所帮助。

特别感谢航天动力著名专家、中国工程院张贵田院士,阅读了本书的多个版本,提出了许多中肯的修改意见并为本书作序。邢理想、张淼、杜大华、秦艳平等为本书的撰著做了大量工作,在此向他们表示诚挚的感谢。多位同志为本书提供了一手资料和修改建议,在此一并表示感谢。

感谢国防科技图书出版基金的资助和国防工业出版社王九贤编辑的帮助。

由于作者专业水平有限,书中难免存在不足之处,恳请广大读者批评指正。

目 录

第1章 绪论

1.1 概述 ·· 1
1.2 液体火箭发动机系统 ··· 3
1.3 发动机各组件非稳态过程的特点及数学模型 ··············· 8
1.4 发动机稳定性问题分类 ··· 11
1.5 发动机系统动态特性试验 ·· 17
参考文献 ··· 18

第2章 稳定性分析基础理论

2.1 经典控制理论 ·· 21
    2.1.1 非线性数学模型的线性化 ································· 21
    2.1.2 拉普拉斯变换 ··· 23
    2.1.3 传递函数 ·· 23
    2.1.4 频率特性 ·· 24
    2.1.5 频域稳定性分析 ··· 25
2.2 状态空间理论 ·· 29
    2.2.1 状态空间描述 ··· 29
    2.2.2 状态空间分析方法 ··· 33
参考文献 ··· 37

第3章 发动机动态特性数学模型

3.1 流体动力学的基本研究方法 ······································ 40
    3.1.1 研究流体运动的方法 ······································· 40
    3.1.2 雷诺输运定理 ··· 41
3.2 声速 ·· 44

- 3.2.1 液体声速 ··· 44
- 3.2.2 气体声速 ··· 48

3.3 液路模型 ·· 49
- 3.3.1 集中参数的液路直管模型 ·· 50
- 3.3.2 分布参数的液路直管模型 ·· 53
- 3.3.3 其他特殊液路的模型 ·· 58
- 3.3.4 液体流路分析 ··· 65

3.4 气路模型 ·· 74
- 3.4.1 绝热流动气路模型 ··· 75
- 3.4.2 瞬时混合气路模型 ··· 85
- 3.4.3 分布参数气路模型 ··· 93

3.5 涡轮泵功率模型 ··· 96
- 3.5.1 涡轮功率方程 ··· 96
- 3.5.2 泵功率方程 ·· 97
- 3.5.3 涡轮泵方程 ·· 97

参考文献 ··· 98

第4章 系统流体与机械运动耦合稳定性

4.1 流量调节器-管路系统动态特性 ··· 100
- 4.1.1 流量调节器-管路系统及数学模型 ·· 101
- 4.1.2 流量调节器自激振荡过程时域仿真 ······································ 109
- 4.1.3 流量调节器自激振荡过程频域分析 ······································ 110
- 4.1.4 流量调节器-挤压管路系统的频率特性与稳定性 ····················· 113
- 4.1.5 流量调节器-泵压管路系统的频率特性和稳定性 ····················· 117
- 4.1.6 流量调节器-管路系统自激振荡抑制方法 ······························· 119
- 4.1.7 流量调节器-管路系统自激振荡特性试验 ······························· 124

4.2 单向阀-管路系统动态特性 ·· 126
- 4.2.1 单向阀-管路系统结构及数学模型 ······································· 126
- 4.2.2 单向阀-管路系统自激振荡时域仿真 ···································· 130
- 4.2.3 液流系统稳定性 ·· 135
- 4.2.4 改进措施 ··· 137

参考文献 ··· 137

第5章 供应系统与燃烧组件耦合稳定性

5.1 燃烧时滞模型应用 139
5.1.1 经典燃烧时滞模型 140
5.1.2 低阶燃烧模型 142
5.2 供应系统与燃烧组件声学耦合振荡 144
5.2.1 供应系统与声学耦合建模 144
5.2.2 供应系统与声学耦合稳定性 151
5.2.3 供应系统与燃烧声学耦合机理 160
5.2.4 敏感因素对系统耦合稳定性的影响 162
5.2.5 单向阀与燃气发生器耦合特性分析 165
5.3 供应系统与燃烧组件熵波耦合振荡 170
5.3.1 熵波耦合系统建模 170
5.3.2 熵波耦合特性研究 171
5.3.3 敏感因素对系统耦合稳定性的影响 173
参考文献 181

第6章 两相流体动力学过程耦合稳定性

6.1 冷凝自激振荡 184
6.1.1 富氧燃气射流冷凝动力学过程模型 186
6.1.2 富氧燃气射流冷凝动力学瞬态过程 194
6.1.3 氧路系统频率特性和稳定性 201
6.2 气蚀自激振荡 212
6.2.1 诱导轮离心泵气蚀自激振荡模型 213
6.2.2 诱导轮离心泵动态参数 220
6.2.3 诱导轮离心泵管路系统动态过程 225
6.2.4 诱导轮外型对稳定性的影响 236
参考文献 237

第7章 发动机系统低频频率特性

7.1 氧系统低频频率特性 242
7.1.1 串联系统仿真方法 242

7.1.2 绝热条件下氧系统低频频率特性 ············· 243
7.1.3 瞬时混合条件下氧路低频频率特性 ············· 248
7.1.4 发动机入口阻抗和推进系统频率特性 ············· 250
7.1.5 出口边界温度影响 ············· 252

7.2 发动机全系统频率特性 ············· 253
7.2.1 发动机全系统频率特性仿真方法 ············· 253
7.2.2 不同干扰因素影响下的发动机频率特性 ············· 253
7.2.3 熵波影响分析 ············· 257
7.2.4 其他影响因素 ············· 258
7.2.5 氧系统单独分析结果与全系统分析对比 ············· 261

7.3 流量调节器-发动机回路系统的稳定性及频率特性 ············· 262
7.3.1 稳定性边界确定方法 ············· 263
7.3.2 稳定性边界分析 ············· 264
7.3.3 流量调节器对发动机频率特性的影响 ············· 265

7.4 发动机与试车台系统频率特性 ············· 269
7.4.1 发动机试车台试验系统简介 ············· 269
7.4.2 频率特性 ············· 271
7.4.3 抑制措施 ············· 273

参考文献 ············· 275

第8章 发动机动态特性试验研究

8.1 流体声速试验 ············· 276
8.1.1 水击法 ············· 277
8.1.2 驻波法 ············· 278

8.2 泵动态特性水力试验 ············· 280
8.2.1 试验原理、动特性参数识别技术途径 ············· 281
8.2.2 试验模拟准则 ············· 282
8.2.3 试验系统设计 ············· 283
8.2.4 隔离贮箱设计 ············· 284
8.2.5 激励系统设计 ············· 288
8.2.6 试验测点 ············· 291
8.2.7 试验主要内容 ············· 292

- 8.2.8 数据分析方法 ································· 293
- 8.2.9 试验结果及分析 ······························ 296

8.3 单向阀-管路系统自激振荡试验 ························ 300
- 8.3.1 单向阀自激振荡现象与研究方法 ············· 300
- 8.3.2 单向阀自激振荡试验设计 ····················· 301
- 8.3.3 试验数据分析 ································· 302

8.4 流量调节器-管路系统频率特性试验 ··················· 303
- 8.4.1 试验系统设计 ································· 304
- 8.4.2 数据处理及分析方法 ·························· 308
- 8.4.3 试验结果分析 ································· 309

8.5 泵后供应系统动态液流试验 ··························· 314
- 8.5.1 试验系统设计 ································· 315
- 8.5.2 数据测量及分析方法 ·························· 316
- 8.5.3 试验结果与分析 ······························ 317

8.6 燃气发生器大范围变工况稳定性试验 ·················· 322
- 8.6.1 试验方案设计 ································· 322
- 8.6.2 发生器-推进剂供应系统耦合稳定性分析 ····· 324
- 8.6.3 各工况系统稳定性试验数据分析 ·············· 327

8.7 发动机系统热试车搭载动态试验方案 ·················· 329
- 8.7.1 动特性试车模拟准则 ·························· 329
- 8.7.2 试验激励方式 ································· 330
- 8.7.3 试验测点设计 ································· 330

参考文献 ··· 330

CONTENTS

Chapter 1 PREFACE

1.1 **Introduction** ··· 1
1.2 **Liquid Rocket Engine(LRE) System** ·· 3
1.3 **Characteristic and Mathematical Model of unsteady Process for Key Components in the Liquid Rocket Engine** ···················· 8
1.4 **Classification of Stability Problems of Liquid Rocket Engine** ······ 11
1.5 **Test on the Liquid Rocket Engine Dynamics** ···························· 17
References ·· 18

Chapter 2 Basic Theory of Stability Analysis

2.1 **Classical Control Theory** ·· 21
    2.1.1 Linearization of Nonlinear Mathematical Model ···················· 21
    2.1.2 Laplace Transform ·· 23
    2.1.3 Transfer Function ·· 23
    2.1.4 Frequency Characteristic ·· 24
    2.1.5 Stability Analysis in Frequency Domain ······························ 25
2.2 **State-Space Theory** ·· 29
    2.2.1 State-Space Description ··· 29
    2.2.2 State-Space Analysis Method ·· 33
References ·· 37

Chapter 3 Dynamic Model of Liquid Rocket Engine

3.1 **Basic Investigation Methods of Fluid Dynamics** ······················· 40
    3.1.1 Investigation Methods of Fluid Motion ································· 40

3.1.2 Reynolds Transport Theorem ········· 41
3.2 Sonic Velocity ········· 44
3.2.1 Sonic Velocity of Liquid ········· 44
3.2.2 Sonic Velocity of Gas ········· 48
3.3 Model of Liquid Feedline ········· 49
3.3.1 Lumped Parameter Model of Liquid Straight Pipe ········· 50
3.3.2 Distributed Parameter Model of Liquid Straight Pipe ········· 53
3.3.3 Model of Other Special Liquid Feedline ········· 58
3.3.4 Liquid Feedline Analysis ········· 65
3.4 Model of Gas Flowpath ········· 74
3.4.1 Model of Adiabatic Process for Gas Flowpath ········· 75
3.4.2 Model of Instantaneous Mixture for Gas Flowpath ········· 85
3.4.3 Distributed Parameter Model for Gas Flowpath ········· 93
3.5 Model of Turbo – Pump ········· 96
3.5.1 Equation of Power Produced by Turbine ········· 96
3.5.2 Equation of Power Required by Pump ········· 97
3.5.3 Equation of Inertia Moment of the Turbo – Pump ········· 97
References ········· 98

Chapter 4 Stability of Liquid Pipeline Coupled with Mechanical Motion

4.1 Dynamics of Flow Regulator and Liquid Pipeline ········· 100
4.1.1 Mathematical model of Flow Regulator and Liquid Pipeline ········· 101
4.1.2 Time Domain Simulation of the Self – Excited Oscillation Process at Flow Regulator ········· 109
4.1.3 Frequency Domain Analysis of the Self – Excited Oscillation at Flow Regulator ········· 110
4.1.4 Frequency Characteristic and Stability of Flow Regulator Coupled with Liquid Pipeline in Pressure – Fed System ········· 113
4.1.5 Frequency Characteristic and Stability of Flow Regulator Coupled with Liquid Pipeline in Turbopump – Fed System ········· 117

4.1.6 Suppression of the Self – Excited Oscillation of Flow Regulator Coupled with Liquid Pipeline ……………………………………… 119
4.1.7 Test on the Self – Excited Oscillation Process of Flow Regulator Coupled with Liquid Pipeline ……………………………………… 124
4.2 Dynamics of Checkvalve and Liquid Pipeline …………………… 126
4.2.1 Mathematical model of Checkvalve with Liquid Pipeline ……… 126
4.2.2 Time Domain Simulation of the Self – Excited Oscillation Process at Checkvalve Coupled with Liquid Pipeline …………… 130
4.2.3 Stability of Checkvalve Coupled with Liquid Pipeline ………… 135
4.2.4 Improvements of Stability ………………………………………… 137
References ………………………………………………………………… 137

Chapter 5 Stability of Combustion Coupled with Feed System

5.1 Application of Time Delay Model ……………………………… 139
5.1.1 Classical Time Delay Model ……………………………………… 140
5.1.2 Low – Order Combustion Model …………………………………… 142
5.2 Acoustic Oscillation of Combustor Coupled with Feed System ……………………………………………………………… 144
5.2.1 Model of Acoustic Oscillation on Combustion Chamber Coupled with Feed System ………………………………………… 144
5.2.2 Stability of Acousitic Oscillation on Combustion Chamber Coupled with Feed System ………………………………………… 151
5.2.3 Mechanism of Acoustic Oscillation on Combustion Chamber Coupled with Feed System ………………………………………… 160
5.2.4 Effects of Sensitive Factors on Coupled Stability ……………… 162
5.2.5 Frequency Charactcristic of Chcckvalve Coupled with Gas Genercator ………………………………………………………… 165
5.3 Instability Excited by Entropy Waves Coupled with Feed System ……………………………………………………………… 170
5.3.1 Model of the Entropy Waves Coupled with Feed System ……… 170
5.3.2 Frequency Characteristic of the Entropy Waves Coupled with Feed

    System ……………………………………………………………… 171
 5.3.3 Effects of Sensitive Factors on Coupled Stability ……………… 173
References ……………………………………………………………… 181

Chapter 6 Coupled Stability of Two – Phase Fluid Dynamics

6.1 Condensation – Induced Self – Excited Oscillation ……………… 184
 6.1.1 Transient Model of Condensation of Oxidizer – Rich Gas Jet …… 186
 6.1.2 Transient Simulation of Condensation of Oxidizer – Rich Gas
    Jet ………………………………………………………………… 194
 6.1.3 Frequency Characteristic and Stability of Oxygen Feed
    System …………………………………………………………… 201
6.2 Cavitation – Induced Self – Excited Oscillation ……………… 212
 6.2.1 Model of Cavitation – Induced Self – excited Oscillation of
    Inducer and Centrifugal Pump ………………………………… 213
 6.2.2 Dynamic Parameters of Inducer and Centrifugal Pump ………… 220
 6.2.3 Dynamics of Inducer and Centrifugal Pump Coupled with
    Pipeline ………………………………………………………… 225
 6.2.4 Effect of the Shape of Inducer on Stability …………………… 236
References ……………………………………………………………… 237

Chapter 7 Low Frequency Characteristics of the Entire Engine

7.1 Low – Frequency Characteristic of Oxygen Feed System ……… 242
 7.1.1 Series of Transfer Matrix ……………………………………… 242
 7.1.2 Low Frequency Characteristic of Oxygen System under Adiabatic
    Assumption ……………………………………………………… 243
 7.1.3 Low Frequency Characteristic of Oxygen Feed System under
    Instantaneous Mixing Assumption …………………………… 248
 7.1.4 Engine Inlet Impedance and Propulsion System Frequency
    Characteristics ………………………………………………… 250
 7.1.5 Effects Analysis of Temperature at Downstream Exit
    Boundary ……………………………………………………… 252

7.2 Frequency Characteristic of the Entire Engine ······ 253
7.2.1 Simulation of Frequency Characteristic of the Entire Engine ······ 253
7.2.2 Effects Analysis of Disturbance Factors on Frequency Characteristic ······ 253
7.2.3 Effect Analysis of Entropy Waves ······ 257
7.2.4 Effects of other Factors on Stability ······ 258
7.2.5 Comparison of Individual Analysis with Entire System Analysis of Oxygen Feed System ······ 261
7.3 Stability and Frequency Characteristic of Flow Regulator Coupled with Engine ······ 262
7.3.1 Method for Determination of Stability Limit ······ 263
7.3.2 Stability Limit Analysis ······ 264
7.3.3 Effects of Flow Regulator on Engine Frequency Response ······ 265
7.4 Frequency Characteristics of Engine Coupled with Test Bench ······ 269
7.4.1 Brief Introduction of Engine and the Test Bench ······ 269
7.4.2 Frequency Characteristics ······ 271
7.4.3 Suppression of Oscillation ······ 273
References ······ 275

Chapter 8 Test Study on Engine Dynamics

8.1 Test for Measuring Liquid Sonic Velocity ······ 276
8.1.1 Water Hammer Method ······ 277
8.1.2 Standing Waves Method ······ 278
8.2 Hydraulic Test on Pump Dynamics ······ 280
8.2.1 Test Principle and Dynamic Parameters Identification ······ 281
8.2.2 Test Simulation Criterion ······ 282
8.2.3 Design of Test System ······ 283
8.2.4 Design of Isolation Tank ······ 284
8.2.5 Design of Excitation System ······ 288
8.2.6 Distribution of Sensors ······ 291

8.2.7	Main Contents of the Test	292
8.2.8	Data Analysis Method	293
8.2.9	Test Results and Analysis	296

8.3 Self – excited Oscillation Test of Checkvalve – Pipeline System 300

8.3.1	The Phenomenon and Research Method of Self – Excited Oscillation of Checkvalve	300
8.3.2	Design of Self – Excited Oscillation Test for Checkvalve	301
8.3.3	Test Data Analysis	302

8.4 Test on Frequency Characteristics of Flow Regulator – Pipeline System 303

8.4.1	Design of Test System	304
8.4.2	Data Processing and Analysis Method	308
8.4.3	Analysis of Test Results	309

8.5 Dynamic Test of Propellant Feed System 314

8.5.1	Design of Test System	315
8.5.2	Data Processing and Analysis Method	316
8.5.3	Analysis of Test Results	317

8.6 Test on Stability of Gas Generator over Wide Range at Different Operation Conditions 322

8.6.1	Design of Test System Scheme	322
8.6.2	Coupled Stability Analysis of Gas Genercator with Feed System	324
8.6.3	Stability Analysis of Test Data under Different Operation Conditions	327

8.7 Dynamic Test Schemes for Engine Hot Fire Test 329

8.7.1	Simulation Criterion for Dynamic Characteristics Test	329
8.7.2	Excitation Method	330
8.7.3	Design of Sensor Distribution	330

References 330

第 1 章 绪论

1.1 概　　述

液体火箭发动机技术已有近百年历史,随着航天任务的多样化发展,发动机种类、性能和功能也呈现出多元化发展趋势,相应地,对发动机技术的研究也在不断深入。作为当前能量密度最高的液体动力装置,发动机在工作中伴随着强烈的能量转换过程,在推进剂流动和剧烈燃烧、转子系统高速旋转、各流路闭环反馈等过程中,产生稳定推力的同时,其内部也形成了各种特定特征的流体脉动和结构振动,并可能与火箭增压系统、箭体结构等相互影响,这使其工作特性十分复杂。通常,将液体火箭发动机的工作特性分为静态特性和动态特性。

发动机静态特性是指发动机在各个稳态工况点上,发动机内部参数之间的匹配关系,以及各类干扰因素对内部参数的影响特性。通常,在缓慢的工况调节过程中各过渡点也表现为静态特性。静态参数模型与时间变量无关,主要是描述推力、压力、流量、温度、转速等参数之间的关系。

发动机静态特性分析是发动机系统研究的主要内容之一,主要包括系统方案论证阶段的参数选择、系统参数调整计算、内外干扰因素分析、变工况分析等内容。发动机静态特性虽然不是本书研究的重点,但是发动机各工况下的静态参数是动态模型的基础,特别是采用线性化动态模型分析振荡过程时,动态模型的大量系数均来源于稳态工况下的静态参数计算。

发动机动态特性是指发动机各参数均随时间快速变化时表现出的特性。发动机典型的动态过程,即非稳态工作过程分为两类,即过渡过程和振荡过程[1]。

发动机的起动、工况调节和关机过程,以及发动机某些组件出现异常导致参数剧烈变化的过程,都属于过渡过程。在过渡过程中,特别是起动、关机、故障发展过程,发动机内部参数一般都具有变化快速、剧烈、幅度大的特点,并且是典型的非线性问题。起动是所有液体火箭发动机研制过程中必须重点研究和突破的关键技术，其重点主要是燃烧组件的点火时序控制、点火时机选择以及涡轮泵系统功率匹配控制，权衡好较小点火冲击和充足初始起动能量的关系、起动加速性和系统超调之间的关系，需重点控制推进剂进入燃烧组件的顺序、燃气发生器的温度峰、泵的气蚀段，防止出现燃烧组件内腔的局部爆燃、组件烧蚀、涡轮泵飞转、调节阀门滞后等问题。另外，由于起动过程工况跨度大，在一些过渡工况点，系统经常出现短时振荡现象，若振荡幅值过大，也需采取措施控制振荡幅值及振荡时间。

在某些稳态工况下或过渡过程中，由于某个回路中的自振作用或受到固有频率的谐波作用，发动机部分或全部参数在平均值附近波动的现象称为振荡过程。振荡过程中，发动机参数平均值一般不变，但振荡幅值较大时，影响到燃烧效率、燃气做功能力、流阻特性等，则会导致稳态工况偏离。在发动机正常工作过程中，内部参数也会存在各种固定频率的振荡现象，一般包括泵转速倍频、燃烧组件燃烧频率、燃气腔声学频率、供应系统固有频率、阀门的阀芯振荡频率等，当这些振荡幅值控制在一定范围内时，发动机机械振动也在结构承受范围，且推力脉动无明显响应的情况下，认为这是发动机的正常工作状态。但也经常遇到在一些工况下，由于供应系统与阀门的不匹配、供应系统与热力组件的耦合、供应系统与泵气蚀特性的耦合、推进剂供应系统与箭体结构的耦合、燃烧组件自身工作特性不佳等问题，局部回路中出现了流体的大幅振荡，进一步引起结构出现相同频率的大幅振动，有可能导致结构破坏，这类振荡问题是我们关注的重点，也就是常说的系统稳定性问题。起动过程的工况跨度大，在某一过渡工况下，系统出现短时振荡现象，也属于振荡过程的范畴，这个过程比稳态工况下的振荡过程更为复杂。

经过多年研究和经验积累，对于发动机静态特性，形成了较为有效的模型和计算方法，已具备准确预示和调节的能力；对于发动机起动、关机等过渡过程，结合仿真和工程经验，也形成了相应的控制原则和策略。同时，发动机静态特性和过渡过程，也是发动机研制初期必须攻克的关键技术。而发动机系统稳定性问题研究难度大，在液体火箭发动机以往研制流程中，特别是研制初期，系统稳定性问题难以定量预示及精准控制。一般在发动机方案论证阶段很少充分考虑系统稳定性问题，只有在研制过程中遇到该类问题时，才采取工程抑制措施。这主要有四个方面的原因：一是系统稳定性问题种类较多，多种局部流路均有可能出现，其机理也较为复杂，难以准确定量仿真；二是系统稳定性问题的敏感因素多，其形成机理涉及流动、燃烧、气蚀和液动力等复杂且难以准确定量计算的动力学参数；三是系统稳定性特性对边界条件较为敏感，而系统的动特性边界又很难准确模拟，大型动态激励系统也非常复杂，因此地面模拟试验难度大；四是系统稳定性问题暴露阶段较晚,发动机研制初期,一般先在较好工况及边界条件下验证方案的可行性,随着研制深入,需要进行发动机的长程、极限边界、极限工况考核,当发动机偏离额定工况较多时,系统稳定性问题才开始逐步暴露。另外,在发动机批生产阶段,由于工艺变化、超差等情况影响到稳定性敏感参数,也会导致一些新的稳定性问题出现。

随着建模仿真技术的进步及工程经验的积累,系统稳定性研究逐步发展,并形成了一些研究方法。一般来说,可以把各个系统独立开来,分析单独系统的频率特性[2-4],研究其频率耦合的可能性,也可以对整个回路系统进行整体稳定性分析[5-11]。由于补燃循环发动机能量密度更高、系统耦合性更强、参数变化更为剧烈,各类系统稳定性问题更具有典型特点,我国在研制两型富氧补燃循环液氧煤油发动机的过程中也积累了大量相关经验,因此本书重点结合液氧煤油发动机的稳定性问题及研究方法进行讨论。当然,这些研究方法也适用于其他类型的液体火箭发动机。

1.2 液体火箭发动机系统

根据工作原理以及组件构成情况的不同,液体火箭发动机系统通常分为两大类,即挤压式系统和泵压式系统。挤压式系统较为简单,一般包括气瓶、贮箱、推进剂供应系统、阀门、燃烧室等组件。泵压式发动机按照循环方式,又可分为燃气发生器循环、富氧补燃循环、富燃补燃循环、膨胀循环、全流量补燃循环等,具体见图 1-1。发动机系统配置包括一台或多台主涡轮泵、带预压泵或不带预压泵、一个或多个燃气发生器、一台或多台燃烧室等多种情况[12]。

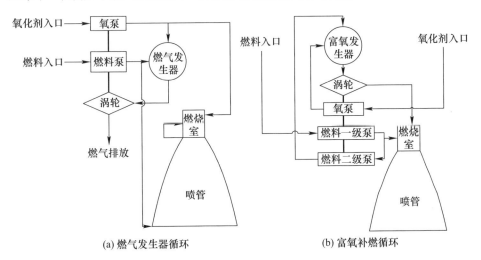

(a) 燃气发生器循环　　　　(b) 富氧补燃循环

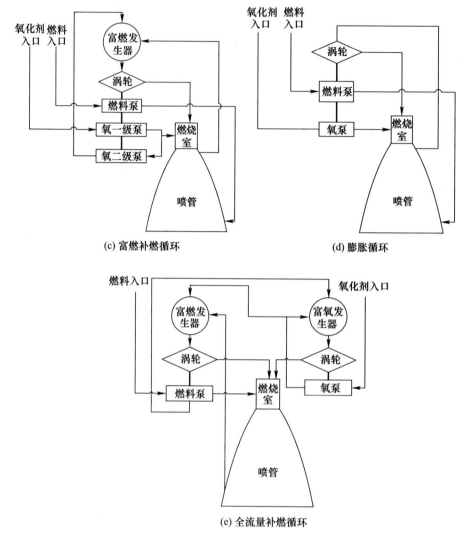

图 1-1 发动机系统循环方式

燃气发生器循环系统,一般包括两路推进剂供应系统、阀门、燃气发生器、燃烧室组件等,如图 1-1(a)所示。其主要特点是燃气发生器产生的燃气驱动涡轮后,不再进入推力室参与燃烧,直接排至外界或排入推力室喷管扩张段的超声速气流中。因此,燃气发生器与推力室的流路耦合关系较为简单。

富氧补燃循环系统如图 1-1(b)所示。目前富氧补燃技术在液氧煤油发动机中应用最为成熟广泛,一般包括两路推进剂供应系统、预压涡轮泵、开关阀门、用于推力调节的自稳流功能的流量调节器、用于混合比调节的燃料节流阀、富氧燃气发生器、一套氧化剂泵和燃料泵同轴的主涡轮泵、一个或多个推力室。其主要特点是绝大部分氧化剂均进入富氧燃气发生器与少量燃料燃烧，产生富氧燃气驱动主涡轮泵后，进入推力室二次燃烧。系统流路较为复杂，耦合程度高。

富燃补燃循环系统如图1-1(c)所示。目前富燃补燃技术在液氧液氢发动机中应用最为成熟广泛，一般包括两路推进剂供应系统、预压涡轮泵、开关阀门、可调节的阀门、一个或两个富燃燃气发生器、一套液氧泵和燃料泵同轴的主涡轮泵或两套液氧泵和燃料泵相互独立的主涡轮泵、一个或多个推力室。其主要特点是大部分液氢均进入富燃燃气发生器与少量液氧燃烧，产生富燃燃气驱动主涡轮泵后，进入推力室补燃。系统流路较为复杂，耦合程度高。

膨胀循环系统如图1-1(d)所示。目前该技术仅在液氧液氢发动机上得到工程应用，由于膨胀做功能力的限制，一般用于小推力量级发动机，一般包括两路推进剂供应系统、开关阀门、可调节的阀门、一套液氧泵和燃料泵同轴的主涡轮泵或两套液氧泵和燃料泵相互独立的主涡轮泵、一个或多个推力室。其主要特点是大部分的液氢经过推力室冷却套换热，产生的热氢气驱动主涡轮做功，然后进入推力室燃烧，不设置燃气发生器，系统流路相对简单。

全流量补燃循环系统的性能最高但系统最为复杂，如图1-1(e)所示。一般包括两路推进剂供应系统、预压涡轮泵、开关阀门、可调节的阀门、一个富氧燃气发生器、一个富燃燃气发生器、一套氧化剂主涡轮泵、一套燃料主涡轮泵和一个推力室。其主要特点是绝大部分氧化剂进入富氧燃气发生器与少量燃料燃烧，产生富氧燃气驱动氧化剂主涡轮泵后进入推力室；绝大部分燃料进入富燃燃气发生器与少量液氧燃烧，产生富燃燃气驱动燃料主涡轮泵后进入推力室；推力室内以富氧燃气与富燃燃气的气燃烧过程为主。

对比不同循环方式的发动机可知，其均由一些典型的、公用的部件组合而成，主要包括液路、气路(燃烧室、燃气发生器、气涡轮、燃气导管)、节流组件、涡轮泵、流量调节器及其他开关阀门等。这些组件的数学模型可适用于不同推进剂组合、不同推力量级的发动机。因此，可以设计一个较为通用的发动机系统图[1]，包含各种系统方案的所有共用组件：一台燃气发生器、两台主涡轮泵和两台预压涡轮泵、两台流量调节器和一台燃烧室。发动机通用系统如图1-2所示。

所研究的系统含有一台推力室，供入两种液体推进剂——氧化剂(其质量流量为q_{moc})、燃料(其质量流量为q_{mfc})。燃气发生器的燃气驱动涡轮做功后由燃气导管供入燃烧室。主涡轮泵有两台双级泵，从第一级泵流出的推进剂进入燃烧室，第二级(辅助)泵流出的推进剂进入燃气发生器。在主泵前设有预压泵。氧化剂预压泵由燃气涡轮驱动，涡轮的燃气工质来自主涡轮出口；燃料预压

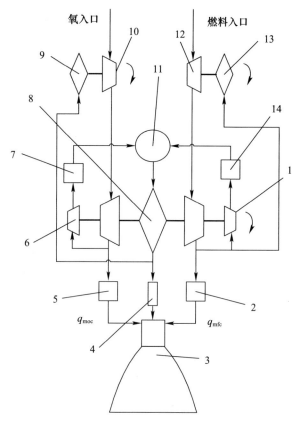

1—燃料主泵；2—燃料主阀；3—推力室；4—燃气导管；5—氧主阀；6—氧预泵；
7—发生器氧阀；8—主涡轮；9—氧预压涡轮；10—氧预压泵；11—燃气发生器；
12—燃料预压泵；13—燃料预压涡轮；14—发生器燃料阀。

图 1-2 发动机通用系统

泵由液体涡轮驱动，采用燃料一级泵后的高压液体作为液体涡轮的工质。当燃气发生器为富氧状态时，可以选择燃气驱动氧预压涡轮，当燃气发生器为富燃状态时，可以选择燃气驱动的燃料预压涡轮方案。

以上述通用系统为基础，可以建立起以下发动机系统模型：

（1）对于发生器循环发动机，燃气发生器燃气不进行补燃，直接排入外界环境；

（2）对于富氧补燃循环发动机，富氧燃气发生器燃气进入燃烧室补燃，此时，燃烧室液体氧化剂路流量 $q_{moc}=0$；

（3）对于富燃补燃循环发动机，富燃燃气发生器燃气进入燃烧室补燃，此时，燃烧室液体燃料路流量 $q_{mfc}=0$；

(4) 对于闭式膨胀循环发动机,由某一种推进剂组元在推力室冷却套加热获得驱动涡轮的燃气并进入燃烧室补燃,此时,燃烧室该种液体组元流量为零;

(5) 采用挤压式供应方案的系统,不设置涡轮泵及燃气发生器。

另外,预压泵的供应系统在不同发动机上有所不同。但考虑到供给预压涡轮的推进剂组元只是很小一部分,并且预压泵的扬程也较低,在发动机的动力学分析中,可不考虑预压泵。但必须指出,在保证纵向稳定性及气蚀振荡的抑制条件等时,必须考虑预压泵气蚀动力学的影响[3]。

在对某具体发动机系统建立数学模型时,可以将不需要的组合件从通用系统图中舍弃,同时,将这些组合件的方程从发动机通用系统的数学模型中删除,并在剩余方程中将这些组合件的对应项删除。当研究比较复杂的系统时,若有一些需要考虑增加的流路,需对发动机通用系统图及其数学模型添加新的组合件及其相应的方程,同时在已有方程中考虑各组合件间联系的补充项。

选定发动机的系统结构并规定了频率范围条件,就意味着确定了发动机的数学模型,即各种描述发动机参数变化的微分方程组、代数方程组及经验关系式。不同的稳定性问题所关心的频率范围有所不同。例如,在低频区可将液路整体作为一个动态元件来描述,因为液路低频模型只考虑摩擦损失和液柱的惯性,而对于由各段导管、泵等依次连接所组成的系统,这两种效应是可以叠加的,泵的气蚀柔度,可作为集中参数处理。如果考虑中频范围的问题,在管路系统较长的情况下,需采用更复杂的、考虑波动过程的模型(即同时考虑介质的惯性和柔性),必须对流路分段、泵及其他部件单独描述,管路模型甚至可考虑采用分布参数模型计算,这样计算的结果更精准,但模型也变得更复杂、庞大。

根据通用系统图,可对具有不同系统方案的发动机动态特性进行分析研究。从系统图看,虽然不同系统方案的流路差异不大,但是一些关键性的流路对系统动态特性影响很大。比如,非补燃发动机虽然只是少了将燃气发生器和燃烧室连接起来的燃气导管,但是没有这种连接时,发动机的动态特性会有很大变化,因为在非补燃发动机中,高频过滤器——涡轮泵对动力学起着决定性的作用。当由燃气发生器进入涡轮泵的信号频率较高时,由于转动部件的惯性,这种信号并不会引起涡轮泵转速的变化。因此,这种信号也不会进入燃烧室,因为燃烧室只是通过液路与涡轮泵相连,而没有通过燃气导管直接与燃气发生器相连。因此,当控制或干扰作用经过燃气发生器进入发动机时,若频率足够高,就不会影响到燃烧室,因为涡轮泵会起过滤作用。

在补燃发动机中,任何频率的干扰均会经过燃气导管从燃气发生器传入燃烧室,而涡轮泵转速的变化只是影响工况控制系统的放大系数[2]。必须指出,控制或干扰信号也可以通过其他途径——沿着泵后的燃烧室推进剂供应流路进入燃烧室。这时,虽然涡轮泵转速的变化依然起着放大系数的作用,但涡轮泵本身不再对信号进行直接过滤。有了这些通用化的数学模型,对一些地面试验系统,也可进行频率特性及稳定性分析。发动机组件在地面试验系统进行试验时,如出现振荡现象,就需要对试验系统与组件联合进行系统级仿真,分析系统振荡的机理,并针对此振荡机理,进一步在发动机状态下进行系统级仿真,确认该组件在发动机上是否会出现同样的振荡问题。这种对比仿真,可以提前预示组件和发动机的匹配性,并通过敏感因素分析提出抑制措施,在保证发动机系统稳定性的同时,解决地面试验系统的振荡问题,确保地面试验的准确性,并提升试验系统的安全性。

1.3 发动机各组件非稳态过程的特点及数学模型

液体火箭发动机的高功率密度特征明显区别于其他各种热力发动机。例如,俄罗斯的 RD-170 液氧煤油发动机海平面推力为 7300kN,按燃气从喷管流出时的动能计算,其功率约为 2.2×10^4 MW。相比之下,规模庞大、结构质量达数千吨的电站发电机组的功率仅为 10^3 MW 量级,而上述液体火箭发动机的质量总计才 5200kg。也就是说,液体火箭发动机每千克质量可产生 4MW 功率。可见,液体火箭发动机的功率密度要比其他各种热力发动机高出几个量级。这种高功率密度特征对发动机及其组件内部的各种过程,特别是动力学过程,有着很大影响,会导致出现频率范围很宽(1 至几千赫兹)的各种类型振荡。由于高功率密度,一部分组合件的特征时间常数很小——为几毫秒或几十毫秒的量级,只有在某些特殊情况下才达到上百毫秒。

另外,一些高性能液体火箭发动机系统非常复杂,特别是补燃循环发动机系统,组件多,组件间耦合程度高,且很多组件的特征时间常数相近[1],因此,液体火箭发动机通常有较宽的通过频率。在分析液体火箭发动机动态特性时,往往难以区分出某个主要的、决定性的、可基本表示发动机动态特性的环节,因此,在建立发动机数学模型时,就必须考虑几乎所有组件的方程,这使发动机的数学模型显得非常庞大:包含微分方程和代数方程的非线性模型等几百个方程;而线性模型,也有几十个方程;若进行拉普拉斯变换,获得频率矩阵模型,通过串联系统的矩阵连接,则可将模型缩减至十几个方程。

对比各类发动机系统原理可知,液体火箭发动机主要组件包括液路(含液体管路、节流组件、开关阀门、泵流道)、气路(含燃气发生器、燃气管路、燃烧室、气体节流环节)、涡轮泵(主要指功率平衡与转速的关系特性)、流量调节器(具有自反馈环节的装置)等。发动机工作过程中,这些组件非稳态过程的动特性决定了发动机的特性。

发动机系统的振荡过程存在多种类型,覆盖频率范围也较宽。一般非稳态过程的动态特性分析,都是针对特定的振荡过程。因此,数学建模时必须先确定所分析的非稳态过程的频率范围,而建模的原则一般是,在保证足够精度的前提下,尽量简化数学模型,减少方程数量。虽然对于现代计算机的计算能力来说,系统级的数百量级的微分方程求解已经完全不是问题,但是在合理精简数学模型后,可以更便捷、迅速地获得系统动态特性的敏感因素,也更有利于分析其内在机理。

与火箭推进剂供应管路系统相关的发动机振荡过程,频率范围一般都较低,在50Hz之内,基本可将发动机各组件和部件视为具有集中参数的元件,用常微分方程来描述。当然,也有一些发动机内部局部系统的振荡频率较高,达到几百赫兹,那么发动机大多数部件必须看成具有分布参数的元件,并求解相应的偏微分方程。与常微分方程相比,求解偏微分方程要复杂得多。在低频范围内,偏微分方程的解与比较简单的常微分方程的解是一致的。也就是说,在这种情况下将数学模型复杂化并未能得出更精确的解,只是给计算工作增加了困难。因此,在论述液路和气路动力学模型的章节里,给出了流路的两种数学模型:低频区,视为具有集中参数的系统(气路的熵波模型除外);较高频率区(几百赫兹),视为具有分布参数的系统。

在建立液体火箭发动机主要组件数学模型时,需考虑影响静态特性和动态特性的各种过程的特点。

对于液体管路系统,考虑50Hz以下低频范围内的问题时,发动机内部各段液体管路基本不用专门分段,直接作为具有集中参数的元件,集中考虑液体的惯性、黏性和柔性。这样,从发动机推进剂入口至各燃烧组件的整个串联流路,其线性数学模型可归结为一个方程,因此发动机的整个低频模型得到了简化。如果所研究的问题属于高频范围,那么应将液路看作具有分布参数的多个元件,这使数学模型复杂化,因而必须采用频域传递矩阵或信号流图来描述,在计算过渡过程时,则需采取特征线法求解偏微分方程组。低频范围的系统频率,一般与管路系统惯性以及系统中存在的集中柔性相关,其频率远低于管路系统一阶声学频率;高频范围是指分析的问题达到了管路系统的声学频率范围。

对于泵内流体系统,目前主要采用最简单的一阶非周期性元件方程来描述泵的一阶近似情况,考虑了泵流道内液体的惯性、阻尼,主要反映了泵的准静态特性。在此基础上,考虑泵入口的气蚀特性,主要指泵静态特性不变状态下的泵气蚀特性,具体包括气蚀柔度、泵动态增益参数、质量流量增益,这种特性一般会使泵入口流体的自振频率降低,泵的脉动放大系数增加[13]。这两个因素对火箭飞行的纵向稳定性有很大影响，因为系统的稳定性正是由液路的共振频率和液体火箭发动机的脉动幅值放大系数所决定的。但是，目前还没有准确获得各工况下泵动态特性参数的成熟方法，只能通过泵结构参数和工况参数进行仿真，结合泵动态水力试验获得个别工况点的参数。

对于流量调节器，因其灵敏的自反馈环节，需要考虑自身二阶特性。分析时，不能忽略随调节器运动件运动的液体质量的影响，由于阻尼孔的惯性较大，其液体质量效应可能远大于运动件本身的质量特性，但是准确获得液体等效质量很难，涉及复杂的动力学过程。在分析调节器的动态特性和静态特性时，需求出液体作用在被绕流运动件上的流体动力。流体动力大小与节流元件位置有关，也就是说，它具有同弹簧相当的特性——力的大小随位置的不同而变化，可以称为流体液动力的弹性，流体液动力弹性有时会大于弹簧以及调节器其他类似元件的弹性。因此，考虑流体液动力可使调节器的某些特性，如差率（静态特性）、运动件的自振频率（动态特性）等产生很大变化。求解流体液动力也是一个很复杂的流体力学问题，因为涉及对黏性流体在复杂形状通道内有分离现象的流动情况的描述。目前，基本采用较为简化的动压损失模型来描述流体液动力，可以有效地定性说明其对流量调节器特性的影响[14]。

对于气路系统，发动机内有流动的气路，包括燃气发生器、燃气导管和燃烧室。其内部所进行的过程与普通容腔有着很大差别：燃气通常由两种推进剂组元生成，有燃烧过程，燃烧区内有熵波形成，并以一定速度沿着气路传播。燃烧区内熵波的形成，是由于两种推进剂组元输送流路的静态特性和动态特性不完全匹配，两种组元流量振荡在幅值和相位上的差异使混合比发生周期性变化，引起燃烧产物的温度振荡，并使熵波沿着流路传播，其传播过程与气体流速相关，气体流速又远小于声速。因此，即使在低频区，对于发动机燃气流路，也必须考虑温度波动过程，也就是要将燃气流路看成具有分布参数的系统。熵波的存在，无论对燃气流路的动力学还是对整台发动机的动力学，都有着重大影响。另外，在燃烧组件内部，推进剂由液体向燃气转化的过程存在时滞，特别是在大幅偏离当量混合比的富氧或富燃发生器中，燃烧时滞相对较长，会影响系统的低频特性。在较高频率区（几百赫兹）求解动态特性问题时，必须将气路各段都看成具有分布参数的元件，也就是需要同时考虑熵波效应和声学效应。气路系统纵向声学频率通常低于其他方向的声学振荡频率。因此，在考虑与供应系统相关的振荡特性时，一般考虑频率较低的纵向声波。

由于对许多过程（泵的非稳态气蚀、调节装置中的非稳态流动、气流在通道内流动分离等）研究还不充分，许多模型只是近似的，应用这些模型的合理性还要根据试验数据才能作出最终判断。

1.4 发动机稳定性问题分类

发动机工作过程的高功率密度、宽通过频带以及某些环节的相位滞后,都是各组件、回路在各种频率下失去工作稳定性的原因。根据振荡过程的不同类型和机理,通常可分为3类,即发动机全系统级振荡、局部系统振荡、组件级振荡,一般对应为低频振荡(在50Hz以下)、中频振荡(50~400Hz)和高频振荡(在400Hz以上)。这种按频率范围划分的方法是相对的,每种发动机的特性不尽相同,其频率范围也不同。发动机中不同机理的振荡过程,有可能频率接近,而且仅从某些数据特征上很难分辨出其机理,必须结合多个测点数据特征综合判断,识别出振荡机理,确定系统失稳原因。这里重点介绍使液体火箭发动机工作过程失去稳定性的几种主要原因[1]。

1)"箭体-发动机推进剂供应系统"耦合振动

在火箭飞行的某个时段,当箭体纵向弹性振动的某个结构固有频率,与从贮箱到泵或燃烧室的推进剂供应系统共振频率一致时,就会产生一种纵向自激振动,称为运载火箭纵向耦合振动(POGO)。箭体纵向弹性振动引起大振幅的纵向振动,其频率和振型与箭体某一固有频率的结构振动一致,这就是全系统级的流体振荡和箭体振动耦合过程,振动频率属于低频范围。典型的POGO振动表现如图1-3(a)所示,全箭POGO振动的耦合机理见图1-3(b)[15]。火箭在整个飞行过程中,随着推进剂的消耗,火箭质量不断减小,箭体固有频率升高,而发动机推进剂供应系统的自振频率相对稳定,在飞行的某个阶段,当火箭的结构固有频率与发动机推进剂供应系统的自振频率接近时,才会产生箭体的纵向弹性振动,当箭体固有频率继续升高,远离供应系统自振频率时,POGO振动会自动消失。利用这些特征可将纵向弹性振动与其他类型的低频振动区分开来[16-18]。

在这个问题中,就需要开展发动机全系统的频率特性分析,将发动机动态特性模型与火箭结构动态特性模型相结合,才能完成全箭POGO特性分析。一般需要从推进剂供应系统的角度来解决该类稳定性问题,通过在发动机入口增加蓄压器,降低流体系统的频率,使推进剂供应系统自振频率低于火箭初始频率,即可在火箭飞行全程避免POGO振动问题[19]。当然,还需要详细考虑流体系统高阶频率与箭体耦合的可能性[20]。

2)"发动机-流量调节器"回路振荡

流量调节器是现代高压补燃液体火箭发动机推力调节系统中经常采用的一种自动调节装置,一般安装在燃气发生器或推力室的推进剂供应管路中,用于满

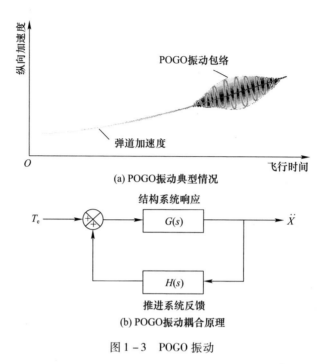

图 1-3　POGO 振动

足发动机整个工作过程中,发生器或推力室对推进剂流量的稳定和调节要求。因此,流量调节器是调节和稳定发动机推力的关键部件,其静、动态性能的好坏直接影响发动机的工作稳定性。

当调节器的静、动特性与发动机特性不协调时,发动机内部将产生新的耦合,从而引起"发动机－流量调节器"回路的振荡,甚至引起系统的失稳,"发动机－流量调节器"回路的振荡也具有低频特点。该回路的稳定性裕度很大程度上取决于发动机的频率特性,为保证自动调节系统有足够高的稳定性裕度,必须利用发动机的动态频率特性及调节器的数学模型,对"发动机－流量调节器"系统的稳定性进行分析[8,21-22]。如果出现不协调的问题,一般需要专门改变流量调节器特性,如流量调节器的差率、阻尼特性等。

3) 泵气蚀自激振荡

诱导轮作为液体火箭发动机泵的一部分,几乎总是存在不影响泵的扬程、效率等主要性能的局部气蚀,这是诱导轮的工作特点决定的,在不引起稳定性问题的情况下,存在这种局部气蚀是一种正常的可接受的工作状态[23]。由于气穴与周围流动的流体以及液路中的液柱相互作用,有可能产生气蚀自激振荡。液流以一定冲角进入诱导轮叶片,该冲角由液流速度和转速所决定。气穴产生于入口边缘的流动分离区域内,其体积既同流体运动情况有关,也同泵入口压力有关。发动机工作时,这些因素在变化,如果出现不利条件,系统就会失去稳定性。通过气蚀振荡的某些定性特征,可以识别液体火箭发动机内产生振荡的原因。

气蚀振荡的特点在于其振荡频率和振幅都取决于泵入口压力的大小,见图1-4。在接近气蚀断裂的某一入口压力区间内产生振荡,随着压力的下降,振幅起初增大,然后开始减小,频率也降低,且频率与入口压力表现出线性关系的特性;当到达某个更低压力时,振荡消失[1]。另外,随着泵入口管路长度增大,泵转速提高,或泵流量减小,气蚀自激振荡频率降低。同时还应注意,诱导轮出口压力振幅比入口处大,泵出口压力振幅小于诱导轮出口压力。但综合来说,一般泵出口压力振幅常常比泵入口处要大,也就是出现气蚀的泵可使压力振荡放大,在泵的自振或在强迫振荡的动态试验过程中,都可看到这种效应。当泵入口压力振幅较大时,压力变化曲线具有典型的非线性特征:先是尖峰(最大值),然后缓慢地变化至最低压力值,有时在最低值处存在水平段。以上特点也是区别泵气蚀自激振荡与其他低频范围内不同振荡机理(如"发动机-流量调节器"回路的振荡)的重要特征[24]。

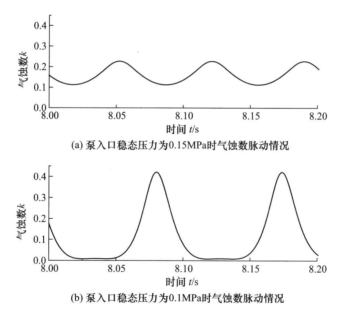

(a) 泵入口稳态压力为0.15MPa时气蚀数脉动情况

(b) 泵入口稳态压力为0.1MPa时气蚀数脉动情况

图1-4 气蚀自激振荡不同振幅的时域曲线

振荡并不是产生在泵的扬程开始下跌的明显气蚀区,而是产生在有一定气蚀裕度的区域内。泵入口和出口流路内液体的惯性影响着液路系统的稳定性。增加泵入口通道内液柱的惯性和阻尼,减小出口流路内的惯性,可使系统稳定。

在地面试验中,若供应系统与火箭真实条件存在较大差异,液体火箭发动机泵所特有的气蚀振荡可能不会发生;但当发动机在飞行器上工作,处于特定的管路惯性及阻力条件时,却有可能出现气蚀自激振荡。这种情况使振荡产生的原因难以识别。因为在飞行试验中,某一频率范围的振荡可能由泵气蚀振荡引起,也可能由飞行器自身失稳引起。上述情况说明,在地面试验阶段,保证各种试验条件最大限度接近真实条件,特别是液体火箭发动机供应系统的流体动力相似性,是十分重要的。

4)气液掺混过程引起的低频振荡

大推力液氧煤油补燃循环发动机采用富氧燃气驱动氧化剂预压涡轮泵。富氧燃气驱动涡轮后直接通入主管路与液氧掺混冷凝,这种强对流换热下的两相掺混冷凝过程对发动机系统动力学特性影响很大。高温燃气在液氧主流的掺混过程中,气泡溶解形成激励源,在一定条件下,与流体供应系统自振频率形成反馈,导致系统级振荡现象,如图1-5所示。该振荡频率属于低频范围,与发动机入口供应系统动力学特性、掺混段气体柔性等因素相关。

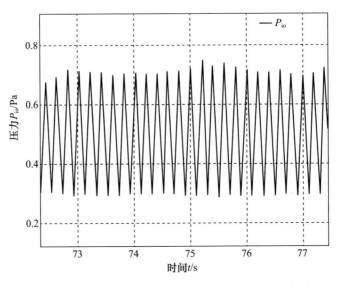

图1-5 气液掺混过程引起发动机氧入口压力(P_{io})振荡

5)燃烧室低频振荡

为了表述方便,本书燃烧室包括推力室的燃烧室和燃气发生器。

燃烧低频振荡发生于液体火箭发动机燃烧室内的燃烧过程中,该类振荡的发生与燃烧过程相关的动力学特点有关;这种振荡现象通常发生在高富氧和高富燃的燃气发生器内,此时燃气温度较低,推进剂雾化、蒸发、混合与燃烧时间变长,易形成低频燃烧振荡。在这个过程中,发动机供应系统的组合件(管路、泵、调节器等)的动力学特性,对该振荡不起决定性作用。但是若供应系统阻尼较小,在特定相位条件下,供应系统对这类振荡会起到一定放大作用。

燃烧室内混合气形成区(包括喷注器头部)同具有压力振荡的燃烧区之间的相互作用,是形成低频振荡的主要原因。当喷嘴压降减小时,推进剂的雾化情况变差,并导致燃烧时滞增大,造成出现低频振荡的可能性增大;同时,喷注器头部对压力振荡的敏感性也增大,这是由于压力振荡对推进剂组元流量振荡的影响增大。此外,当燃烧室混合比大幅偏离当量点、燃气温度很低时,化学反应速度变慢,燃烧时滞增大,同时燃烧粗大引起的激励也会增大。因此,当发动机推力减小、喷嘴压降降低、发生器燃气温度偏低时,更易出现低频振荡。

压力分布特性是燃烧室内低频振荡与高频振荡相区别的重要特点。低频振荡时,燃烧室内各点的压力瞬时值几乎一样。因为对于低频振荡,燃烧室长度远小于声波长度,频率远低于燃烧室内燃气压力声振的一阶频率。由此可见,燃烧室低频振荡与其声腔频率无关[25]。

上述特点有助于判断发动机工作过程失去稳定性的原因。应当指出,推进剂组元的特性对燃烧室工作过程的稳定性也有很大影响,使用燃烧时滞短的推进剂时,燃烧室内很少产生低频振荡。

6)"燃烧室–推进剂供应系统"回路低频振荡

该回路低频振荡与燃烧室部件自身振荡的频率范围及参数特征基本一致,很难区分,两种振荡互相关联,也没有明确的界限。该类振荡产生的原因是,燃烧室内压力振动与推进剂供应系统耦合形成的流量型低频振荡。这种振荡一般也是出现在低工况下的燃气发生器内,喷注压力低,推进剂雾化和混合质量差,燃烧时滞长,同时供应系统与燃烧组件之间的阻尼小,导致系统发生耦合振荡[26]。控制燃烧室温度、提高推进剂活性、采用附加手段增强推进剂雾化等方式有利于抑制此类振荡。

该类振荡也可以在不改变燃烧组件特性的情况下,通过增加供应系统与燃烧组件之间的阻尼来改善。比如,将发生器燃料阀设置为大流阻、小流阻两种开度,低工况下使用大流阻状态提升系统阻尼,从而隔离供应系统与燃烧组件的耦合[27]。

7)"管路–流量调节器"自激振荡

流量调节器是一种具有自稳流功能的流体机械系统,由于其功能需求,具有明显二阶弹簧振子特点。流量调节器内部自动调节装置的灵敏性决定着其稳流特性的响应能力,但在特定的结构参数和工况条件下,流量调节器也会出现自激振荡现象[8]。管路-流量调节器系统的振荡机理有两种:一种是在管路系统阻尼及流量调节器压降较低情况下,可能出现系统级的振荡,其频率与管路系统的惯性和柔性相关;另一种是在流量调节器流量很小、压降很高情况下,调节器压降自动调节窗口流通面积特别小,其流体液动力与调节滑阀的行程敏感性高,易引起流量调节器自身的自激振荡,其频率根据流量调节器的大小规模不同,一般在100Hz以内。

8) 发动机局部系统的中频振荡

在某些情况下,液体火箭发动机局部系统内会产生中频振荡。此时,由于声波波长与流路长度在同一量级,管路内波动过程对振荡有很大影响,因此不能将液路或气路组件视为集中参数系统,需考虑其分布参数特性。这类局部系统的动态特性与管路多阶声学频率相关,其振荡频率与管路中液体的声学频率接近,但低于燃烧室的声学频率。因此,这类振荡常称为中频振荡[28]。

9) 燃烧室内部的高频振荡

当燃烧室内燃烧过程与其某阶声学频率耦合时,会激发起声学振荡,引起高频不稳定问题,其频率与气柱某一振型(纵向、径向或切向)的固有频率相一致[25]。纵向声振的一阶固有频率为

$$f_\Pi = \frac{a}{2l_k} \tag{1-1}$$

式中:a 为燃气声速;l_k 为燃烧室长度。

径向声振的一阶固有频率为

$$f_P = \frac{1.22a}{d_k} \tag{1-2}$$

式中:d_k 为燃烧室直径。

切向声振的一阶固有频率为

$$f_T = \frac{0.586a}{d_k} \tag{1-3}$$

以上公式只是描述了频率最低的一阶振荡。在更高阶的振荡下,也可能失去稳定性。由于高阶振荡会耗散更多能量,一般较少出现。

燃烧室内的声速决定于燃烧产物的热力特性,即

$$a = \sqrt{\kappa_k R_k T_k} \tag{1-4}$$

式中:κ_k、R_k、T_k 分别为燃烧室内燃烧产物的绝热指数、气体常数和温度。

当考虑气体流动或燃气温度分布不均匀时,固有频率值会发生变化。

与低频振荡相似,燃烧室高频振荡也源于燃烧过程与压力振荡的相互作用。

但高频振荡一般只与燃烧室自身特性有关,而与供应系统无关。克服高频振荡的措施也主要从燃烧室自身入手,如改变喷注器头部结构以改善燃烧过程,或设置隔板、声腔以改变燃烧室声学特性。由于燃烧室内部的高频振荡不属于系统级问题,本书不作重点讨论。

1.5 发动机系统动态特性试验

本书讨论的发动机系统稳定性问题,一般是指发动机在火箭飞行或试车过程中的工作特性,但是若直接通过发动机整机试车来研究稳定性问题,试验规模太大,且会带来一定的风险。因此,一般在地面试验系统上,针对推进剂供应系统、泵、燃烧组件等组件级或局部系统,单独开展动态特性试验,获得各组件或分系统的频率特性或动态特性参数,用于发动机工作过程的稳定性仿真分析。系统的动态特性与系统边界、工况参数、流体状态等因素密切相关,因此,在试验过程中,需要充分考虑这些敏感因素与整机试车或飞行状态的一致性。

分析系统的动态特性,首先要确定系统的边界条件,在确定的边界条件下,系统才具有其固定的特性。一般发动机系统中比较明确的边界包括开边界、闭边界及其他边界。开边界是指系统压力脉动为0、流量脉动最大的边界,如推进剂供应系统入口的贮箱、液路出口的燃烧组件气腔等大柔性环节。地面试验时,为消除复杂地面系统管路对试验对象的影响,一般会在管路系统中设置过渡贮箱,当过渡贮箱的气垫容积足够大时,就可隔离前后的压力脉动,形成开边界。闭边界是指系统压力脉动最大、流量脉动为0的边界,如推进剂供应系统的泵端、大流阻节流组件等大阻尼环节。在地面试验时,准确模拟闭边界难度较大,一般可以考虑将流路封堵以模拟闭边界,但不适用于一些必须有流量的系统;也可以用大惯性环节和大流阻环节组合的方法模拟闭边界。还有一些其他边界条件,如气蚀管、气体文氏管、声速孔板、喷管喉部等,在这些边界处,两个或更多状态变量具有特定的关系。

影响系统动态特性的流体状态,主要指流体的黏性和柔性。其中,流体黏性随温度、压力等因素变化相对较小,在稳态工况的流动试验中也较容易获得。流体柔性对系统频率特性影响很大,需要重点考虑。影响流体柔性的主要因素是含气量,很小的含气量就会引起流体声速的大幅变化,从而引起系统频率特性的变化[1,29]。例如,纯水中的无穷声速为1483m/s,若其中均匀含有1%体积比的常温空气,其声速则降为118m/s,对应流体系统的一阶固有频率约降低至原值的8%。可见,液体含气量对其频率特性有巨大影响。遗憾的是,直接获得液体含气量非常困难,一般通过试验方法直接获取系统的固有频率特性。模拟相同边界、相同工况、相同状态的流体系统,通过突然关闭排放阀门,对此时的液路压力数据进行分析,可以获得系统的固有频率,再结合液体管路的参数,即可计算得到这种状态下的流体声速。必须说明的是,阀门的关闭时间必须小于液体的振荡周期,这样在流路中才会出现振荡型的过渡过程,其振荡频率就是系统的自振频率。

系统工况参数也是试验必须模拟的关键参数。不同的压力下,流体内体积含气量会发生变化,泵的气蚀特性也会有很大变化,这些对系统的频率特性都有很大影响[13]。特别是在泵的POGO特性参数试验时,由于地面试验台能力的限制,泵的转速难以达到大推力发动机的实际工况。另外,试验也很难采用真实推进剂,一般采用水代替。这些因素都需要在模拟原则中予以考虑。

有一些回路系统,特别是流体机械系统,在地面试验中可以较好地模拟到其振荡过程,在边界条件、工况参数给定后,很小的人为干扰或系统工作时的随机激励即可激发起回路系统的振荡现象,如流量调节器在小流量高压降下的振荡现象、单向阀的自激振荡现象[9]、热力组件挤压试验中的振荡燃烧等。这些回路系统在地面试验时,具有和整机状态相似的反馈过程,因此容易复现。而有些回路系统较为复杂,难以在地面试验中模拟其整个反馈过程,一般进行独立系统的频率特性试验,这就需要提供人工激励,以获得系统在不同频率激励下的响应特性,从而获得准确的频率特性数据[30-31]。人工激励系统一般有活塞式系统和旁通蝶形阀系统,均可产生一定频率范围内的正弦激励,以此作为输入量,测量得到流体系统中压力脉动响应,通过利用合理的传递函数进行数据整理分析,即可获得系统的频率特性。

参考文献

[1] ГЛИКМАН Б Ф. 液体火箭发动机自动调节[M]. 顾明初,郁明桂,邱明煜,译. 北京:宇航出版社,1995.

[2] 邢理想,杜大华,李斌. 液氧/煤油补燃火箭发动机氧路低频动特性分析[J]. 火箭推进,2009,35(5):24-28.

[3] 李斌,杜大华,张贵田,等. 液氧/煤油补燃发动机低频频率特性研究[J]. 航空动力学报,2009,24(5):1187-1191.

[4] 于建新,孙冰. 推进系统对液体火箭POGO稳定性的影响[C]//中国航天第三专业信息网第27届年会航天动力技术发展与应用学术会议论文集,2006.

[5] 陈启智. 液体火箭发动机控制与动态特性理论[M]. 长沙:国防科技大学出版社,1993.

[6] 陶玉静. 液体火箭响应特性及稳定性分析的非线性研究[D]. 长沙:国防科技大

学,2006.
- [7] KUO F Y. Space Shuttle Main Engine Real-time Stability Analysis [R]. AIAA 93-2078.
- [8] 刘上,刘红军. 流量调节器-管路系统频率特性及稳定性[J]. 推进技术,2012,33(4):631-638.
- [9] 刘上,刘红军,徐浩海,等. 单向阀流路系统自激振荡特性研究[J]. 火箭推进,2011,37(3):1-5.
- [10] ПИЛИПЕНКО В В,ЗАДОНЦЕВ В А,НАТАНЗОН М С. 气蚀自激振荡[M]. 西安航天动力研究所,译. 西安:西安航天动力研究所,2008.
- [11] COUTIER-DELGOSHA O,COURTOT Y,JOUSSELLIN F. Numerical simulation of the unsteady cavitation behavior of an inducer blade cascade [J]. AIAA Journal,2004,42(3):560-569.
- [12] 张育林,刘昆,程谋森. 液体火箭发动机动力学理论与应用[M]. 北京:科学出版社,2005.
- [13] 王珺,胡鹏,颜勇. 液体火箭发动机泵的POGO气蚀动特性试验研究[J]. 火箭推进,2012,38(4):27-31.
- [14] 张贵田. 高压补燃液氧煤油发动机[M]. 北京:国防工业出版社,2005.
- [15] RUBIN S. NASA space vehicle design criteria:prevention of coupled structure-propulsion instability (POGO)[R]. NASA SP-8055,1970.
- [16] JAMES B S,GRADY F R. Saturn V/Apollo vehicle POGO stability problems and solutions [R]. AIAA 70-1236.
- [17] LOCK M H,RUBIN S. Passive suppression of POGO on the Space Shuttle[R]. NASA CR-132452,1974.
- [18] DOTSON K W,RUBIN S,SAKO B H. Effects of unsteady pump cavitation on propulsion-structure interaction (POGO) in liquid rockets[R]. AIAA 2004-2027.
- [19] 廖少英. POGO蓄压器变频降幅特性分析[J]. 上海航天,2002,(1):32-35.
- [20] 孙冰,魏鑫,池元成,等. 液体运载火箭推进系统固有频率的通用化计算研究[J]. 导弹与航天运载技术,2009,(1):38-41.
- [21] 王昕. 流量调节器动态特性研究[J]. 火箭推进,2004,30(3):19-24.
- [22] 刘上,刘红军. 流量调节器在泵压式供应系统中的动力学特性[J]. 火箭推进,2014,40(2):28-34.
- [23] КАРЕЛИН В Я. 离心泵和轴流泵中的气蚀现象[M]. 吴达人,文培仁,译. 北京:机械工业出版社,1985.
- [24] PILIPENKO V V. Providing the LPRE-rocket structure dynamic compatibility[R]. AIAA 93-2422.
- [25] CULICK F E C,YANG V. Overview of combustion instability in liquid-propellant rocket engines[M]. Washington:AIAA,Inc. ,1995.
- [26] 陈文,邢理想. 深度节流补燃循环发动机系统动态特性分析[C]//第五届载人航天学术会议,2018.

[27] 陈文,邢理想,徐浩海,等. 深度节流补燃循环发动机系统稳定性研究[J]. 火箭推进, 2020,46(3):41-48.

[28] 孙宏明. 中频燃烧不稳定性[J]. 火箭推进,2001,27(1):20-26.

[29] 陶蓓,陈德华. 气液两相流中的声学研究[J]. 应用声学,2015,34(4):373-376.

[30] 刘上,张兴军,程晓辉,等. 火箭发动机泵后供应系统水力激振试验[J]. 航空动力学报,2018,33(11):2635-2643.

[31] 杜大华,邢理想,徐浩海. 液体火箭发动机泵动态特性水力试验研究[J]. 火箭推进, 2013,39(3):50-57.

第 2 章 稳定性分析基础理论

液体火箭发动机系统非常复杂，特别是泵压式液体火箭发动机，描述其动态特性的模型数量非常多，微分方程数量通常达到几十甚至上百个，可以采用数值解法直接对微分方程组进行求解，获得各个状态变量随时间的变化关系，即每个状态变量的时域曲线，从而对系统内各参数的波动情况进行直观分析。采用这种直接求时域解的方法，可以获得发动机系统的一些稳定性信息，但是通过系统时域解获得系统频率特性的方法较为复杂，且难以定量判断稳定系统的稳定性裕度。采用控制理论中的一些方法可以更有效地获得系统频率特性和稳定性。对于发动机某一工况的稳定性问题，通常都可以基于线性控制系统理论进行分析，包括经典控制理论和状态空间理论。

2.1 经典控制理论

2.1.1 非线性数学模型的线性化

严格地说，液体火箭发动机内部参数之间的关系都具有不同程度的非线性。非线性微分方程的求解一般比较困难，使系统动态特性的分析复杂化。但是，如果对元件的非线性微分方程做某些近似或缩小一些研究问题的范围，则系统中大多数元件的输出量和输入量之间可以近似看成线性关系，并用常系数线性微分方程来描述。这种将非线性微分方程在一定条件下近似变换为线性微分方程的方法，称为非线性微分方程的线性化[1]。通过线性化处理，可以把一些实际的非线性系统近似看成线性系统，使系统动态特性的分析工作大为简化。

将非线性微分方程线性化有两种方法。

（1）忽略弱非线性因素。如果元件的非线性因素较弱，或者不在系统的线性工作范围以内，则它们对系统的影响很小，可以用通过原点的直线代替原来的非线性特性。

(2) 小偏差法(或切线法、增量线性化法)。小偏差线性化的方法是基于这样一种假设:在控制系统的整个调节过程中,各个元件的输入量和输出量只是在平衡点附近作微小变化。

设某元件的非线性特性可以用函数 $y=f(x)$ 描述,式中 $y(x)$ 为输出量,$x(t)=(x_1,x_2,\cdots,x_m)^T$ 为输入量。如果函数在平衡点 x_0 处具有 $n+1$ 阶导数,则可将函数在平衡点附近展成泰勒级数[2],即

$$y = f(x) = y_0 + \nabla f(x_0)^T (x - x_0) + \frac{1}{2}(x - x_0)^T \nabla^2 f(x_0)(x - x_0) + o(\|x - x_0\|) \quad (2-1)$$

式中:$o(\|x-x_0\|)$ 为拉格朗日余项;$\nabla f(x_0)$ 为函数 $f(x)$ 在点 x_0 处的一阶导数;$\nabla^2 f(x_0)$ 为函数 $f(x)$ 在点 x_0 处的二阶导数,表示为

$$\nabla f(x_0) = \left(\frac{\partial f(x_0)}{\partial x_1}, \frac{\partial f(x_0)}{\partial x_2}, \cdots, \frac{\partial f(x_0)}{\partial x_m} \right)^T$$

$$\nabla^2 f(x_0) = \begin{bmatrix} \frac{\partial^2 f(x_0)}{\partial x_1^2} & \frac{\partial^2 f(x_0)}{\partial x_1 \partial x_2} & \cdots & \frac{\partial^2 f(x_0)}{\partial x_1 \partial x_m} \\ \frac{\partial^2 f(x_0)}{\partial x_2 \partial x_1} & \frac{\partial^2 f(x_0)}{\partial x_2^2} & \cdots & \frac{\partial^2 f(x_0)}{\partial x_2 \partial x_m} \\ \vdots & \vdots & & \vdots \\ \frac{\partial^2 f(x_0)}{\partial x_m \partial x_1} & \frac{\partial^2 f(x_0)}{\partial x_m \partial x_2} & \cdots & \frac{\partial^2 f(x_0)}{\partial x_m^2} \end{bmatrix}$$

忽略二次以上的各项,式(2-1)可以写成

$$\Delta y = K \Delta x \quad (2-2)$$

式中:$\Delta y = y - y_0$;$\Delta x = x - x_0$;$K = \nabla f(x_0)$。这就是非线性方程的线性化数学模型。为了书写方便,常把增量化的符号 Δ 去掉,简写成 $y = Kx$。但是,应该注意线性化的微分方程组是从平衡点起算的增量方程组。为便于描述,下面介绍的经典控制理论部分用只有一个输入变量和输出变量的线性系统进行说明。在线性化处理中需要注意以下几点[3]。

(1) 必须确定系统处于平衡状态时各部件的工作点,在不同的工作点,非线性曲线的斜率是不同的,即发动机不同工况下,线性化系统的动态特性不同。

(2) 线性化时忽略泰勒级数展开式中二阶以上无穷小项,如果系统输入量工作范围较大,必将产生较大的误差,因而非线性数学模型的线性化是有条件的。

线性系统最重要的特点是可以应用线性叠加原理[1,3],这给线性系统的研究带来极大方便。叠加原理包含两方面的内容,即可加性和均匀性(或齐次性)。可加性表明,多个外作用同时施加于系统产生的总响应,等于每个外作用单独施加于系统所产生的响应之和。据此,系统在几个输入信号和干扰信号同时作用下的总响应,可以对这几个外作用逐个单独求响应,然后相加。均匀性表明,当外作用的数值增大若干倍时,其响应的数值也增大同样的倍数。

2.1.2 拉普拉斯变换

拉普拉斯变换是一种积分变换,把时间的函数通过一定形式的积分运算,变换为一个复变量的函数。这样,把微分方程的求解问题转换成代数方程的求解问题。

1. 拉普拉斯变换

设函数 $f(t)$ 在 $t \geq 0$ 时有定义,而且积分

$$F(s) = \int_0^\infty f(t) e^{-st} dt \tag{2-3}$$

存在,则称 $F(s)$ 是 $f(t)$ 的拉普拉斯变换,记为 $F(s) = L[f(t)]$。其中 $s = \sigma + j \cdot \omega$ 为复变量。$f(t)$ 称为 $F(s)$ 的原函数,$F(s)$ 称为 $f(t)$ 的象函数。

拉氏变换有很多性质和定理,这里仅介绍与稳定性分析相关的内容。

2. 线性性质

原函数之和的拉普拉斯变换等于各原函数拉普拉斯变换之和,常数可以提到拉普拉斯变换符号外面,即

$$L[af_1(t) + bf_2(t)] = aL[f_1(t)] + bL[f_2(t)]$$
$$= aF_1(s) + bF_2(s) \tag{2-4}$$

3. 微分定理

原函数 $f(t)$ 一阶导数的拉普拉斯变换为

$$L\left[\frac{d}{dt}f(t)\right] = sF[s] - f(0) \tag{2-5}$$

式中:$f(0)$ 为原函数 $f(t)$ 在 $t = 0$ 时刻的初始值。

2.1.3 传递函数

线性定常系统(元件)的传递函数定义为在零初始条件下,输出量的拉普拉斯变换与输入量的拉普拉斯变换之比。设线性定常系统(元件)的微分方程为

$$a_0 \frac{d^n}{dt^n}c(t) + a_1 \frac{d^{n-1}}{dt^{n-1}}c(t) + \cdots + a_{n-1}\frac{d}{dt}c(t) + a_n c(t)$$
$$= b_0 \frac{d^m}{dt^m}r(t) + b_1 \frac{d^{m-1}}{dt^{m-1}}r(t) + \cdots + b_{m-1}\frac{d}{dt}r(t) + b_m r(t) \quad (2-6)$$

式中:$c(t)$ 为系统(元件)的输出量;$r(t)$ 为系统(元件)的输入量;$a_0, a_1, \cdots, a_n$ 与 $b_0, b_1, \cdots, b_m$ 均为系统(元件)结构参数决定的常数。

在初始条件为零时,对式(2-6)进行拉普拉斯变换,得到 s 的代数方程为

$$(a_0 s^n + a_1 s^{n-1} + \cdots + a_{n-1}s + a_n)C(s)$$
$$= (b_0 s^m + b_1 s^{m-1} + \cdots + b_{m-1}s + b_m)R(s) \quad (2-7)$$

根据传递函数的定义,则线性定常系统(元件)的传递函数为

$$G(s) = \frac{C(s)}{R(s)} = \frac{b_0 s^m + b_1 s^{m-1} + \cdots + b_{m-1}s + b_m}{a_0 s^n + a_1 s^{n-1} + \cdots + a_{n-1}s + a_n} \quad (2-8)$$

或

$$G(s) = \frac{C(s)}{R(s)} = \frac{M(s)}{N(s)} \quad (2-9)$$

式中:$M(s) = b_0 s^m + b_1 s^{m-1} + \cdots + b_{m-1}s + b_m$;$N(s) = a_0 s^n + a_1 s^{n-1} + \cdots + a_{n-1}s + a_n$。

由式(2-8)可见,系统(元件)的传递函数完全取决于其运动方程的形式。令传递函数的分母等于零,得到系统的特征方程式,分母中 s 的最高次数 n 就是系统的阶数。

一个控制系统通常是处于某一平衡状态,仅当系统受到外作用之后才会偏离平衡状态,因而平衡状态就是系统的初始状态。但平衡点不一定是系统的坐标原点。因此,各变量的初始值不一定是零。线性化后的系统运动方程是相对平衡点以增量形式给出的,方程中的各个变量均以增量的形式表示,就相当于把平衡点移至坐标原点,此时系统输入量和输出量的初始条件就等于零。

2.1.4 频率特性

频率法是利用系统的频率特性图以及频率特性与时域响应之间的关系,对系统进行分析和设计,所以也是一种图解法。其优点是:根据系统的开环频率特性分析闭环系统的稳定性,很容易研究系统的结构、参数变化对系统性能的影响,并大致指出改善系统性能的途径。频率特性不仅适用于线性定常系统,还适用于纯滞后环节以及部分非线性环节的分析[3]。其主要缺点:二阶以上系统的频率特性和时域响应之间没有直接的定量关系,只有定性的、近似的关系,这给应用频率法分析和设计二阶以上系统带来一定的困难。

系统的频率特性可以通过将传递函数中的 s 用 $j\omega$ 代替来求得,即 $s=j\omega$,则所得的传递函数 $G(j\omega)$ 就是频率特性[1,3]。

一个稳定的线性定常系统或环节,如果在它的输入端施加一个正弦信号 $r(t)=A_r\sin(\omega t)$,那么,无论从理论上还是实验上都可以证明,该系统或环节的稳态输出是一个与输入信号同频率的正弦信号,但振幅和相角不同。保持输入信号的幅值 A_r 不变,将频率 ω 从 0 到 ∞ 依次改变,则系统稳态输出的幅值 A_c 和相角 φ 也随之改变,系统输出量与输入量的幅值比随频率变化的特性,称为幅频特性,常用 $A(\omega)$ 表示;输出量与输入量之间的相位差随频率变化的特性,称为相频特性,常用 $\varphi(\omega)$ 表示。两者合称为频率特性或频率响应或幅相特性,常用 $G(j\omega)$ 表示,即

$$G(j\omega) = A(\omega) e^{j\varphi(\omega)} \qquad (2-10)$$

这是一个以频率 ω 为自变量的复变函数。

频率特性的物理意义:它表示系统或环节对不同频率正弦信号的"跟踪"能力或"复现"能力。频率特性是系统或环节在频率域中的数学模型,它和微分方程、传递函数一样,能描述系统的动态特性。令 $s=j\omega$,依据式(2-8),当 $n>m$ 时,可得

$$G(j\omega) = \frac{b_0(j\omega)^m + b_1(j\omega)^{m-1} + \cdots + b_{m-1}(j\omega) + b_m}{a_0(j\omega)^n + a_1(j\omega)^{n-1} + \cdots + a_{n-1}(j\omega) + a_n} \qquad (2-11)$$

式(2-11)说明 $G(j\omega)$ 只与系统或环节本身的结构参数有关,是系统或环节本身的属性,与输入信号和初始条件无关。

频率特性不能直接用来研究系统的动态特性。但是应该注意,频率特性是在正弦输入信号由低频到高频不断变化情况下得出的。系统能否很好地复现这些信号,同样能说明系统的动态特性。频率法就是利用稳态的频率响应,间接地研究系统的动态特性,从而避免了直接求解高阶微分方程的困难。

2.1.5 频域稳定性分析

液体火箭发动机组件很多,分析整个系统的稳定性时,很难直接用分析方法写出其传递函数,难以利用劳斯判据或根轨迹法分析系统的稳定性。因而常常选择奈奎斯特判据,奈奎斯特判据的理论基础是复变函数理论中的幅角定理。它的主要特点是根据开环系统的幅相频率特性来判断闭环系统的稳定性,并且确定系统稳定的程度,进而找出提高系统稳定性的途径以及使不稳定系统成为稳定系统的方法。

2.1.5.1 辅助函数的构造

对于图 2-1 所示的典型线性系统,其开环传递函数是 $G(s)H(s)$。设

$$G(s) = \frac{M_1(s)}{N_1(s)}, \quad H(s) = \frac{M_2(s)}{N_2(s)} \qquad (2-12)$$

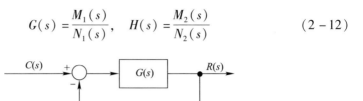

图 2-1 典型线性系统示意图

若 $G(s)H(s)$ 无零、极点对消,则开环传递函数可表示为

$$G(s)H(s) = \frac{M_1(s)M_2(s)}{N_1(s)N_2(s)} \qquad (2-13)$$

相应地,闭环传递函数为

$$\Phi(s) = \frac{G(s)}{1 + G(s)H(s)} = \frac{M_1(s)N_2(s)}{N_1(s)N_2(s) + M_1(s)M_2(s)} = \frac{M(s)}{D(s)} \qquad (2-14)$$

闭环系统的特征多项式为

$$D(s) = N_1(s)N_2(s) + M_1(s)M_2(s) \qquad (2-15)$$

而开环系统的特征多项式为

$$N(s) = N_1(s)N_2(s) \qquad (2-16)$$

为了导出奈奎斯特判据,需要引入一个很有用的辅助函数 $F(s)$,即

$$F(s) = 1 + G(s)H(s) = \frac{D(s)}{N(s)} \qquad (2-17)$$

由式(2-17)可见,函数 $F(s)$ 的分子是闭环系统的特征多项式 $D(s)$,分母是开环系统的特征多项式 $N(s)$。实际系统开环传递函数分母多项式的阶次 n 大于或等于分子多项式的阶次 m,所以 $F(s)$ 的分子多项式 $D(s)$ 与分母多项式 $N(s)$ 的阶次相等为 n,即 $F(s)$ 的零点数等于极点数。

设 $z_1, z_2, \cdots, z_n$ 为 $F(s)$ 的零点;$p_1, p_2, \cdots, p_n$ 为 $F(s)$ 的极点,则辅助函数 $F(s)$ 可表示为

$$F(s) = \frac{\prod_{i=1}^{n}(s - z_i)}{\prod_{i=1}^{n}(s - p_i)} \qquad (2-18)$$

由此可知,辅助函数 $F(s)$ 和开环传递函数 $G(s)H(s)$ 之间只相差一个常数1。这意味着 $F(j\omega)$ 的幅相曲线可以由 $G(j\omega)H(j\omega)$ 的幅相曲线沿着实轴正方向平移一个单位长度。其几何意义在于 F 平面上的坐标原点就是 $G(s)H(s)$ 平面上的点 $(-1,j0)$[3]。

2.1.5.2 幅角原理

假设 $F(s)$ 的零、极点分布如图2-2(a)所示。在右半 s 平面上任取一闭合路径 Γ。路径 Γ 不通过 $F(s)$ 的任何零点和极点,且设路径 Γ 包围了 $F(s)$ 的一个零点 z_1。在路径 Γ 上取一点 s 作为试验点,则各零点、极点到 s 点的向量如图2-2(b)所示。当点 s 沿路径 Γ 顺时针方向移动时,向量 $(s-z_i)$ 和 $(s-p_i)$ 的幅值和相角都发生变化。向量 $F(s)$ 的端点便在 $F(s)$ 平面上描绘出一个相应的闭合路径 Γ',称 Γ' 为 Γ 的象或映射,如图2-3(c)所示。

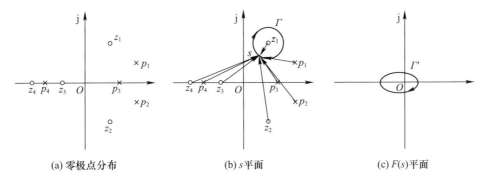

(a) 零极点分布　　　　(b) s 平面　　　　(c) $F(s)$ 平面

图2-2　s 与 $F(s)$ 平面的映射关系

很明显,在 s 平面内当点 s 沿 Γ 沿顺时针方向移动一周时,对于未被包围的那些零、极点到 s 点的向量,其相角的变化量等于零。根据复平面向量的相角定义,逆时针旋转为正,顺时针旋转为负。被 Γ 包围的向量 $(s-z_1)$,其相角的变化量为 -2π。因而,结合式(2-18)可知,向量 $F(s)$ 的相角变化量也是 -2π,即向量 $F(s)$ 在 $F(s)$ 平面绕坐标原点沿路径 Γ' 顺时针方向转动了一圈。如果包围在路径 Γ 内的是 $F(s)$ 的一个极点 p_1,那么当 s 沿 Γ 顺时针方向移动一周时,向量 $F(s)$ 则绕坐标原点沿逆时针方向转动了一圈。

为了确定位于右半 s 平面内 $F(s)$ 的所有零点个数,应将路径 Γ 扩展到包围整个右半 s 平面。这时,路径 Γ_s 是由虚轴和包围整个右半 s 平面的无限大半圆组成,如图2-3所示。这样的路径 Γ_s 称为奈奎斯特路径,而相应的路径 Γ'_s 称为奈奎斯特曲线。

综上,如果在包围整个右半 s 平面的封闭曲线 Γ_s 内,有 Z 个 $F(s)$ 的零点和 P 个 $F(s)$ 的极点,则点 s 沿 Γ_s 顺时针方向移动一周时,在 $F(s)$ 平面上,奈奎斯

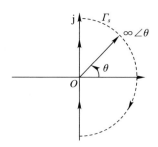

图 2-3 s 平面的闭合曲线 Γ_s

特曲线绕坐标原点沿逆时针方向转过的圈数 N 为

$$N = P - Z \quad (2-19)$$

式中：P 为 $F(s)$ 在右半 s 平面上的极点数；Z 为 $F(s)$ 在右半 s 平面上的零点数。

2.1.5.3 奈奎斯特判据

$G(s)H(s)$ 分母多项式的阶次总是高于分子多项式的阶次，所以，当点 s 沿着无限大的半圆移动，即 $s \to \infty$ 时，$G(s)H(s) \to 0$。这样，s 平面中的无限大半圆映射到 $F(s)$ 平面，就成了 $(1, j0)$ 一个点。

当点 s 沿着虚轴从 $-\infty$ 变化到 $+\infty$ 时，$s = j\omega$，映射到 $F(s)$ 平面就是一条奈奎斯特曲线，表示为

$$F(j\omega) = 1 + G(j\omega)H(j\omega) \quad (2-20)$$

它与开环幅相曲线 $G(j\omega)H(j\omega)$ 的实部相差 1。可见，奈奎斯特曲线实际上是 s 平面上的虚轴在 $F(s)$ 平面上的映射。

ω 从 $-\infty$ 变到 0 与 ω 从 0 变到 $+\infty$，所绘出的两段开环幅相曲线对称于实轴，为了便于分析，通常只画 ω 从 $0 \to +\infty$ 的 $G(j\omega)H(j\omega)$ 曲线，于是式 (2-19) 可改写成

$$2N = P - Z \quad (2-21)$$

考虑到 $F(j\omega)$ 曲线与 $G(j\omega)H(j\omega)$ 曲线只是实部相差 1，因此 $F(j\omega)$ 曲线绕坐标原点转过的圈数 N，就相当于开环幅相曲线 $G(j\omega)H(j\omega)$ 绕 $(-1, j0)$ 点转过的圈数。于是，利用开环传递函数在右半 s 平面上的极点数 P 和开环幅相曲线绕 $(-1, j0)$ 点转过的圈数 N，便可判断闭环系统的稳定性。

现将奈奎斯特判据叙述如下：若开环传递函数在右半 s 平面的极点数为 P，开环幅相曲线 $G(j\omega)H(j\omega)$ 包围点 $(-1, j0)$ 的圈数为 N，且沿逆时针方向包围 $(-1, j0)$ 点的圈数为正，沿顺时针方向包围 $(-1, j0)$ 点的圈数为负，则闭环系统特征方程式的正实部根的个数，即

$$Z = P - 2N \tag{2-22}$$

若 Z 为零,闭环系统稳定;若 Z 不为零,闭环系统不稳定,有 Z 个正实部的特征根。显然,若开环传递函数 $G(s)H(s)$ 在右半 s 平面上没有极点,即 $P=0$,根据式(2-22)可知,要使闭环系统稳定,必须使 $N=0$,即开环幅相线不包围 $(-1,j0)$ 点,如图 2-4(a)所示;反之,如果开环幅相曲线包围了 $(-1,j0)$ 点,则 $N \neq 0, Z = P - 2N \neq 0$,闭环系统不稳定,如图 2-4(b)所示[3]。

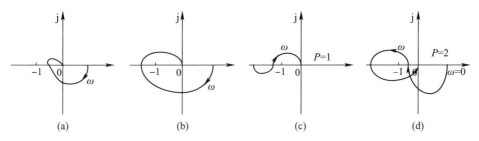

图 2-4 系统开环半闭合幅相曲线

如果开环传递函数 $G(s)H(s)$ 在右半 s 平面上有极点,即 $P \neq 0$,根据式(2-22),若开环幅相曲线沿逆时针方向包围 $(-1,j0)$ 点的圈数 N 等于 $P/2$,则闭环系统稳定,如图 2-4(c)所示;否则闭环系统不稳定,如图 2-4(d)所示[3]。如果 $G(j\omega)H(j\omega)$ 曲线正好通过 $(-1,j0)$ 点,这表明函数 $F(s)$ 在 s 平面的虚轴上有零点,即闭环传递函数有位于 s 平面虚轴上的极点,此时闭环系统可能恰好处于稳定边界,还可能有闭环极点位于右半 s 平面,系统不稳定。总之,这些都可归入不稳定情况。

2.2 状态空间理论

2.2.1 状态空间描述

20 世纪 50 年代随着航天技术的发展,迫切需要解决多输入多输出系统的分析与设计问题,而经典控制理论无法有效解决此类问题。因此,发展了状态空间理论,利用矩阵和向量来描述系统的动态特性。状态空间法描述输入-状态-输出的各个变量间的因果关系,不但反映了系统的输入输出外部特性,而且揭示了系统内部的结构特性[4]。

2.2.1.1 系统的状态空间描述

从系统状态空间描述的角度,一个动态系统的结构可区分为"动力学部件"和"输出部件",并采用图 2-5 所示的结构来表示。图中 $x_1, \cdots, x_n$ 是表征系统行为的状态变量组，$u_1,\cdots,u_p$ 和 $y_1,\cdots,y_q$ 分别为系统的输入变量组和输出变量组，箭头表示信号作用方向和部件变量组间的关系。

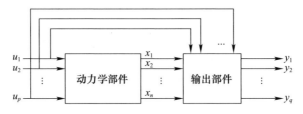

图 2-5 动态系统结构示意图

输入引起状态的变化是一个动态过程，数学上用微分方程或差分方程来表征，这个数学方程是系统的状态方程。就连续系统而言，考虑最一般的情况，则其状态方程为一个非线性时变微分方程组，即

$$\begin{cases} \dot{x}_1 = f_1(x_1,\cdots,x_n;u_1,\cdots,u_p;t) \\ \qquad\qquad \vdots \\ \dot{x}_n = f_n(x_1,\cdots,x_n;u_1,\cdots,u_p;t) \end{cases} \quad t \geqslant t_0 \qquad (2-23)$$

在引入向量表示的基础上，可将状态方程表示为向量方程的形式，即

$$\dot{\boldsymbol{x}} = \boldsymbol{f}(\boldsymbol{x},\boldsymbol{u},t) \qquad t \geqslant t_0 \qquad (2-24)$$

其中：

$$\boldsymbol{x} = \begin{bmatrix} x_1 \\ \vdots \\ x_n \end{bmatrix}, \boldsymbol{u} = \begin{bmatrix} u_1 \\ \vdots \\ u_p \end{bmatrix}, \boldsymbol{f}(\boldsymbol{x},\boldsymbol{u},t) = \begin{bmatrix} f_1(\boldsymbol{x},\boldsymbol{u},t) \\ \vdots \\ f_n(\boldsymbol{x},\boldsymbol{u},t) \end{bmatrix} \qquad (2-25)$$

状态和输入决定输出的变化是一个变量间的转换过程，描述这种转换关系的数学表达式称为系统的输出方程或测量方程。最一般的情况下，一个连续动力学系统的输出方程具有以下形式，即

$$\begin{cases} y_1 = g_1(x_1,\cdots,x_n;u_1,\cdots,u_p;t) \\ \qquad\qquad \vdots \\ y_q = g_q(x_1,\cdots,x_n;u_1,\cdots,u_p;t) \end{cases} \quad t \geqslant t_0 \qquad (2-26)$$

可用输出向量方程表示为

$$\boldsymbol{y} = \boldsymbol{g}(\boldsymbol{x},\boldsymbol{u},t) \qquad (2-27)$$

其中：

$$\boldsymbol{y} = \begin{bmatrix} y_1 \\ \vdots \\ y_q \end{bmatrix}, \boldsymbol{u} = \begin{bmatrix} u_1 \\ \vdots \\ u_p \end{bmatrix}, \boldsymbol{g}(\boldsymbol{x},\boldsymbol{u},t) = \begin{bmatrix} g_1(\boldsymbol{x},\boldsymbol{u},t) \\ \vdots \\ g_q(\boldsymbol{x},\boldsymbol{u},t) \end{bmatrix} \quad (2-28)$$

系统的状态空间描述由状态方程和输出方程组成，合称为系统的动态方程。

（1）非线性系统的状态空间描述。在选定的一组状态变量下，称一个系统为非线性系统，当且仅当其状态空间描述为

$$\begin{cases} \dot{\boldsymbol{x}} = \boldsymbol{f}(\boldsymbol{x},\boldsymbol{u},t) \\ \boldsymbol{y} = \boldsymbol{g}(\boldsymbol{x},\boldsymbol{u},t) \end{cases} \quad (2-29)$$

其中，状态方程和输出方程的全部或至少一个组成元素为状态变量和输入变量的非线性函数。

（2）线性系统的状态空间描述。若状态方程和输出方程的所有组成元素都是状态变量和输入变量的线性函数，则称相应的系统为线性系统。而线性系统的状态空间描述可表示为

$$\begin{cases} \dot{\boldsymbol{x}} = \boldsymbol{A}(t)\boldsymbol{x} + \boldsymbol{B}(t)\boldsymbol{u} \\ \boldsymbol{y} = \boldsymbol{C}(t)\boldsymbol{x} + \boldsymbol{D}(t)\boldsymbol{u} \end{cases} \quad (2-30)$$

系数矩阵 $\boldsymbol{A}(t)$、$\boldsymbol{B}(t)$、$\boldsymbol{C}(t)$ 和 $\boldsymbol{D}(t)$ 均为不依赖状态变量 $\boldsymbol{x}$ 和输入变量 $\boldsymbol{u}$ 的矩阵。矩阵 $\boldsymbol{A}(t)$ 表示系统内部状态变量之间的联系，取决于被控系统的作用机理、结构和各项参数，称为系统矩阵；输入矩阵 $\boldsymbol{B}(t)$ 表示各个输入变量如何控制状态变量，故也称为控制矩阵；矩阵 $\boldsymbol{C}(t)$ 表示输出变量如何反映状态变量，称为输出矩阵或观测矩阵；矩阵 $\boldsymbol{D}(t)$ 则表示输入对输出的直接作用，称为直接传递矩阵。

（3）线性定常系统的状态空间描述。如果矩阵 $\boldsymbol{A}(t)$、$\boldsymbol{B}(t)$、$\boldsymbol{C}(t)$ 和 $\boldsymbol{D}(t)$ 的各个元素都是与时间 t 无关的常数，则称该系统为线性定常系统，其状态空间表达式为

$$\begin{cases} \dot{\boldsymbol{x}} = \boldsymbol{A}\boldsymbol{x} + \boldsymbol{B}\boldsymbol{u} \\ \boldsymbol{y} = \boldsymbol{C}\boldsymbol{x} + \boldsymbol{D}\boldsymbol{u} \end{cases} \quad (2-31)$$

式中各个系数矩阵为常数矩阵。

2.2.1.2 传递函数与状态空间的转换

对于多输入多输出线性定常系统，扩展传递函数的概念，运用传递函数矩阵

来研究。设系统有 p 个输入和 q 个输出,如图2-6所示。

图2-6 多输入多输出系统(MIMO)示意图

定义第 i 个输出 y_i 和第 j 个输入 u_j 之间的传递函数为

$$g_{ij}(s) = \frac{Y_i(s)}{U_j(s)} \quad i=1,2,\cdots,q;j=1,2,\cdots,p \tag{2-32}$$

式中:$Y_i(s)$ 为指输出 $y_i(t)$ 的拉普拉斯变换;$U_j(s)$ 为输入 $u_j(t)$ 的拉普拉斯变换。需要指出,这样定义表示除了第 j 个输入外,其余输入都是假定为零。利用叠加原理,当 $U_1,U_2,\cdots,U_p$ 都加入时,则第 i 个输出的拉普拉斯变换为

$$Y_i(s) = g_{i1}U_1(s) + g_{i2}U_2(s) + \cdots + g_{ip}(s)U_p(s) \tag{2-33}$$

取 $i=1,\cdots,q$,将式(2-33)展开并写成矩阵形式,有

$$\boldsymbol{Y}(s) = \boldsymbol{G}(s)\boldsymbol{U}(s) \tag{2-34}$$

式中

$$\boldsymbol{Y}(s) = \begin{bmatrix} Y_1(s) \\ Y_2(s) \\ \vdots \\ Y_q(s) \end{bmatrix}, \boldsymbol{U}(s) = \begin{bmatrix} U_1(s) \\ U_2(s) \\ \vdots \\ U_p(s) \end{bmatrix}, \boldsymbol{G}(s) = \begin{bmatrix} g_{11}(s) & g_{12}(s) & \cdots & g_{1p}(s) \\ g_{21}(s) & g_{22}(s) & \cdots & g_{2p}(s) \\ \vdots & \vdots & & \vdots \\ g_{q1}(s) & g_{q2}(s) & \cdots & g_{qp}(s) \end{bmatrix}$$

式中:矩阵 $\boldsymbol{G}(s)$ 为传递函数矩阵,简称为传递矩阵。

对于如式(2-31)描述的多输入多输出线性定常系统,令系统初始状态为零,对其进行拉普拉斯变换可得

$$\begin{cases} s\boldsymbol{x} = \boldsymbol{A}\boldsymbol{x} + \boldsymbol{B}\boldsymbol{u} \\ \boldsymbol{y} = \boldsymbol{C}\boldsymbol{x} + \boldsymbol{D}\boldsymbol{u} \end{cases} \tag{2-35}$$

将状态与输入量的传递函数代入输出量的传递方程中,可推导出系统的传递函数矩阵为

$$\boldsymbol{G}(s) = \boldsymbol{C}(s\boldsymbol{I} - \boldsymbol{A})^{-1}\boldsymbol{B} + \boldsymbol{D} \tag{2-36}$$

式中:$\boldsymbol{I}$ 为单位矩阵。

2.2.2 状态空间分析方法

2.2.2.1 频率特性分析方法

考虑 n 维线性定常系统,其状态方程为

$$\dot{x}(t) = Ax(t) + Bu(t), x(t_0) = x_0 \quad t \geq t_0 \quad (2-37)$$

式中:$x(t)$ 为 n 维状态向量;$u(t)$ 为 p 维输入向量;A 为 $n \times n$ 方阵;B 为 $n \times p$ 矩阵;$x(t_0)$ 为初始状态。给定状态变量的初值 $x(t_0)$ 和控制输入 $u(t)$,则系统的状态响应 $x(t)$ 为

$$x(t) = e^{A(t-t_0)}x(t_0) + \int_{t_0}^{t} e^{A(t-\tau)}Bu(\tau)d\tau \quad t \geq t_0 \quad (2-38)$$

可见系统的动态响应由两部分组成:一部分是由初始状态引起的系统自由运动,叫做零输入响应;另一部分是由控制输入 $u(t)$ 所产生的受控运动,叫做零状态响应。一般而言,频率响应特性在频域分析更为直观明了,将系统的状态方程进行拉普拉斯变换后即可在频域内进行分析。

液体火箭发动机组件方程均为带有复系数的线性代数方程,可化为矩阵方程形式[5],即

$$W(\omega)\delta x = d\delta y \quad (2-39)$$

式中:$W(\omega)$ 为各组件方程复系数矩阵;δx 为参数变化量的向量;d 为各外部干扰作用的系数矩阵;δy 为外部干扰作用的变化量。

结合式(2-39),在振幅为 δy_j 的第 j 个干扰的作用下,系统第 i 个参数振幅 δx_i 的解为

$$\frac{\delta x_i}{\delta y_j} = \frac{\Delta_{ij}}{\Delta} = \text{Re}_{ij}(\omega) + i\text{Im}_{ij}(\omega) = A_{ij}(\omega)\exp[-i\varphi_{ij}(\Omega)] \quad (2-40)$$

式中:Δ 为 $W(\omega)$ 的行列式;Δ_{ij} 为行列式 Δ 第 i 列换为矩阵 d 的第 j 列而得到的行列式;$\text{Re}_{ij}(\omega)$、$\text{Im}_{ij}(\omega)$ 为传递函数的实部和虚部;A_{ij}、$\varphi_{ij}(\omega)$ 为传递函数的幅频特性和相频特性。

2.2.2.2 稳定性分析方法

1) 李雅普诺夫稳定性理论

俄国学者李雅普诺夫建立了关于稳定性问题的一般理论,提出了判断稳定性的两种方法。第一种方法是利用线性系统微分方程的解来判断系统的稳定性,称为李雅普诺夫第一方法或间接法,另一种方法是利用经验和技巧来构造李雅普诺夫函数,进而利用该函数来判断系统的稳定性,称为李雅普诺夫第二方法或直接法。在火箭发动机稳定性分析中,构造李雅普诺夫函数通常非常困难,因而

常用李雅普诺夫第一方法。

李雅普诺夫第一方法属于小范围稳定性分析方法。它的基本思路为在足够小的邻域内,将非线性自治系统运动方程进行泰勒展开,导出其一次近似线性化系统,根据线性化系统的稳定性推断非线性系统在邻域内的稳定性。若线性化系统的特征值均具有负实部,则非线性系统在邻域内稳定;若线性化系统包含正实部特征值,则非线性系统在邻域内不稳定;若线性化系统除负实部特征值外包含零实部单特征值,则非线性系统在邻域内是否稳定需要通过更高次项的分析来判断。

对于液体火箭发动机的线性小偏差方程,可以写成以下的矩阵形式[6],即

$$P\dot{x} = Ax + Bu \quad (2-41)$$

式中:矩阵 P 代表系统的时间常数矩阵,其形式为 n 阶对角阵;A 为系统的状态变量系数矩阵;B 为输入变量的系数矩阵。P、A 在形式上均为 n 阶方阵。

对式(2-41)左乘 P^{-1},得到发动机系统的状态空间描述为

$$\dot{x} = Cx + Du \quad (2-42)$$

式中:$C = P^{-1}A$ 为系统的状态矩阵;$D = P^{-1}B$ 为系统的输入矩阵。

根据非线性系统理论,若矩阵 C 无零实部特征值,则 $x = 0$ 为系统的双曲平衡点,而在双曲平衡点的邻域内,非线性系统必与对应的线性系统拓扑等价(Hartman – Grobman 定理),此时非线性系统与对应的线性化系统具有相同的性态[7]。对实际的发动机系统,关心的是工程意义下的稳定性,即系统的渐近稳定性。根据李雅普诺夫第一方法,可以得到工程意义下的发动机系统稳定性判据:矩阵 C 的所有特征值的实部小于零。这样判别发动机工作稳定性的问题就转化为判断状态矩阵的特征值是否具有负实部。

发动机中通常有推力室等燃烧组件,推进剂的燃烧通常存在时滞。根据时滞动力系统运动稳定性理论,在时滞充分小的情况下,对双曲平衡点带时滞的非线性系统,仍与对应的线性化系统等价[8]。在液体火箭发动机系统中,推进剂燃烧时滞很小,为 0.01s 左右,可近似认为等价性成立[9]。

2)稳定域划分

稳定判据仅是在所有参量已经确定的情况下,用来判断 ω 由 0 到 ∞ 这一范围内系统是否稳定。但在实际中经常遇到一些参数容易确定,另一些参数难以确定的情况。因而把容易确定的参数事先给定,把需要优化的参数作为变量来划分稳定域。这里介绍最常用的 D 分域法。这一方法有明显优点,即不仅能够回答系统是否稳定,还能找到使系统稳定的合理参数范围。D 分域法又称为 D 分割法,基本原理是根据闭环传递函数的特征方程,

得到系统 D 分割边界和参数稳定性。下面简要介绍一个和两个可变参量的 D 分域法[10]。

(1) 一个可变复数参量的 D 分域法。

为了便于理解,结合实例进行说明。例如,特征方程 $\lambda^3 + M\lambda^2 + N\lambda + 1 = 0$,其中参量 N 已给定,参量 M 需要优化。由特征方程可解得 $M = -(\lambda^3 + N\lambda + 1)/\lambda^2$。代入 $\lambda = j\omega$ 得复数参量 $M = (-j\omega^3 + jN\omega + 1)/\omega^2$,$M$ 的实部和虚部分别为 $\mathrm{Re} = 1/\omega^2$ 和 $\mathrm{Im} = -\omega + N/\omega$。当 ω 由 $-\infty$ 变至 $+\infty$ 时(ω 由 $-\infty$ 变到 0^- 是假想的,是 D 分域法的需要),在 M 平面上(即(Re、Im)平面)得到两条边界线(图 2-7)。曲线 1 对应于 ω 由 $-\infty$ 变至 0^-;曲线 2 对应于 ω 由 0^+ 变至 $+\infty$。两条边界曲线对称于实轴,相交于点 $M_0(1/N, 0)$。

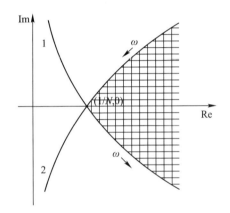

图 2-7 一个复数参量 M 的稳定边界和稳定域

若特征方程根的实部 $\alpha_i < 0$,则特征根 $\lambda_i = \alpha_i + j\omega_i$ 落在根平面(α, ω)虚轴的左边,相当于两条边界线沿 ω 由 $-\infty$ 增大至 $+\infty$ 方向的左侧。在左侧打阴影线,显然阴影线一侧 $\alpha_i < 0$。如果从无阴影线的一侧进入有阴影线的一侧,则减少一个正实部根;如果从无阴影线的一侧进入两种阴影线的重叠域,则减少两个正实部根;如果从边界线上的任意一点进入有阴影线的一侧,则纯虚根变为负实部根。阴影线重叠域内的负实部根数目最多,因而最大可能是稳定域。之所以最大可能是稳定域,因为 D 分域法不能单值确定某一域是否稳定,还需要其他辅助方法。最简单的方法就是在某域内任选一点进行验证。在该例中,取两条边界线的交点 $M_0(1/N, 0)$,代入特征方程得 $\lambda^3 + \lambda^2/N + N\lambda + 1 = (\lambda + 1/N)(\lambda^2 + N) = 0$,解得 $\lambda_1 = -1/N$,$\lambda_{2,3} = \pm j\sqrt{N}$。即交点处有一个负实部根和两个纯虚根。从交点向右移至阴影线重叠域,两个纯虚根都变为负实部根,因而阴影线重叠域无正实部根,是稳定域。

还可用下面方法判断 M 平面上任一域的正实部根的数目 m。对于多项式特征方程,通常可解得参量 $M = -Q(\lambda)/R(\lambda)$ 这种形式。根据 $Q(\lambda)$、$R(\lambda)$ 特征根的特性计算 m,即

$$m = n_1 + \frac{(n_2 + n_3)}{\dfrac{2-\varphi}{(2\pi)}} \tag{2-43}$$

式中:n_1 为 $R(\lambda)=0$ 的正实部根数目;n_2 为 $R(\lambda)=0$ 的零根和纯虚部根数目之和;n_3 为 $Q(\lambda)+R(\lambda)=0$ 与 $R(\lambda)=0$ 的次数之差;φ 为向量的转角,这一向量的始端为任一域内任意一点 $\boldsymbol{x}_0$,终端在边界线上。当 ω 由 $-\infty$ 变至 $+\infty$ 时,这一向量的转角即 φ。同样,沿逆时针方向旋转为正值,沿顺时针方向旋转为负值。若边界线有几个分支,则 φ 是上述向量沿各分支移动的转角之和。

在上例中,$M = -(\lambda^3 + N\lambda + 1)/\lambda^2$,则 $Q(\lambda)=(\lambda^3+N\lambda+1)$、$R(\lambda)=\lambda^2$。于是 $n_1=0$、$n_2=2$、$n_3=1$。在有阴影线一侧的实轴上任取一点,则 $\varphi_1 + \varphi_2 = 3\pi/2 + 3\pi/2 = 3\pi$。将其代入式(2-43),可得 $m=0$,即阴影线重叠域内无正实部根,是唯一的稳定域。

(2) 两个可变参量的 D 分域法。

仍结合上面实例来阐述 D 分域方法。假设特征方程 $\lambda^3 + M\lambda^2 + N\lambda + 1 = 0$ 中的两个参量 M、N 都需要优化。将 $\lambda = j\omega$ 代入特征方程,可得稳定边界方程为

$$-j\omega^3 - M\omega^2 + jN\omega + 1 = 0 \tag{2-44}$$

式(2-44)的实部和虚部分别为 $\mathrm{Re} = 1 - M\omega^2 = 0$ 和 $\mathrm{Im} = N\omega - \omega^3 = 0$,可得 $M = 1/\omega^2$、$N = \omega^2$,因而有 $M = 1/N$。假设 $M>0$、$N>0$,则稳定边界线 $M = 1/N$ 是参量 (M,N) 平面上第一象限内的一条双曲线(图 2-8)。

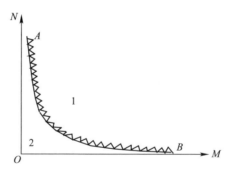

图 2-8 两个可变参量的稳定边界和稳定域

稳定边界线将(M,N)平面分成了两个区域,即域 1 和 2。一个可能是稳定域,一另个可能是不稳定域。按下列步骤判断区域的稳定性。

① 计算雅可比行列式。计算公式为

$$\Delta = \begin{vmatrix} \dfrac{\partial \text{Re}}{\partial M} & \dfrac{\partial \text{Re}}{\partial N} \\ \dfrac{\partial \text{Im}}{\partial M} & \dfrac{\partial \text{Im}}{\partial N} \end{vmatrix} \qquad (2-45)$$

在该例中,行列式 $\Delta = \begin{vmatrix} -\omega^2 & 0 \\ 0 & \omega \end{vmatrix} = -\omega^3$。

② 在稳定边界线的一侧打阴影线。

规则如下:当行列式 $\Delta > 0$ 时,沿 ω 增加方向在曲线的左侧打阴影线;当 $\Delta < 0$ 时,沿 ω 增加方向在曲线的右侧打不同斜率的阴影线。一般一条曲线都打了两次阴影线,而且两次阴影线都打在了稳定边界线的一侧。从无阴影线的一侧进入有阴影线的一侧,则减少一个正实部根;如果进入两种阴影线的重叠域,则减少两个正实部根。因而阴影线重叠域正实部根最少,可能是稳定域。该例中 $\Delta = -\omega^3$。当 ω 由 $-\infty$ 变至 0^- 时,$\Delta > 0$,沿 ω 增长方向在边界线的左侧打阴影线;当 ω 由 0^+ 变至 ∞ 时,$\Delta < 0$,沿 ω 增长方向在边界线的右侧打不同斜率的阴影线。域 1 是两种阴影线的重叠域。

③ 取点验证。

阴影线重叠域是否是稳定域,尚需取点验证。在该例中,任取一点 $(M,N) = (0,0)$,代入特征方程 $\lambda^3 + M\lambda^2 + N\lambda + 1 = 0$,可得 $\lambda^3 + 1 = 0$。它的 3 个根为 $\lambda_1 = -1$、$\lambda_{2,3} = (1 \pm j\sqrt{3})/2$。$\lambda_{2,3}$ 是两个具有正实部的根,所以域 2 不是稳定域。从域 2 进入两种阴影线重叠域,减少了两个具有正实部的根,因而域 1 不存在正实部根,是稳定域。

参考文献

[1] 胡寿松. 自动控制原理[M]. 6 版. 北京:科学出版社,2013.
[2] 谢政,李建平,陈挚. 非线性最优化理论与方法[M]. 北京:高等教育出版社,2010.
[3] 黄坚. 自动控制原理及其应用[M]. 北京:高等教育出版社,2004.
[4] 张嗣瀛,高立群. 现代控制理论[M]. 北京:清华大学出版社,2006.
[5] ГЛИКМАН Б Ф. 液体火箭发动机自动调节[M]. 顾明初,郁明桂,邱明煜,译. 北京:宇航出版社,1995.
[6] 徐浩海,刘站国. 液氧/煤油补燃发动机系统稳定性分析[J]. 火箭推进,2005,31(2):1-6.

[7] 陈恕. 非线性系统动力学[M]. 北京:科学出版社,1993.
[8] 秦元勋,刘永清,王联. 带有时滞的动力系统的运动稳定性[M]. 北京:科学出版社,1963.
[9] 刘红军,张恩昭,董锡鉴. 涡轮泵联动试验系统参数稳定性分析[J]. 推进技术,1999,20(4):32-35.
[10] 董锡鉴. 液体火箭发动机流路低频动态过程及减振措施[R]. 西安:西安航天动力研究所,2013.

第 ❸ 章
发动机动态特性数学模型

　　液体火箭发动机是由若干组件有机联系在一起的复杂系统。在液体火箭发动机系统研究过程中,关注的主要对象是包含流体运动的组件、包含能够影响流体运动的机械组件,以及由这些组件构成的系统。液体火箭发动机系统方案各有不同,但都可以看成几类典型组件(气体和液体管路、节流元件、阀门和流量调节器、喷注器、燃气发生器、燃烧室、涡轮泵系统等)的组合[1-2]。发动机组件动力学模型实质上就是对发动机典型组件物理和化学等动态过程的一种数学描述,通过管路模型将各典型组件模型连接起来组成一个复杂的热动力网络系统,其中包含各组件之间的作用关系,即成为整台发动机的数学描述。对于液体火箭发动机系统而言,其所有组件都互相关联,建立全系统模型需要利用所有组件的方程,可以将所有方程联立,进行数值求解;也可以将组件的模型表示成为传递矩阵形式,则通过矩阵运算简化系统模型,在不影响求解精度的情况下,大大简化计算量。

　　液体火箭发动机的模型应能够正确反映发动机的主要工作过程,模型越准确,仿真结果与实际越吻合,但真实的物理过程过于复杂,仿真模型不可能涵盖所有因素,所以要求对两者进行权衡,忽略影响不大的次要因素,抽取出影响发动机特性的主要环节,建立发动机的数学模型。

　　模块化建模能高效、可靠地解决实际工程问题,在工程实际中得到了广泛应用。本书采用模块化建模思想,各组件模型单独建立,组件模型创建后,对其进行单独调试,然后再组合在一起形成整个系统模型。

　　在模型推导过程中,带符号"δ"的变量代表频域无量纲变化量,带符号"$'$"的变量代表时域有量纲变化量,带符号"$-$"的变量代表稳态数值,采用大写字母表示参数的频域有量纲变化量。规定下标 1 表示组件的入口,下标 2 表示组件出口。

3.1 流体动力学的基本研究方法

3.1.1 研究流体运动的方法

在研究流体运动时有两种不同的方法,分别为拉格朗日法和欧拉法。拉格朗日法从流体各个微团的运动着手,来研究整个流体的运动。具体来说,就是研究流体中某一指定微团的速度、压强、密度等描述流体运动的参数随时间的变化,以及研究由一个流体微团转到其他流体微团时这些参数的变化。拉格朗日法的研究对象"微团",或者叫"体系",是指确定的物质集合,体系以外的物质称为环境。体系的边界定义为把体系和环境分开的假想表面,在边界上有力的作用和能量的交换,但是没有质量交换。

利用体系概念,根据基本的物理定律推导流体的基本方程。常用的基本物理定律包括质量守恒定律、牛顿第二运动定律、热力学第一定律、热力学第二定律,对应的基本方程分别为

$$\frac{\mathrm{d}m}{\mathrm{d}t} = 0 \quad (3-1\mathrm{a})$$

$$\frac{\mathrm{d}(mv)}{\mathrm{d}t} = \sum F \quad (3-1\mathrm{b})$$

$$\frac{\mathrm{d}H}{\mathrm{d}t} = \sum M \quad (3-1\mathrm{c})$$

$$\delta E = \delta Q - \delta W \quad (3-1\mathrm{d})$$

$$\mathrm{d}s \geq \frac{\delta Q}{T} \quad (3-1\mathrm{e})$$

式中: m 为体系内流体质量; v 为体系内流体速度; $\sum F$ 为边界的合力; H 为动量矩; $\sum M$ 为力矩的和; δE、δQ、δW 分别为体系内流体的能量、流入体系内流体的热量、流体对外做的功; s 为体系内流体熵; T 为体系内流体温度。

但是,在流体动力学中,由于流体的运动比较复杂,很难确定流体的边界,因此采用拉格朗日法分析流体运动不够方便。欧拉法是研究一个空间内流体的速度、密度、压力、温度等参数随时间的变化。其研究对象是"控制体",是指流体流过且固定在空间的一个任意体积,控制体的边界叫做控制面,它总是封闭表面。引入了控制体的概念,便无须关注微团的流动过程,只需研究固定空间控制体内的参数。

必须注意的是,体系的分析方法是与研究流体运动的拉格朗日法相对应的,控制体的分析方法则是与研究流体运动的欧拉法相对应。控制体所采用的基本公式,可以基于质点的基本定理,由雷诺输运定理转换得到。

3.1.2 雷诺输运定理

为了实际应用控制体的概念,必须将四条基本物理定律推导为适用于控制体的形式。图 3-1 给出了一维流动的雷诺输运定理示意图。

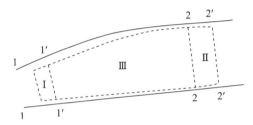

图 3-1 一维流动的雷诺输运定理示意图

选(Ⅰ,Ⅲ)为控制体(下标 cv),dt 时刻后,流入体积 $\Delta V_1 = A_1 v_1 dt$,流出体积 $\Delta V_2 = A_2 v_2 dt$,其中 A_1、v_1 为Ⅰ和Ⅲ组成的控制体入口处的面积和速度,A_2、v_2 为Ⅰ和Ⅲ组成的控制体出口处的面积和速度,令 ϕ 为随流物理量(能量、动量、质量等),$\beta = \dfrac{d\phi}{dm}$,则

$$\phi_{cv} = \int_{cv} \beta dm = \int_{cv} \beta \rho dV \tag{3-2}$$

式中:ρ 为控制体内密度。

在 t 时刻,流体物理量 $\phi_s(t) = \phi_{cv}(t)$(流体系统与控制体重合)。在 $t + \Delta t$ 时刻,系统移动到(Ⅲ,Ⅱ)区,与控制体不再重合,从而得到

$$\frac{d\phi_s}{dt} = \lim_{\Delta t \to 0} \frac{\phi_s(t + \Delta t) - \phi_s(t)}{\Delta t} \tag{3-3}$$

式中:

$$\begin{aligned}\phi_s(t + \Delta t) &= \phi_{cv}(t + \Delta t) + (\beta \rho \Delta V)_{\text{Ⅱ}} - (\beta \rho \Delta V)_{\text{Ⅰ}} \\ &= \phi_{cv}(t + \Delta t) + \beta \rho_2 A_2 v_2 \Delta t - \beta \rho_1 A_1 v_1 \Delta t\end{aligned}$$

则有

$$\frac{d\phi_s}{dt} = \frac{\lim\limits_{\Delta t \to 0} \phi_{cv}(t + \Delta t) - \phi_{cv}(t) + \beta \rho_2 A_2 v_2 \Delta t - \beta \rho_1 A_1 v_1 \Delta t}{\Delta t}$$

$$= \frac{\mathrm{d}\phi_{\mathrm{cv}}}{\mathrm{d}t} + \beta\rho_2 A_2 v_2 - \beta\rho_1 A_1 v_1 \qquad (3-4)$$

对于定常流,有

$$\frac{\partial \phi_{\mathrm{cv}}}{\partial t} = 0 \qquad (3-5)$$

对于任意形状的控制体,有

$$\frac{\mathrm{d}\phi_s}{\mathrm{d}t} = \int_{\mathrm{cv}} \frac{\partial(\beta\rho)}{\partial t} \mathrm{d}V + \oint_{\mathrm{cs}} \beta\rho(\boldsymbol{v} \cdot \boldsymbol{n}) \mathrm{d}A \qquad (3-6)$$

式中:$\oint_{\mathrm{cs}}$ 为沿着控制体表面进行积分;$\boldsymbol{v}$ 为控制体表面速度;$\boldsymbol{n}$ 为控制体表面法向量。

1) 质量连续方程

$\phi = m, \beta = \dfrac{\mathrm{d}m}{\mathrm{d}m} = 1$,对于定常流体,有

$$\oint_{\mathrm{cs}} \rho(\boldsymbol{v} \cdot \boldsymbol{n}) \mathrm{d}A = 0 \qquad (3-7)$$

进而考虑流体不可压缩,此时 $\dfrac{\partial \rho}{\partial t} = 0$,则有

$$\oint_{\mathrm{cs}} (\boldsymbol{v} \cdot \boldsymbol{n}) \mathrm{d}A = 0 \qquad (3-8)$$

对于一维非定常流体,有

$$\left(\frac{\mathrm{d}m}{\mathrm{d}t}\right)_{\mathrm{cv}} + q_2 - q_1 = 0 \qquad (3-9)$$

式中:q_2 为流出控制体的质量流量;q_1 为流入控制体的质量流量。

2) 动量方程

$\phi = mv, \beta = \dfrac{\mathrm{d}\phi}{\mathrm{d}m} = v$,从而

$$\sum F = \frac{\mathrm{d}(mv)_s}{\mathrm{d}t} = \int_{\mathrm{cv}} \frac{\partial(\rho v)}{\partial t} \mathrm{d}V + \oint_{\mathrm{cs}} \rho v(\boldsymbol{v} \cdot \boldsymbol{n}) \mathrm{d}A \qquad (3-10)$$

对于一维非定常流动,有

$$\sum F = \int_{\mathrm{cv}} \frac{\partial(\rho v)}{\partial t} \mathrm{d}V + \sum (q_i v_i)_{\mathrm{out}} - \sum (q_i v_i)_{\mathrm{in}} \qquad (3-11)$$

注意:合力中考虑惯性力。

3) 动量矩方程

$$H = \int_{cs} (r \times v) dm \tag{3-12}$$

$$\beta = \frac{dH}{dm} = r \times v \tag{3-13}$$

对于一维非定常流动,有

$$\sum M = \frac{\partial(m \cdot r \times v)}{\partial t} + \sum (r \times v)_{out} q_{out} - \sum (r \times v)_{in} q_{in} \tag{3-14}$$

4) 能量方程

$\phi = E, \beta = \frac{dE}{dm} = e$,从而有

$$\frac{dQ}{dt} - \frac{dW}{dt} = \frac{dE}{dt} = \int_{cv} \frac{\partial(e\rho)}{\partial t} dV + \oint_{cs} e\rho(v \cdot n) dA \tag{3-15}$$

$$e = e_i + e_k + e_p + e_o \tag{3-16}$$

式中:e 为总能量;e_i 为内能;e_k 为动能;e_p 为势能;e_o 为其他形式的能量。

忽略其他形式的能量,势能只考虑重力势能,有

$$e = u + \frac{1}{2}v^2 + gz \tag{3-17}$$

$$\dot{W} = \dot{W}_s + \dot{W}_p + \dot{W}_v \tag{3-18}$$

式中:$\dot{W}_s$ 为轴功;$\dot{W}_p$ 为压力做功;$\dot{W}_v$ 为黏性切应力做功;z 为高度;g 为重力加速度;u 为内能。

机械的表面黏性力做功项与压力做功项合并,即

$$\dot{W} = \dot{W}_s + \int_{cs} p(v \cdot n) dA \tag{3-19}$$

式中:p 为压力。

焓 $h = u + p/\rho$,有

$$\dot{Q} - \dot{W}_s = \frac{\partial}{\partial t}\left[\int_{cv}\left(u + \frac{1}{2}v^2 + gz\right)\rho dV\right] + \int_{cs}\left(h + \frac{1}{2}v^2 + gz\right)\rho(v \cdot n) dA \tag{3-20}$$

对于一维且具有单一出入口的气体,忽略重力作用和气体做功,在绝热情况下,能量方程表示为

$$\frac{d\left[\left(u+\frac{1}{2}v^2\right)m\right]}{dt}=\left(h_1+\frac{1}{2}v_1^2\right)q_1-\left(h_2+\frac{1}{2}v_2^2\right)q_2 \qquad (3-21)$$

拉格朗日法研究流体运动时,着眼点是流体质点,研究各个流体质点的速度、加速度、压强和密度等参数随时间 t 的变化。欧拉法着眼点是流场中的空间点,即控制体,研究运动流体所占空间中某固定空间中这些物理量随时间变化的关系。

3.2 声 速

管路中的流体声速是流体系统动力学分析中最重要和敏感的因素。声速不仅与流体本身的物理性质有关,还和管道的几何尺寸、管材的性质等有关,特别是对于液体声速,管道参数、含气率等因素往往是必须考虑的[3]。

3.2.1 液体声速

讨论图 3-2 所示的下游阀门处流动突然截止引起水击的情形,将连续方程和动量方程应用于管路系统。在图 3-2 中,忽略了摩擦损失和局部阻力损失。在关阀的一瞬间,紧挨阀门的流体由于阀芯表面上产生的高压冲量使其立刻由速度 v_0 变成静止。一旦紧挨阀门的第一层流体停止下来,同样的作用就加在第二层流体上,使其也静止下来。依此,可以想象有一个高压脉冲波以某种声速 a 向上游移动,并且具有足够的压力把冲量加在流体上刚好使流体静止下来。

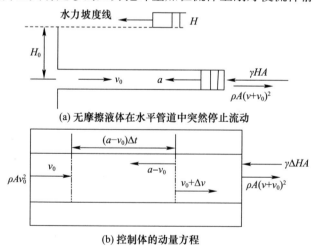

图 3-2 水击过程

在控制体上,应用动量方程,见图3-2(b)。由于调节阀门引起的微小变化,在控制体内,波阵面以绝对速度$(a-v_0)$向左移动。随着阀门上的水头变化了ΔH,速度也相应变化Δv。在x方向的动量方程可以说成是:作用在控制体上的力在x方向上分力的合力,正好等于x方向动量在控制体内的增量对时间的变化率与从控制体内的净输出流量引起的x方向动量变化率之和,写成公式为

$$-\gamma \Delta H A = \rho A(a-v_0)\Delta v + \rho A(v_0+\Delta v)^2 - \rho A v_0^2 \tag{3-22}$$

式中:γ为流体的容重(ρg);ρ为流体的密度;g为重力加速度;A为管路的截面积;v_0为起始速度;Δv为流速增量;a为未知波速;ΔH为水头变化增量。

在1s内流体质量为$\rho A(a-v_0)$,它的速度变化了Δv,略去含有Δv平方项的小量,方程简化为

$$\Delta H = -\frac{a\Delta v}{g}\left(1+\frac{v_0}{a}\right) \approx -\frac{a\Delta v}{g} \tag{3-23}$$

对金属管中的液体而言,v_0流速远远小于波速a,v_0/a和1相比一般很小,可以忽略。如果流动完全停止,$\Delta v = -v_0$,利用式(3-23),则$\Delta H = av_0/g$。反之,若在阀门处速度增加,那么水头必然减小。如果阀门装在长管子的下游端,而且是逐渐缓慢关闭的,那么式(3-23)就变成

$$\sum \Delta H = -\frac{a}{g} \sum \Delta v \tag{3-24}$$

压力波传向上游并由此以反射波的形式向阀门回传,只有当这个反射波尚未到达阀门,也就是说,只有当时间小于$2l/a$(l是管路的长度)时,式(3-24)才对阀门的任何运动都成立。

对调节上游的阀门,用类似的推导可以得到$\Delta H = a\Delta v/g$,因此有

$$\sum \Delta H = \pm \frac{a}{g} \sum \Delta v \tag{3-25}$$

这个式子表示了速度变化和水头变化之间的联系。对向上游运动的波,式中应取负号;对向下游运动的波取正号。这就是水击的基本方程。只要没有反射,这个方程总是成立的。

波速a的大小此时还未确定,应用连续方程和式(3-23)可计算a。参见图3-3,如果管子下游端的阀门突然关闭,管子会伸长一段距离Δs,其大小和管子是如何支撑的有关。

假定移动这个距离用了l/a秒,即移动速度为$\Delta s a/l$。此时,阀门处的流体速度变化是$\Delta v = \Delta s a/l - v_0$。阀门关闭后的$l/as$,进入管路的流体质量是$\rho A v_0 l/a$,这些质量由三部分作用来容纳:管路变形导致截面积增加而产生的额外体积、管

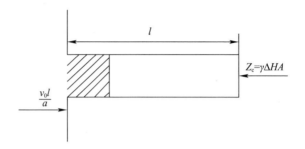

图 3 – 3 管中的连续性方程

道伸长 Δs 而产生的额外体积以及高压对液体的压缩导致的体积缩小。或用式子表示为

$$\rho A v_0 \frac{l}{a} = \rho l \Delta A + \rho A \Delta s + l A \Delta \rho \qquad (3-26)$$

利用 $\Delta v = \Delta s a / l - v_0$ 消去 v_0,式(3 – 26)可简化为

$$-\frac{\Delta v}{a} = \frac{\Delta A}{A} + \frac{\Delta \rho}{\rho}$$

再用式(3 – 23)消去 Δv 后得到

$$a^2 = \frac{g \Delta H}{\dfrac{\Delta A}{A} + \dfrac{\Delta \rho}{\rho}} \qquad (3-27)$$

如果管子不能伸长,此时 $\Delta s = 0$,同样得出式(3 – 27),因此管路带不带膨胀接头结果相同。

现在引进流体的体积弹性模量 K,其定义为

$$K = \frac{\Delta p}{\dfrac{\Delta \rho}{\rho}} = \frac{-\Delta p}{\dfrac{\Delta V}{V}} \qquad (3-28)$$

式中:$\Delta V / V$ 是容积的相对变化量,则式(3 – 27)可以重新整理,得到

$$a^2 = \frac{\dfrac{K}{\rho}}{1 + \left(\dfrac{K}{A}\right)\dfrac{\Delta A}{\Delta p}} \qquad (3-29)$$

对于薄壁管,声速可以写成

$$a^2 = \frac{\dfrac{K}{\rho}}{1 + \left[\left(\dfrac{K}{E}\right)\left(\dfrac{d}{e}\right)\right] c_1} \qquad (3-30)$$

式中：E 为管路壁面材料的体积弹性模量；d 为管路直径；e 为管路的壁面厚度；c_1 为与管路的边界固定方式以及管路材料的泊松相关的系数。

当管子只在上端固定时，有

$$c_1 = 1 - \frac{\mu}{2}$$

当全管固定住，没有轴向运动时，有

$$c_1 = 1 - \mu^2$$

管子全部采用膨胀接头连接，即

$$c_1 = 1$$

式中：μ 为管路壁面材料的泊松。对于厚壁管，$\Delta A/\Delta p$ 很小，声速表示为

$$a \approx \sqrt{\frac{K}{\rho}} \tag{3-31}$$

这就是无界流体中小扰动的声速，也称为纯流体的声速。

输送管道中流体的弹性模量与管壁的弹性变形及液体中均匀分布的气泡均有很大关系，流体中的气泡也使流体密度与纯流体密度有差别，同时管中缓态压力的变化又使流体中气体体积含量有所变化，这就导致流体的实际声速与纯流体声速有极大差异，而且在动态过程中，声速始终在发生变化。

设液体体积为 V_L，气体体积为 V_g，管道体积为 V_c，且 $V_g/V_L = \beta$，当流体被压缩时，总的体积变化量为

$$\Delta V_t = \Delta V_g + \Delta V_L + \Delta V_c \tag{3-32}$$

假设管道的容积不变，则

$$\Delta V_t = \Delta V_g + \Delta V_L \tag{3-33}$$

设液体体积模量为 K_L，气体体积模量为 K_g
根据体积模量定义，有

$$\frac{\Delta V}{V} = -\frac{\Delta p}{K} \tag{3-34}$$

将式(3-34)代入式(3-33)，则

$$\Delta V_t = -\frac{\Delta p}{K_L} V_L - \frac{\Delta p}{K_g} V_g = \left(-\frac{V_L}{K_L} - \frac{V_g}{K_g}\right)\Delta p \tag{3-35}$$

将 $V_t = V_L + V_g = (1+\beta)V_L$ 代入式(3-35)，可得

$$-\frac{\Delta V_t}{V_t \Delta p} = \frac{\Delta \rho_t}{\rho_t \Delta p} = \frac{1}{1+\beta}\left(\frac{1}{K_L} + \frac{\beta}{K_g}\right) = \frac{1}{K_t} \tag{3-36}$$

式中:K_t 为气液混合流体的体积弹性模量,表达式为

$$K_t = \frac{(1+\beta)K_L K_g}{K_g + \beta K_L} \qquad (3-37)$$

气液混合流的密度为

$$\rho_t = \frac{m_t}{V_t} = \frac{\rho_L V_L + \rho_g V_g}{(1+\beta)V_L} = \frac{\rho_L + \rho_g \beta}{1+\beta} \qquad (3-38)$$

气液混合流体中声速为

$$a_t^2 = \frac{\Delta p_t}{\Delta \rho_t} = \frac{K_t}{\rho_t} \qquad (3-39)$$

定义气体在总体积里的占比为 $\alpha = V_g/V_t$,则 $\alpha = \beta/(1+\beta)$、$\beta = \alpha/(1-\alpha)$,最终混合流的声速为

$$a_t = \sqrt{\frac{K_g \cdot K_L}{[K_L \alpha + K_g(1-\alpha)][\rho_g \alpha + \rho_L(1-\alpha)]}} \qquad (3-40)$$

3.2.2 气体声速

为了描述气体声速,以活塞运动为例。在图 3-4 中,活塞以速度 c 向右移动,会使前方流体产生扰动,该扰动以声速 a 向右传播。在图 3-5 中,为了获得声速与流体状态的关系,取以声速 a 向右运动的坐标系,取声波推进面前后作为控制体,静止流体由右向左通过控制体,对这个控制体进行分析。

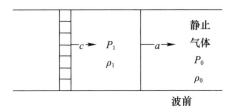

图 3-4 压力波由左至右传播

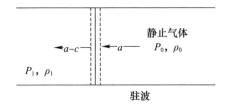

图 3-5 随压力波向右的坐标系

连续方程为
$$\rho_0 A a = \rho_1 A(a-c) \tag{3-41}$$

动量方程：对于控制体内的流体，其动量变化量等于作用在其上的力的和，忽略边界上摩擦力的影响，则有
$$(qv)_1 - (qv)_2 = (p_0 - p_1)A \tag{3-42}$$

通过图3-4中的参数，可以将式(3-42)写成
$$(p_0 - p_1)A = \rho_1 A(a-c)^2 - \rho_0 A a^2 \tag{3-43}$$

即
$$p_0 - p_1 = \rho_1 (a-c)^2 - \rho_0 a^2 \tag{3-44}$$

将式(3-41)代入式(3-43)，消去c可得
$$a = \sqrt{\frac{\rho_1}{\rho_0} \frac{p_0 - p_1}{\rho_0 - \rho_1}} \tag{3-45}$$

认为压力波在流体中扰动微弱，流体的密度变化很小，因此得到$\rho_1/\rho_0 = 1$，式(3-45)第二项可以写成偏导数形式，下标s表示绝热过程：
$$a = \sqrt{\left(\frac{\partial p}{\partial \rho}\right)_s} \tag{3-46}$$

对于理想气体的绝热过程，有
$$p\left(\frac{1}{\rho}\right)^k = 定值 \tag{3-47}$$

式中：k为气体的比热比。根据式(3-47)，可得$\left(\frac{\partial p}{\partial \rho}\right)_s = kp/\rho$，代入式(3-46)，可得
$$a = \sqrt{\left(\frac{\partial p}{\partial \rho}\right)_s} = \sqrt{k\frac{p}{\rho}} = \sqrt{kRT} \tag{3-48}$$

3.3 液路模型

为简化液路系统的数学模型，作以下假设：
(1) 只考虑轴向一维流动，忽略切向、周向分速度；
(2) 只研究流体流动小幅度扰动信号，忽略稳态流动的影响，和平均密度相比，密度变化很小；
(3) 忽略流体黏性和热效应，以消除速度梯度和温度梯度的影响；

(4) 管路横截面上压力是均匀的;

(5) 忽略管壁刚体振动对管内流体的影响。

3.3.1 集中参数的液路直管模型

发动机液路供应系统,通常包括直管路、弯管、波纹管、阀门、节流圈、推力室冷却流路、喷注器等组件,在进行动力学分析时,把这些组件流路的特性一般归纳为惯性、柔性和黏性。考虑到非稳态运动时,描述这些参数性质的流体力学方程(用于描述分布式参数的偏微分方程)很难求解,在一定频率范围内,可以进行简化分析。在低频范围内,对管路合理分段,采用集中参数法即可精确分析系统的动态特性;在较高频率范围内,需要考虑管路流体的声学效应,应采用偏微分方程进行分析,即分布参数法。

为了描述组件流道内液体非稳态运动的特点,采用一些标准的简单形式元件进行描述,这些元件只考虑惯性、柔性和黏性的某一种特性。通过这些元件的连接关系,便可建立起整个液路供应系统的模型[4]。以一段直管输送系统为例,可以按顺序分别考虑管路的惯性、黏性、柔性。因此,可以分别建立描述惯性、黏性、柔性的动力学方程。

3.3.1.1 集中参数的基本单元

1) 分段准则

对于集中参数模型,为了保证足够高的仿真精度,管路空间长度应远远小于所研究频率对应的最小波长,即

$$l \leqslant \frac{a}{n \cdot f_{\max}} \quad (3-49)$$

式中:a 为管路中的声速;$f_{\max}$ 为所研究的最高频率;n 为裕度系数,一般不小于 6~12。

2) 惯性

流体惯性表现为流感,可假设流路内充满无黏不可压的液体,此时计算流体的非稳态流动时可只考虑流体惯性。由动量方程可得

$$A(p_1 - p_2) = \frac{\mathrm{d}(mv)}{\mathrm{d}t} = \frac{\mathrm{d}(\rho A l v)}{\mathrm{d}t} = l \frac{\mathrm{d}q}{\mathrm{d}t} \quad (3-50)$$

由式(3-50)得到惯性环节的动态模型为

$$\frac{l}{A} \frac{\mathrm{d}q}{\mathrm{d}t} = p_1 - p_2 \quad (3-51)$$

将方程进行线性化,可得

$$\frac{l}{A}\frac{\mathrm{d}q'}{\mathrm{d}t} = p_1' - p_2' \qquad (3-52)$$

式中：l/A 为整段流体管路的集中惯性；p' 和 q' 为时域有量纲变化小量。

无量纲线性化方程为

$$\frac{\overline{q}l}{\overline{p}A}\frac{\mathrm{d}\delta q}{\mathrm{d}t} = \delta p_1 - \delta p_2 \qquad (3-53)$$

式中：$\overline{p}$、$\overline{q}$ 为参数稳态值。

对式(3-53)进行拉普拉斯变换，可得

$$\tau_L s \delta q = \delta p_1 - \delta p_2 \qquad (3-54)$$

式中：$\tau_L = \overline{q}l/(\overline{p}A)$ 为惯性环节的时间常数；δp、δq 代表参数频域无量纲变化小量。

对于惯性环节，不考虑柔性，即入口流量等于出口流量，其无量纲频域方程为

$$\delta q_2 = \delta q_1 \qquad (3-55)$$

由式(3-54)和式(3-55)，可得惯性环节的传递矩阵为

$$\begin{Bmatrix} \delta p_2 \\ \delta q_2 \end{Bmatrix} = \begin{bmatrix} 1 & -\tau_L s \\ 0 & 1 \end{bmatrix} \begin{Bmatrix} \delta p_1 \\ \delta q_1 \end{Bmatrix} \qquad (3-56)$$

对于截面积不同的圆管流路，可分段建立各段液柱的惯性方程，最终求和；若截面积连续变化，可将流路分成许多微段，各段惯性求和，微段越小越接近于连续特征。

3) 黏性

流体黏性表现为沿程流阻，通常与流体管路的形状、尺寸、壁面粗糙度、雷诺数等有关。管路沿程流阻可表示为

$$p_1 - p_2 = \frac{\lambda l}{d}\frac{\rho v^2}{2} = \frac{\lambda l}{2\rho A^2 d}q^2 \qquad (3-57)$$

表达为统一形式，即

$$p_1 - p_2 = \frac{\xi}{\rho}q^2 \qquad (3-58)$$

式中：ξ/ρ 为整段流体管路的集中黏性。

将沿程流阻或局部流阻进行线性化，可得

$$p_1' - p_2' = 2\frac{\xi}{\rho}\overline{q}q' \qquad (3-59)$$

线性化无量纲频域方程为

$$\bar{p}_1 \delta p_1 - \bar{p}_2 \delta p_2 = 2(\bar{p}_1 - \bar{p}_2)\delta q \quad (3-60)$$

同样地,对于流阻模型,不考虑柔性,即入口流量等于出口流量,其无量纲频域方程为

$$\delta q_2 = \delta q_1 \quad (3-61)$$

由式(3-60)和式(3-61),可得流阻环节的传递矩阵为

$$\begin{Bmatrix} \delta p_2 \\ \delta q_2 \end{Bmatrix} = \begin{bmatrix} \dfrac{\bar{p}_1}{\bar{p}_2} & -\dfrac{2(\bar{p}_1 - \bar{p}_2)}{\bar{p}_2} \\ 0 & 1 \end{bmatrix} \begin{Bmatrix} \delta p_1 \\ \delta q_1 \end{Bmatrix} \quad (3-62)$$

值得注意的是,在管路动力学中,除了考虑上述因素外,有时还需要考虑摩擦系数随频率的变化,且频率相关摩擦在层流时更加明显。

4) 柔性

流体柔性表现为流容,当管路中流速很小,接近于零,且容积较大时,应考虑建立流体的流容方程。流容即当压力变化时,流路中的质量也发生变化。根据质量守恒,即

$$\frac{\mathrm{d}m}{\mathrm{d}t} = q_1 - q_2 \quad (3-63)$$

将 $m = \rho V$ 和声速公式 $a^2 = \mathrm{d}p/\mathrm{d}\rho$ 代入后,可得容性环节的动态模型为

$$\frac{V}{a^2} \frac{\mathrm{d}p}{\mathrm{d}t} = q_1 - q_2 \quad (3-64)$$

将流容方程线性化,可得

$$\frac{V}{a^2} \frac{\mathrm{d}p'}{\mathrm{d}t} = q_1' - q_2' \quad (3-65)$$

式中:V/a^2 为整段流体管路的集中柔性。

经整理,无量纲线性化方程为

$$\frac{\bar{p}V}{\bar{q}a^2} \frac{\mathrm{d}\delta p}{\mathrm{d}t} = \delta q_1 - \delta q_2 \quad (3-66)$$

对式(3-66)进行拉普拉斯变换,可得

$$\tau_C s \delta p = \delta q_1 - \delta q_2 \quad (3-67)$$

式中:$\tau_C = \bar{p}V/(\bar{q}a^2)$ 为流容环节的时间常数。

对于流容环节,前后压力脉动相等,其无量纲频域方程为

$$\delta p_2 = \delta p_1 \quad (3-68)$$

由式(3-67)和式(3-68),可得流容环节的传递矩阵为

$$\begin{Bmatrix} \delta p_2 \\ \delta q_2 \end{Bmatrix} = \begin{bmatrix} 1 & 0 \\ -\tau_C s & 1 \end{bmatrix} \begin{Bmatrix} \delta p_1 \\ \delta q_1 \end{Bmatrix} \quad (3-69)$$

流容方程不仅描述了有流动的流容,也包括没有流动的盲腔流容。

3.3.1.2 集中参数的直管模型

液路直管中包含着惯性、柔性、黏性,对其按照集中参数进行简化,可以分为3部分,即惯性、黏性、柔性,见图3-6,其中每个环节可表示为一个传递矩阵。

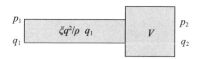

图3-6 直管集中参数模型

按照图3-6划分的3个环节,可将3个串联传递矩阵相乘,得到管路的传递矩阵模型为

$$\begin{Bmatrix} \delta p_2 \\ \delta q_2 \end{Bmatrix} = \begin{bmatrix} 1 & 0 \\ -\tau_C s & 1 \end{bmatrix} \begin{bmatrix} \dfrac{\bar{p}_1}{\bar{p}_2} & -\dfrac{2(\bar{p}_1 - \bar{p}_2)}{\bar{p}_2} \\ 0 & 1 \end{bmatrix} \begin{bmatrix} 1 & -\tau_L s \\ 0 & 1 \end{bmatrix} \begin{Bmatrix} \delta p_1 \\ \delta q_1 \end{Bmatrix} \quad (3-70)$$

3.3.2 分布参数的液路直管模型

液路直管分布参数动力学模型如图3-7所示。

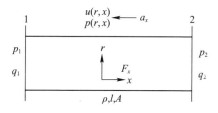

图3-7 液路直管分布参数动力学模型

根据流体的轴对称,描述一维管路流体有旋运动的动量方程、连续方程和状态方程可表示为

$$\begin{cases} \dfrac{\partial u}{\partial t} = -\dfrac{1}{\rho}\dfrac{\partial p}{\partial x} + \dfrac{F_x}{\rho} \\ \dfrac{\partial \rho}{\partial t} = -\rho \dfrac{\partial u}{\partial x} \\ a^2 \partial \rho = \partial p \end{cases} \tag{3-71}$$

式中：F_x 为 x 方向液体受到的合力；u 为流体速度。

忽略管壁振动的影响，在管路同一截面的流体参数为定值，考虑摩擦项，则上述方程化简为管道中流体瞬变的运动方程和连续方程[5-6]，即

$$\begin{cases} p_x + \dfrac{1}{A}q_t + \dfrac{fq^n}{2dA^n\rho^{n-1}} = 0 \\ q_x + \dfrac{A}{a^2}p_t = 0 \end{cases} \tag{3-72}$$

式中：A 为管路截面面积；d 为管道直径；f 为达西-魏斯巴赫摩阻系数；n 为摩阻损失项中速度的指数；下标 x 表示参数对空间距离的偏导数；下标 t 表示参数对时间的偏导数；$fq^n/(2dA^n\rho^{n-1})$ 为摩擦项。

压力和流量可分为两部分，即平均量和脉动量，有

$$\begin{aligned} p &= \bar{p} + p' \\ q &= \bar{q} + q' \end{aligned} \tag{3-73}$$

则有下列关系式，即

$$\begin{aligned} p_x &= \bar{p}_x + p'_x \\ q_x &= \bar{q}_x + q'_x \\ p_t &= \bar{p}_t + p'_t \\ q_t &= \bar{q}_t + q'_t \end{aligned} \tag{3-74}$$

由稳态条件可得

$$\bar{q}_x = \bar{q}_t = \bar{p}_t = 0 \tag{3-75}$$

对于层流而言，有

$$\bar{p}_x = -\dfrac{32\nu\bar{q}}{Ad^2} \tag{3-76}$$

式中：ν 为流体的运动黏度系数。

对于紊流而言，有

$$\overline{P}_x = -\frac{f\overline{q}^n}{2dA^n\rho^{n-1}} \tag{3-77}$$

将紊流摩擦项展开,可得

$$\frac{fq^n}{2dA^n\rho^{n-1}} = \frac{f(\overline{q}+q')^n}{2dA^n\rho^{n-1}} = \frac{f\overline{q}^n}{2dA^n\rho^{n-1}} + \frac{nf\overline{q}^{n-1}}{2dA^n\rho^{n-1}}q' + \cdots \tag{3-78}$$

当 $q' \ll \overline{q}$ 时,上述紊流状态的级数收敛。作为一阶近似,只需考虑式中所列出的稳态项和一阶项。将式(3-72)小偏量线性化后,可得到

$$\begin{cases} p'_x + \dfrac{1}{A}q'_t + Rq' = 0 \\ q'_x + \dfrac{A}{a^2}p'_t = 0 \end{cases} \tag{3-79}$$

定义单位长度上管路中流体的线性化沿程流阻 R,对于层流,有

$$R = \frac{32\nu}{Ad^2} \tag{3-80}$$

对于紊流,有

$$R = \frac{nf\overline{q}^{n-1}}{2dA^n\rho^{n-1}} \tag{3-81}$$

定义单位长度管路中流体的线性化流感 L 为

$$L = \frac{1}{A} \tag{3-82}$$

定义单位长度管路中流体的线性化流容 C 为

$$C = \frac{A}{a^2} \tag{3-83}$$

则将式(3-79)可化为

$$\begin{cases} p'_x + Lq'_t + Rq' = 0 \\ q'_x + Cp'_t = 0 \end{cases} \tag{3-84}$$

上述方程可变为

$$\begin{aligned} p'_{xx} &= LCp'_{tt} + RCp'_t \\ q'_{xx} &= LCq'_{tt} + RCq'_t \end{aligned} \tag{3-85}$$

用分离变量法解上述线性方程组。设 $p' = X(x)T(t)$,$X(x)$ 仅是空间位置 x 的函数,$T(t)$ 仅是时间 t 的函数。将扰动量的通解代入式(3-85),可得

$$\frac{1}{X}\frac{\mathrm{d}^2 X}{\mathrm{d}x^2} = \frac{1}{T}\left(CL\frac{\mathrm{d}^2 T}{\mathrm{d}t^2} + CR\frac{\mathrm{d}T}{\mathrm{d}t}\right) = \lambda^2 \qquad (3-86)$$

传播常数 λ 是与 x 及 t 无关的复常数。

用 λ 及 x 表示的 X 的解为

$$X(x) = A_1 \mathrm{e}^{\lambda x} + A_2 \mathrm{e}^{-\lambda x} \qquad (3-87)$$

T 的特解可假设为简谐振荡,即

$$T(t) = A_3 \mathrm{e}^{st} \qquad (3-88)$$

将式(3-88)所代表的特解代入式(3-86),可得

$$\lambda^2 = Cs(Ls + R) \qquad (3-89)$$

振荡的特解为

$$p' = \mathrm{e}^{st}(C_1 \mathrm{e}^{\lambda x} + C_2 \mathrm{e}^{-\lambda x}) \qquad (3-90)$$

式中:$C_1 = A_1 A_3$;$C_2 = A_2 A_3$。

将上式代入式(3-84),可得

$$q' = -\frac{Cs}{\lambda}\mathrm{e}^{st}(C_1 \mathrm{e}^{\lambda x} - C_2 \mathrm{e}^{-\lambda x}) \qquad (3-91)$$

常数 s 称为复频率或拉普拉斯变量,即

$$s = \sigma + \mathrm{j}\omega \qquad (3-92)$$

常数 λ 是 s 的函数,称为传播常数。另一个重要的函数,定义为特定管路中流体的特征阻抗,它也是一个不依赖空间和时间的复值函数[6],即

$$Z_c = \frac{p'}{q'} = \frac{\lambda}{Cs} \qquad (3-93)$$

注意 Z_c 和 λ 与流体和管道的物理性质有关,也与 s 有关。必须引入给定的管道边界条件以求出积分常数。可以将式(3-90)和式(3-91)写成

$$p'(x,t) = P(x)\mathrm{e}^{st} \qquad (3-94)$$

$$q'(x,t) = Q(x)\mathrm{e}^{st} \qquad (3-95)$$

在管道中任意位置 x 处,围绕平均值的物理振荡是这两方程的实部。式(3-94)和式(3-95)应该为

$$p'(x,t) = \mathrm{Re}[P(x)\mathrm{e}^{st}] \qquad (3-96)$$

$$q'(x,t) = \mathrm{Re}[Q(x)\mathrm{e}^{st}] \qquad (3-97)$$

"Re"代表实部,通常可以略去不写,但必须认为其存在[7]。

复值 $P(x)$ 和 $Q(x)$ 为

$$P(x) = C_1 e^{\lambda x} + C_2 e^{-\lambda x} \quad (3-98)$$

$$Q(x) = -\frac{1}{Z_c}(C_1 e^{\lambda x} - C_2 e^{-\lambda x}) \quad (3-99)$$

如图3-7所示,下标1、2分别代表管道上游端和下游端,则根据 $x = 0$ 处的 P_1 和 Q_1,可以求出积分常数,即

$$\begin{cases} C_1 = \frac{1}{2}(P_1 - Z_c Q_1) \\ C_2 = \frac{1}{2}(P_1 + Z_c Q_1) \end{cases} \quad (3-100)$$

将式(3-100)代入式(3-98)和式(3-99),并引入双曲函数,得到了作为管道位置函数复压力和复流量,即

$$P(x) = P_1 \cosh\lambda x - Z_c Q_1 \sinh\lambda x \quad (3-101)$$

$$Q(x) = -\frac{P_1}{Z_c}\sinh\lambda x + Q_1 \cosh\lambda x \quad (3-102)$$

写成传递矩阵形式,即

$$\begin{Bmatrix} P(x) \\ Q(x) \end{Bmatrix} = \begin{bmatrix} \cosh\lambda x & -Z_c \sinh\lambda x \\ -\frac{1}{Z_c}\sinh\lambda x & \cosh\lambda x \end{bmatrix} \begin{Bmatrix} P_1 \\ Q_1 \end{Bmatrix} \quad (3-103)$$

在无黏流小扰动的假设下,流阻为零,则 $\lambda = \pm s/a$。令 $s = j\omega$,将式(3-103)线性化为

$$\begin{Bmatrix} P(x) \\ Q(x) \end{Bmatrix} = \begin{bmatrix} \cos\frac{\omega x}{a} & -jZ_c \sin\frac{\omega x}{a} \\ -j\frac{1}{Z_c}\sin\frac{\omega x}{a} & \cos\frac{\omega x}{a} \end{bmatrix} \begin{Bmatrix} P_1 \\ Q_1 \end{Bmatrix} \quad (3-104)$$

式中:Z_c 为流体特征阻抗,$Z_c = a/A$。

结合式(3-94)和式(3-95),可将式(3-104)写成无量纲的传递矩阵方程,即

$$\begin{Bmatrix} \delta p_2 \\ \delta q_2 \end{Bmatrix} = \begin{bmatrix} \cos\overline{\omega} & -j\alpha\sin\overline{\omega} \\ -j\frac{1}{\alpha}\sin\overline{\omega} & \cos\overline{\omega} \end{bmatrix} \begin{Bmatrix} \delta p_1 \\ \delta q_1 \end{Bmatrix} \quad (3-105)$$

式中:$\alpha = \rho_o \overline{u}_o a/\overline{p}_o$ 为流体的无量纲波动阻力;$\overline{\omega} = \omega l/a$ 为强迫振荡的无量纲角频率;l、a、ρ_o、$\overline{u}_o$、$\overline{p}_o$ 分别为管路长度、管路流体声速、流体平均密度、流体平均速

度、流体平均压力。

对于弯管内流体，可以将弯管产生的流阻分离出来，利用等效直管法建模，可得弯管传递矩阵方程如下：

$$\begin{Bmatrix} \delta p_2 \\ \delta q_2 \end{Bmatrix} = \begin{bmatrix} \dfrac{\bar{p}_1}{\bar{p}_2} & -\dfrac{2(\bar{p}_1 - \bar{p}_2)}{\bar{p}_2} \\ 0 & 1 \end{bmatrix} \begin{bmatrix} \cos\bar{\omega} & -j\alpha\sin\bar{\omega} \\ -j\dfrac{1}{\alpha}\sin\bar{\omega} & \cos\bar{\omega} \end{bmatrix} \begin{Bmatrix} \delta p_1 \\ \delta q_1 \end{Bmatrix} \quad (3-106)$$

式中：$\bar{p}_1$、$\bar{p}_2$ 分别为弯管进出口的稳态压力。

3.3.3 其他特殊液路的模型

3.3.3.1 波纹管（摇摆软管）

为了补偿管路和法兰盘间的不同心度，液路系统中常装有波纹管。采用直管等效的方法建模，可将波纹管结构对流动的影响直接反映在方程的声速里[7]。等效直管长度 l 与波纹管长度相同；等效直管半径 r_o 为波纹管平均半径；波纹管的柔性可用其容积 V 的变化来表示，反映在等效声速 a_1 上，即

$$a_1 = \dfrac{a}{\sqrt{1 + \dfrac{\rho a^2}{V}\dfrac{\mathrm{d}V}{\mathrm{d}P}\beta}} \quad (3-107)$$

$$\dfrac{\mathrm{d}V}{\mathrm{d}P} = \dfrac{2n\pi r_o h^5}{mE\delta^3}\left(\dfrac{1}{30} - \dfrac{R^2}{h^2} + \dfrac{2R^3}{h^3} - \dfrac{R^4}{h^4}\right) \quad (3-108)$$

式中：β 为体积弹性修正系数，一般 $\beta = 1.3 \sim 1.5$；n 为波数；m 为管壁层数；h 为波纹高度；δ 为有效壁厚；R 为波纹圆角半径；E 为管材弹性模量。

3.3.3.2 旁通

在流体管路中，往往有许多旁通支路，见图 3-8，一般测量传感器、蓄压器、终端封闭的盲管和液容器等都可以看作旁通支路。

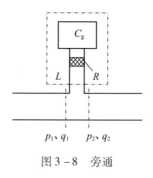

图 3-8 旁通

假定气腔内气体遵从多方气体定律,则有

$$p_g V_g^k = 常数 \qquad (3-109)$$

式中:p_g 为气腔内压力;V_g^k 为气腔内体积。对式(3-109)求微分,可得

$$dV_g = -\frac{V_g}{kP_g}dp_g = -C_a dp_g \qquad (3-110)$$

式中

$$C_a = \frac{V_g}{(kp_g)} \qquad (3-111)$$

在气液接触面有压力平衡与体积流量连续性条件,即

$$\begin{cases} p_L = p_g \\ q_{vL} = q_{vg} \end{cases} \qquad (3-112)$$

式中:p_L 为气腔内液柱的压力;q_{vL} 为液柱的体积流量;q_{vg} 为气腔内气体的体积流量。

对旁通内液腔的液柱段,有

$$p_1 - p_L = L\frac{dq_{mL}}{dt} + Rq_{mL} \qquad (3-113)$$

式中:L、R 为旁通管路内液柱的惯性和流阻;q_{mL} 为旁通管路的质量流量。整个旁通的容积为常数:$V_L + V_g = 常数$,所以 $dV_L = -dV_g = C_a dp_L = q_{vL}dt = \frac{q_{mL}}{\rho_L}dt$。

其中:

$$q_{mL} = \rho_L C_a \frac{dp_L}{dt} \qquad (3-114)$$

对式(3-114)进行频域转化后,可得

$$P_L = \frac{Q_{mL}}{(sC_g)} \qquad (3-115)$$

式中

$$C_g = \rho_L C_a = -\rho_L \frac{V_g}{kP_g}$$

对式(3-113)进行频域变化后,并代入式(3-115),可得

$$P_1 = \left(sL + R + \frac{1}{sC_g}\right)Q_{mL} \qquad (3-116)$$

记蓄压器的阻抗为 Z_a、导纳为 Y_a,表达式为

$$Z_a = \frac{P_1}{Q_{mL}} = \frac{s^2 C_g L + s C_g R + 1}{s C_g} \qquad (3-117)$$

$$Y_a = \frac{1}{Z_a} = \frac{s C_g}{s^2 C_g L + s C_g R + 1} \qquad (3-118)$$

将旁通支路容腔柔性 C_g、液体管路的柔性 C_1、总柔性 C、流感 L 和流阻 R 分别表示为

$$C_g = -\rho_l \frac{V_g}{\gamma P_g}, \quad C_1 = \sum \frac{Al}{a^2}, \quad C = C_g + C_1, \quad L = \sum \frac{l}{A}, \quad R = \sum \frac{128\mu l}{\pi D^4}$$

式中:A 为旁通管路的截面积;l 为旁通管路的长度;μ 为液体的动力黏性系数;D 为旁通管路的直径。

由于 $Q_{mL} = Q_2 - Q_1$,故由蓄压器和管路支路组合而成的旁通传递矩阵方程为

$$\begin{Bmatrix} P_2 \\ Q_2 \end{Bmatrix} = \begin{bmatrix} 1 & 0 \\ -\dfrac{sC}{s^2 LC + sRC + 1} & 1 \end{bmatrix} \begin{Bmatrix} P_1 \\ Q_1 \end{Bmatrix} \qquad (3-119)$$

写成无量纲传递矩阵形式为

$$\begin{Bmatrix} \delta p_2 \\ \delta q_2 \end{Bmatrix} = \begin{bmatrix} 1 & 0 \\ -\dfrac{sC}{s^2 LC + sRC + 1} \dfrac{\bar{p}}{\bar{q}} & 1 \end{bmatrix} \begin{Bmatrix} \delta p_1 \\ \delta q_1 \end{Bmatrix} \qquad (3-120)$$

管路中的集中气泡是旁通的特殊情况。对于图 3-9 所示管路中的集中气泡,没有旁通支路中液柱的影响,则 $R=0$、$L=0$,其传递矩阵为

$$\begin{Bmatrix} \delta p_2 \\ \delta q_2 \end{Bmatrix} = \begin{bmatrix} 1 & 0 \\ -sC_g \dfrac{\bar{p}}{\bar{q}} & 1 \end{bmatrix} \begin{Bmatrix} \delta p_1 \\ \delta q_1 \end{Bmatrix} \qquad (3-121)$$

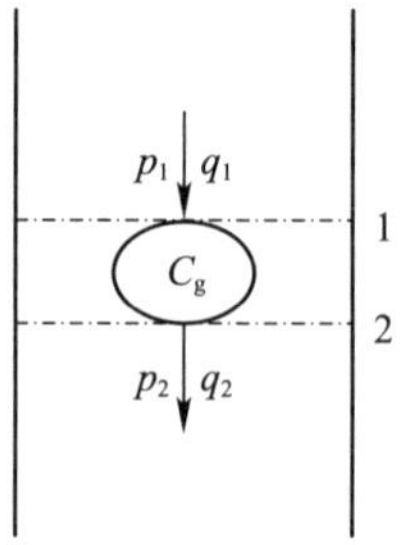

图 3-9 集中气泡

3.3.3.3 管路的分支、并联

液体火箭发动机管路非常复杂,通常存在分支、并联等情况。为了便于分析,需要建立分支、并联的动态特性模型[8]。三通是输液管系统中的一个常见元件,实现管道中流体的汇流与分流,见图 3 – 10。

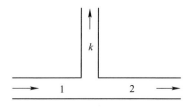

图 3 – 10 管路分支

如果不考虑三通处的流阻损失,在管路交会处,压力和流量满足以下关系式,即

$$\begin{cases} p_1 = p_2 = p_k \\ q_1 = q_2 + q_k \end{cases} \quad (3-122)$$

对式(3 – 122)进行线性化,其脉动量满足

$$\begin{cases} p_1' = p_2' = p_k' \\ q_1' = q_2' + q_k' \end{cases} \quad (3-123)$$

对式(3 – 123)进行无量纲频域转化,可得

$$\begin{cases} \delta p_1 = \delta p_2 = \delta p_k \\ \delta q_2 = \dfrac{\bar{q}_1}{\bar{q}_2} \delta q_1 - \dfrac{\delta q_k}{\delta p_k} \dfrac{\bar{q}_k}{\bar{q}_2} \delta p_1 \end{cases} \quad (3-124)$$

将其改写为输入到输出的传递矩阵形式,即

$$\begin{Bmatrix} \delta p_2 \\ \delta q_2 \end{Bmatrix} = \begin{bmatrix} 1 & 0 \\ -\dfrac{\delta q_k}{\delta p_k} \dfrac{\bar{q}_k}{\bar{q}_2} & \dfrac{\bar{q}_1}{\bar{q}_2} \end{bmatrix} \begin{Bmatrix} \delta p_1 \\ \delta q_1 \end{Bmatrix} \quad (3-125)$$

根据分支管一端的出口边界,可以求得 k 处的无量纲阻抗 $Z_k = \delta p_k / \delta q_k$,从而推导出主管路在分支节点前后端的无量纲脉动量满足

$$\begin{Bmatrix} \delta p_2 \\ \delta q_2 \end{Bmatrix} = \begin{bmatrix} 1 & 0 \\ -\dfrac{1}{Z_k} \dfrac{\bar{q}_k}{\bar{q}_2} & \dfrac{\bar{q}_1}{\bar{q}_2} \end{bmatrix} \begin{Bmatrix} \delta p_1 \\ \delta q_1 \end{Bmatrix} \quad (3-126)$$

通过节点定律 $1/Z_1 = 1/Z_2 + 1/Z_k$ 也可得到式(3 – 126)。当三通出口参数

完全相同时,式(3-126)可简化为

$$\begin{Bmatrix} \delta p_2 \\ \delta q_2 \end{Bmatrix} = \begin{bmatrix} 1 & 0 \\ 0 & 1/2 \end{bmatrix} \begin{Bmatrix} \delta p_1 \\ \delta q_1 \end{Bmatrix} \quad (3-127)$$

在式(3-126)中可以通过分支管稳态流量$\overline{q_k}$的正负号表征分支管中稳态流动的方向,正号表示液体从三通处向分支管外流动,负号表示液体从分支管流向三通。

当分支为一个盲端旁通时,由于旁通的稳态流量为零,此时$\overline{q_k}=0$,对该旁通路的流量脉动无量纲化处理已不合理,故需采用k端的有量纲阻抗$\tilde{Z}_k = P_k/Q_k$,从而旁通节点前后端主流的无量纲脉动量满足关系

$$\begin{Bmatrix} \delta p_2 \\ \delta q_2 \end{Bmatrix} = \begin{bmatrix} 1 & 0 \\ -\dfrac{\overline{p}}{\overline{q}}\dfrac{1}{\tilde{Z}_k} & 1 \end{bmatrix} \begin{Bmatrix} \delta p_1 \\ \delta q_1 \end{Bmatrix} \quad (3-128)$$

在表达式$\tilde{Z}_k = P_k/Q_k$中,P_k、Q_k表示频域的有量纲脉动量。

图3-11所示的液体并联管路,由a管段和b管段并联形成一个管系。

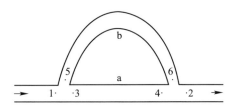

图3-11 并联管路

根据管路的模型,分别可以得出各管段的传递矩阵关系,假设a管段、b管段的无量纲脉动量满足的传递矩阵关系为

$$\begin{Bmatrix} \delta p_4 \\ \delta q_4 \end{Bmatrix} = \begin{pmatrix} a_{11} & a_{12} \\ a_{21} & a_{22} \end{pmatrix} \begin{Bmatrix} \delta p_3 \\ \delta q_3 \end{Bmatrix} \quad (3-129)$$

$$\begin{Bmatrix} \delta p_6 \\ \delta q_6 \end{Bmatrix} = \begin{pmatrix} b_{11} & b_{12} \\ b_{21} & b_{22} \end{pmatrix} \begin{Bmatrix} \delta p_5 \\ \delta q_5 \end{Bmatrix} \quad (3-130)$$

在并联管的两端节点处,有量纲的压力和流量脉动量满足关系

$$\begin{cases} p_1' = p_3' = p_5',\ p_2' = p_4' = p_6' \\ q_1' = q_3' + q_5',\ q_2' = q_4' + q_6' \end{cases} \quad (3-131)$$

相应地,无量纲化频域脉动量满足

$$\begin{cases} \delta p_1 = \delta p_3 = \delta p_5, \delta p_2 = \delta p_4 = \delta p_6 \\ \delta q_1 = \delta q_3 + \delta q_5, \delta q_2 = \delta q_4 + \delta q_6 \end{cases} \quad (3-132)$$

其中,总的稳态流量满足

$$\bar{q}_1 = \bar{q}_2 = \bar{q}_a + \bar{q}_b \quad (3-133)$$

从而推导出并联管路前、后两端的脉动量满足

$$\begin{Bmatrix} \delta p_2 \\ \delta q_2 \end{Bmatrix} = \begin{bmatrix} \dfrac{a_{11}b_{12}\bar{q}_a + a_{12}b_{11}\bar{q}_b}{b_{12}\bar{q}_a + a_{12}\bar{q}_b} & \dfrac{a_{12}b_{12}\bar{q}_1}{b_{12}\bar{q}_a + a_{12}\bar{q}_b} \\ \dfrac{\bar{q}_a \bar{q}_b (b_{22} - a_{22})(a_{11} - b_{11})}{\bar{q}_1 (b_{12}\bar{q}_a + a_{12}\bar{q}_b)} + \dfrac{a_{21}\bar{q}_a + b_{21}\bar{q}_b}{\bar{q}_1} & \dfrac{a_{22}b_{12}\bar{q}_a + a_{12}b_{22}\bar{q}_b}{b_{12}\bar{q}_a + a_{12}\bar{q}_b} \end{bmatrix} \begin{Bmatrix} \delta p_1 \\ \delta q_1 \end{Bmatrix}$$

$$(3-134)$$

3.3.3.4 泵

泵作为输送系统的一个重要组件,其动特性对发动机的频率特性有极大的影响。其中最主要的参数为泵的动态增益 $m+1$、泵进口的气蚀柔性 C_b、泵的质量流量增益 M_b、泵的惯性 L_p 和流阻 R_p[9-10],各参数的定义如下。

泵的惯性为

$$L_p = \int_l \frac{\mathrm{d}l}{A(l)} \quad (3-135)$$

式中:$A(l)$ 为泵流道的横截面积。

泵的流阻定义为额定工作点处扬程-流量特性曲线的斜率,即

$$R_p = -\left(\frac{\partial \Delta p}{\partial q}\right)_{\text{NOR}} \quad (3-136)$$

式中:Δp 为泵的扬程;下标"NOR"代表额定工况点。

泵的动态增益定义为额定工作点处气蚀性能曲线的斜率,即

$$m + 1 = \left(\frac{\partial (p_2 - p_1)}{\partial p_1} + 1\right)_{\text{NOR}} \quad (3-137)$$

式中:p_2 为泵出口压力;p_1 为泵入口压力。

液氧煤油发动机泵的额定工作区都距离泵的气蚀断裂区较远,由泵的水力试验得到的气蚀性能曲线在额定工作点较平,因此求出的动态增益接近于1。但国内外很多试验表明,动态条件下泵的增益远远大于1,即泵对入口的脉动压力起放大作用。对于带诱导轮的离心泵,在额定点工作时总存在气蚀现象,由于在泵诱导轮处存在空泡,供应系统频率会显著降低,所以对发动机的频率特性有

显著影响。

泵的气蚀柔性定义为由于泵入口压力脉动造成的空泡体积改变率,即

$$C_{\mathrm{b}} = -\rho_{\mathrm{L}} \frac{\partial V_{\mathrm{b}}}{\partial p_1} \qquad (3-138)$$

式中:ρ_{L} 为液体的密度;V_{b} 为泵入口空泡体积,它是入口压力和入口流量的函数。

泵的质量流量增益定义为泵入口流量脉动造成的空泡体积改变率,即

$$M_{\mathrm{b}} = -\rho_{\mathrm{L}} \frac{\partial V_{\mathrm{b}}}{\partial q_1} \qquad (3-139)$$

式中:q_1 为泵入口流量。

对于非汽蚀泵,有以下关系,即

$$L_{\mathrm{p}} \frac{\mathrm{d} q_2}{\mathrm{d} t} = p_1 - p_2 + \Delta p(p_1, q_2, n) \qquad (3-140)$$

$$q_2 = q_1 \qquad (3-141)$$

式中:n 为泵转速。对式(3-140)在额定点附近进行线性化,可得

$$\begin{aligned} p_2' - p_1' &= \Delta p(p_1, q_2, n)' - L_{\mathrm{p}} \frac{\mathrm{d} q_2'}{\mathrm{d} t} \\ &= \left(\frac{\partial \Delta p}{\partial p_1}\right)_{\mathrm{NOR}} p_1' + \left(\frac{\partial \Delta p}{\partial q_2}\right)_{\mathrm{NOR}} q_2' + \left(\frac{\partial \Delta p}{\partial n}\right)_{\mathrm{NOR}} n' - L_{\mathrm{p}} \frac{\mathrm{d} q_2'}{\mathrm{d} t} \end{aligned} \qquad (3-142)$$

即

$$p_2' = (m+1) p_1' - R_{\mathrm{p}} q_2' - L_{\mathrm{p}} \frac{\mathrm{d} q_2'}{\mathrm{d} t} + \left(\frac{\partial \Delta p}{\partial n}\right)_{\mathrm{NOR}} n'$$

对式(3-142)和式(3-141)进行拉普拉斯变换,得

$$P_2(s) = (m+1) P_1(s) - Z_{\mathrm{p}} Q_2(s) + \left(\frac{\partial \Delta p}{\partial n}\right)_{\mathrm{NOR}} \delta N \qquad (3-143)$$

$$Q_2(s) = Q_1(s) \qquad (3-144)$$

式中:$Z_{\mathrm{p}} = R_{\mathrm{p}} + s L_{\mathrm{p}}$ 代表泵的阻抗,可根据泵的性能试验和几何参数得出。

经整理,可表示为以下矩阵形式,即

$$\begin{pmatrix} P_2(s) \\ Q_2(s) \end{pmatrix} = \begin{pmatrix} m+1 & -Z_{\mathrm{p}} \\ 0 & 1 \end{pmatrix} \begin{pmatrix} P_1(s) \\ Q_1(s) \end{pmatrix} + \begin{pmatrix} \left(\frac{\partial \Delta p}{\partial n}\right)_{\mathrm{NOR}} \\ 0 \end{pmatrix} \delta N \qquad (3-145)$$

对于气蚀泵,根据质量守恒方程,即

$$q_1 - q_2 = \frac{\mathrm{d}m}{\mathrm{d}t} = -\rho_L \frac{\mathrm{d}V_b}{\mathrm{d}t} \tag{3-146}$$

式中：m 为泵腔内液体质量。

对式(3-146)在额定点附近线性化，可得

$$q_1' - q_2' = -\rho_L \frac{\mathrm{d}\delta V_b}{\mathrm{d}t} = -\rho_L \frac{\mathrm{d}}{\mathrm{d}t}\left(\frac{\partial V_b}{\partial q_1}q_1' + \frac{\partial V_b}{\partial p_1}p_1'\right)$$

$$= \frac{\mathrm{d}}{\mathrm{d}t}\left(-\rho_L \frac{\partial V_b}{\partial q_1}q_1' - \rho_L \frac{\partial V_b}{\partial p_1}p_1'\right) = \frac{\mathrm{d}}{\mathrm{d}t}(M_b q_1' + C_b p_1') \tag{3-147}$$

对式(3-147)进行拉普拉斯变换，可得

$$Q_2(s) = -sC_b P_1 + (1 - sM_b)Q_1(s) \tag{3-148}$$

将式(3-148)代入式(3-143)得

$$P_2(s) = (m + 1 + sC_b Z_p)P_1(s) - Z_p(1 - sM_b)Q_1(s) + \left(\frac{\partial \Delta p}{\partial n}\right)_{\mathrm{NOR}} \delta N \tag{3-149}$$

式(3-148)与式(3-149)写为矩阵形式，对气蚀泵有以下传递矩阵，即

$$\begin{pmatrix} P_2(s) \\ Q_2(s) \end{pmatrix} = \begin{pmatrix} m + 1 + sC_b Z_p & -Z_p(1 - sM_b) \\ -sC_b & (1 - sM_b) \end{pmatrix} \begin{pmatrix} P_1(s) \\ Q_1(s) \end{pmatrix} + \begin{Bmatrix} \left(\frac{\partial \Delta p}{\partial n}\right)_{\mathrm{NOR}} \delta N \\ 0 \end{Bmatrix} \tag{3-150}$$

再将式(3-150)写成无量纲形式，对气蚀泵有以下传递矩阵方程，即

$$\begin{Bmatrix} \delta p_2 \\ \delta q_2 \end{Bmatrix} = \begin{bmatrix} (m + 1 + sC_b Z_p)\frac{\overline{p_1}}{\overline{p_2}} & -Z_p(1 - sM_b)\frac{\overline{q}}{\overline{p_2}} \\ -sC_b \frac{\overline{p_1}}{\overline{q}} & 1 - sM_b \end{bmatrix} \begin{Bmatrix} \delta p_1 \\ \delta q_1 \end{Bmatrix} + \begin{Bmatrix} \phi_n \\ 0 \end{Bmatrix} \delta n \tag{3-151}$$

式中：ϕ_n 为扬程和转速的无量纲比值。

3.3.4 液体流路分析

3.3.4.1 集中参数液路的动力学特点

对于集中参数模型的液路系统，考虑惯性与柔性时为二阶系统，仅考虑惯性时为一阶系统。如图3-12所示，考虑一段惯性与一段容性的情况下，系统为二阶，有

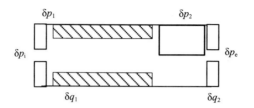

图 3-12 惯性 + 容性管路系统

$$\tau_1 \frac{d\delta q_1}{dt} = \delta p_1 - \delta p_2 \quad (3-152)$$

$$\tau_2 \frac{d\delta p_2}{dt} = \delta q_1 - \delta q_2 \quad (3-153)$$

$$\delta q_1 = \frac{\bar{p}_i}{2(\bar{p}_i - \bar{p})} \delta p_i - \frac{\bar{p}}{2(\bar{p}_i - \bar{p})} \delta p_1 \quad (3-154)$$

$$\delta q_2 = \frac{\bar{p}}{2(\bar{p} - \bar{p}_e)} \delta p_2 - \frac{\bar{p}_e}{2(\bar{p} - \bar{p}_e)} \delta p_e \quad (3-155)$$

式中：τ_1、τ_2 为管路方程的惯性常数。

可得参数 δp_2 的方程为

$$\tau_1 \tau_2 \psi_2 \frac{d^2 \delta p_2}{dt^2} + (\tau_1 - \tau_2 \psi_1 \psi_2) \frac{d\delta p_2}{dt} + (\psi_2 - \psi_1) \delta p_2 = \delta f_1(t) \quad (3-156)$$

其中：

$$\delta f_1(t) = \psi_2 \gamma_1 \delta p_i - \psi_1 \gamma_2 \delta p_e + \tau_1 \gamma_2 \frac{d\delta p_e}{dt}$$

$$\psi_1 = \frac{-2(p_i - p)}{p}$$

$$\psi_2 = \frac{2(p - p_e)}{p}$$

$$\gamma_1 = \frac{p_i}{p}$$

$$\gamma_2 = \frac{p_e}{p}$$

若使系统更精确，可考虑两段惯性与一段容性，如图 3-13 所示，在此情况下系统为三阶，即

第3章 发动机动态特性数学模型

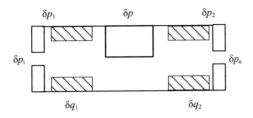

图 3-13 惯性 + 容性 + 惯性管路系统

$$\frac{\tau_1}{2}\frac{\mathrm{d}\delta q_1}{\mathrm{d}t} = \delta p_1 - \delta p \qquad (3-157)$$

$$\frac{\tau_1}{2}\frac{\mathrm{d}\delta q_2}{\mathrm{d}t} = \delta p - \delta p_2 \qquad (3-158)$$

$$\tau_2\frac{\mathrm{d}\delta p}{\mathrm{d}t} = \delta q_1 - \delta q_2 \qquad (3-159)$$

$$\delta q_1 = \frac{\overline{p}_i}{2(\overline{p}_i - \overline{p})}\delta p_i - \frac{\overline{p}}{2(\overline{p}_i - \overline{p})}\delta p_1 \qquad (3-160)$$

$$\delta q_2 = \frac{\overline{p}}{2(\overline{p} - \overline{p}_e)}\delta p_2 - \frac{\overline{p}_e}{2(\overline{p} - \overline{p}_e)}\delta p_1 \qquad (3-161)$$

省略三阶导数项,可得 δp_2 的参数方程为

$$\frac{\tau_1\tau_2}{2}(\psi_2 - \psi_1)\frac{\mathrm{d}^2\delta p_2}{\mathrm{d}t^2} + (\tau_1 - \tau_2\psi_1\psi_2)\frac{\mathrm{d}\delta p_2}{\mathrm{d}t} + (\psi_2 - \psi_1)\delta p_2 = \delta f_2(t)$$

$$(3-162)$$

管路入口无阻力连接贮箱时,利用集中参数模型求得惯性 - 容性二阶系统的无阻尼振荡频率为 $\sqrt{1/(\tau_1\tau_2)} = a/l$,惯性 - 容性 - 惯性三阶管路系统无阻尼振荡频率近似为 $\sqrt{2/(\tau_1\tau_2)} = \sqrt{2}a/l$,利用分布参数模型求得相同边界管路的一阶无阻尼振荡频率为 $(\pi/2)a/l$。可见,两种集中模型计算结果存在差异,且对于集中参数系统而言,模型更精确的三阶系统所得无阻尼振荡频率更接近于分布参数系统[11]。若将管路系统分为很多个集中参数模型,整个管路成为高阶系统,则可用来近似模拟分布参数系统。

除无阻尼振荡频率外,更关注的是集中参数模型的适用范围,接下来讨论该问题。不考虑流阻,且只考虑一段惯性与一段容性的集中参数模型为

$$\delta p_2 = \delta p_1 - \mathrm{j}\frac{l}{A}\frac{\overline{q}}{\overline{p}}\overline{\omega}\delta q_1 \qquad (3-163)$$

式中:无量纲频率 $\bar{\omega} = \omega l/a$。

不考虑流阻的分布参数模型为

$$\delta p_2 = \cos\bar{\omega}\delta p_1 - j\frac{l}{A}\frac{\bar{q}}{\bar{p}}\sin\bar{\omega}\delta q_1 \qquad (3-164)$$

为了分析集中参数的适用范围,将集中参数与分布参数进行对比,见图 3-14。为了便于理论分析,将分布参数模型中的余弦与正弦函数进行泰勒展开,保留第一项,忽略二阶及以上的高阶项,即 $\sin\bar{\omega} \approx \bar{\omega}$、$\cos\bar{\omega} \approx 1$,可得集中参数模型。此简化过程中忽略二阶项 $\bar{\omega}^2/2!$,当 $\bar{\omega}=1$ 时,该项对模型造成的误差为 50%,谐振频率下 $\bar{\omega}=1.57$,误差为 123.2%。如果忽略三阶项 $\bar{\omega}^3/3!$,则当 $\bar{\omega}=1$ 时,该项造成的误差为 17%,谐振频率下,误差为 64.5%。随着分析的振荡频率提高,集中参数模型与分布参数模型之间的差异增大。因此,只能在满足 $\bar{\omega} \leq 1$ 的低频范围内,才可接受集中参数模型的计算结果。

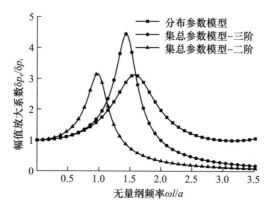

图 3-14 集中参数与分布参数模型对比

由集中参数与分布参数模型计算结果对比可见,只有在低频时集中参数与分布参数模型结果差异较小,且在低频段,集中参数三阶模型比二阶模型误差更小,即提高系统集中参数模型阶数可以拓宽集中参数模型的适用范围,可采取的方法为将管路进行分段,每段采用集中参数模型。相对于分布参数系统而言,集中参数模型的无阻尼振荡频率和谐振频率稍有降低,是由于分析时将液路的柔性和惯性视为整个液柱整体振荡,会使压缩与惯性时间常数增大,从而使无阻尼振荡频率降低。总之,当 $\bar{\omega} \leq 1$ 时,利用集中参数模型分析液体管路动态特性在可接受范围内。

3.3.4.2 液路声学频率与边界的关系

考虑无损管路传递矩阵模型,可得出口与入口阻抗满足的关系式以及满足出口与入口阻抗边界条件下管路系统的固有振荡特性,出口与入口阻抗满足的

关系式为

$$Z_2(s) = \frac{Z_1(s)\cosh\Gamma(s) - Z_C(s)\sinh\Gamma(s)}{\cosh\Gamma(s) - \dfrac{Z_1(s)}{Z_C(s)\sinh\Gamma(s)}}$$

$$= Z_C(s)\frac{(Z_1(s) - Z_C(s))e^{2\Gamma(s)} + (Z_1(s) + Z_C(s))}{(Z_C(s) - Z_1(s))e^{2\Gamma(s)} + (Z_1(s) + Z_C(s))} \quad (3-165)$$

$$e^{2\Gamma(s)} = \frac{(Z_C(s) - Z_1(s))(Z_C(s) + Z_2(s))}{(Z_C(s) + Z_1(s))(Z_C(s) - Z_2(s))} \quad (3-166)$$

令 $s = \sigma + j\omega$,$\Gamma(s) = ls/a$ 代入式(3-166),可得

$$e^{2\sigma l/a}\cos(2\omega l/a) = \mathrm{Re}\left(\frac{(Z_C(s) - Z_1(s))(Z_C(s) + Z_2(s))}{(Z_C(s) + Z_1(s))(Z_C(s) - Z_2(s))}\right)$$

$$e^{2\sigma l/a}\sin(2\omega l/a) = \mathrm{Im}\left(\frac{(Z_C(s) - Z_1(s))(Z_C(s) + Z_2(s))}{(Z_C(s) + Z_1(s))(Z_C(s) - Z_2(s))}\right) \quad (3-167)$$

当认为边界阻抗皆为实数时,有

$$e^{2\sigma l/a}\cos(2\omega l/a) = \mathrm{Re}\left(\frac{(Z_C(s) - Z_1(s))(Z_C(s) + Z_2(s))}{(Z_C(s) + Z_1(s))(Z_C(s) - Z_2(s))}\right) \quad (3-168)$$

$$e^{2\sigma l/a}\sin(2\omega l/a) = 0$$

即

$$\omega = \begin{cases} \dfrac{(2n-1)\pi}{2}\dfrac{a}{l} & \dfrac{(Z_C(s) - Z_1(s))(Z_C(s) + Z_2(s))}{(Z_C(s) + Z_1(s))(Z_C(s) - Z_2(s))} < 0 \\ n\pi\dfrac{a}{l} & \dfrac{(Z_C(s) - Z_1(s))(Z_C(s) + Z_2(s))}{(Z_C(s) + Z_1(s))(Z_C(s) - Z_2(s))} > 0 \end{cases} \quad n = 1,2,3,\cdots$$

$$(3-169)$$

经上述推导,固有振荡取值平面可利用图 3-15 来表述,图的含义为:

当边界阻抗的模皆小于管路阻抗,或皆大于管路阻抗时,固有振荡频率为 $(2n-1)\pi a/(2l)$,其他情况固有振荡频率为 $n\pi a/l$。当边界阻抗皆为极限值 0 或 ∞ 时,$\sigma = 0$,压力和流量沿流路按照谐波变化,所产生的波为驻波,即各点的参数振荡发生在同一相位内,且自由振荡幅值为常数。当边界阻抗为有限值时,$\sigma \neq 0$,振荡波为驻波与行波的叠加,自由振荡幅值随时间变化。

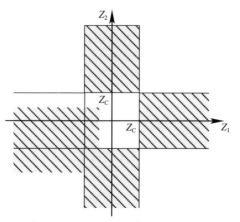

阴影处取值$(2n-1)\pi a/(2l)$；空白处取值$n\pi a/l$

图 3-15　固有振荡频率取值平面

下面分析边界条件变化时系统的强迫振荡特性。出口压力激励下的入口流量振荡如图 3-16 所示，出口压力激励下的出口流量振荡如图 3-17 所示。可见，随着边界节流圈孔径变化，节流圈压降和流阻变化，即系统阻抗与频率特性都会变化。随着节流圈压降增加，边界阻抗增加，入口与出口流量振荡减小。图 3-16 和图 3-17 展示了随着边界阻抗变化，出口压力激励下的出、入口流量特性，其中 Δp 为边界阻抗等于管路特征阻抗时对应的边界节流圈压降。当边界阻抗从小于管路特征阻抗转向大于管路特征阻抗时，入口流量谐振频率由入口出口开-开边界条件转换为入口出口开-闭边界条件特性下的谐振频率。然而，出口流量的谐振频率不随边界阻抗的变化而变化，即开-闭边界条件下出现了反谐振特征。

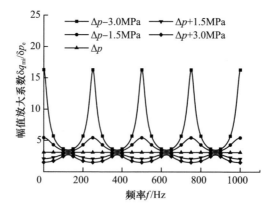

图 3-16　出口压力激励下的入口流量振荡

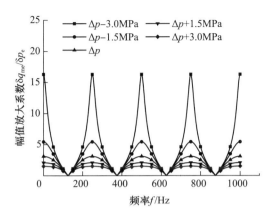

图3-17 出口压力激励下的出口流量振荡

3.3.4.3 节流圈和蓄压器位置影响

在液体火箭发动机研制过程中,当流路出现较大的参数振荡时,最常采取的措施是在流路中布置节流圈和蓄压器[12],然而两种元件的位置对振荡的衰减作用有极大影响。图3-18和图3-19分别展示了在出口产生频率为183Hz的压力脉动下,流路中流量与压力脉动向上游传播的情况。图3-18表示不同节流圈位置下流路流量振型,图3-19表示不同蓄压器位置下流路压力振型。可见,当节流圈越接近于流量波腹(即(2/3)×4m处),流路中流量脉动的衰减作用越明显;当蓄压器越接近于压力波腹(即(1/3)×4m处),压力脉动的衰减作用越强。总之,将节流圈置于流量波节处,对于参数振荡抑制作用最小,越靠近流量波腹,抑制作用越大。同样地,将蓄压器置于压力波节处,对于参数振荡的抑制作用最小,越靠近压力波腹,抑制作用越大。

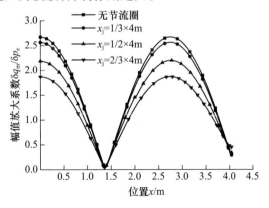

图3-18 节流圈位置对流路振型影响

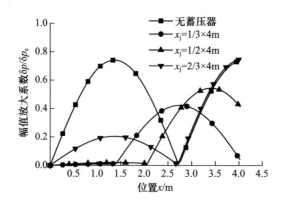

图 3-19　蓄压器位置对流路振型影响

3.3.4.4　流体力学-电学类比

流体振荡与电路振荡作为不同的物理现象,属于不同的领域,表面上似乎是互不关联,但详细研究它们的规律,对其进行数学描述时,往往都归结到相同形式的微分方程。数学建模是从具体物理过程(以及其他实际问题)中抽象出来的"空间的形式和数量的关系",因此,数学形式上的相似必然在一定程度上反映了物理本质上某些规律性是相同的。

既然电路振荡与流体振荡存在某些共同规律,那么自然可以推论:在处理这些问题的方法上也有某些互相借鉴之处。这种在不同领域互相借用的处理方法称为类比。

电路元件主要有电阻、电感、电容,与流体系统的流阻、惯性、流容相对应;另外电路中的电源是恒压的或者恒流的,与流体系统的开端、闭端条件相似。图 3-20 是一个最基本的振荡电路,电源是电动势 $U = U_a \mathrm{e}^{j\omega t}$ 的稳态振荡,则根据电路中各元件的物理性质可列出电路运动方程为

$$L_e \frac{\mathrm{d}I}{\mathrm{d}t} + R_e I + \frac{1}{C_e}\int I \mathrm{d}t = U_a \mathrm{e}^{j\omega t} \qquad (3-170)$$

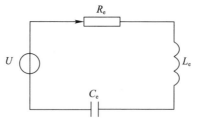

图 3-20　基本串联振荡电路

求解上述微分方程,可得该电路中的电流为

$$I = \frac{U}{Z_e} \quad (3-171)$$

式中:Z_e 为回路中的电阻抗,即

$$Z_e = R_e + sL_e + \frac{1}{sC_e} = \frac{sC_e R_e + s^2 C_e L_e}{sC_e} \quad (3-172)$$

可见,式(3-172)与3.3.3.2小节中蓄压器的阻抗描述公式(3-117)相比,形式上完全一致。根据式(3-116)所示的蓄压器传递函数,可得对应的微分方程为

$$L\frac{dq_{mL}}{dt} + Rq_{mL} + \frac{1}{C_g}\int q_{mL} dt = p \quad (3-173)$$

式(3-173)与电路微分式(3-170)形式相同,L、R、C_g 分别为流感、流阻和流容。式(3-117)所描述的蓄压器阻抗称为流阻抗,为了便于描述简称阻抗。

可见,电路振荡与流体振荡这两种物理现象表面上似乎毫不相关,但是其微分方程形式上完全类同,它们的物理量随时间也有类似的变化规律,这表征了两种现象具有某些共同之处。微分式(3-170)与式(3-173)形式上的相似性,也直接揭示了流体系统与电路系统之间的一种类比关系,即

$$p - U; q_{mL} - I; L - L_e; C_g - C_e; R - R_e$$

在这种类比关系中,流阻抗类比于电阻抗,故称为阻抗型类比。从中总结出阻抗型电学-流体力学的类比表,见表3-1。如果能够熟练运用这些电学-流体力学的类比关系,那么对具体流体力学振荡系统,就可以很快画出相应的流体力学类比线路图,再根据熟知的电路定律,利用图解法获得系统的运动规律。

表3-1 阻抗型电学-流体力学的类比

电学		流体力学	
恒压源 U	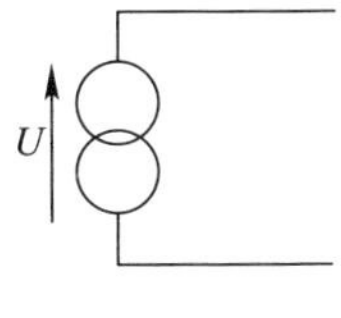 U	恒压源 p	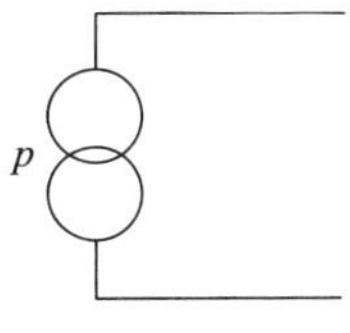 p

续表

电学		流体力学	
恒流源 I	(图：恒流源 I)	恒流源 q	(图：恒流源 q)
"流"过元件的量	电流 I		质量流量 q
元件两端的量	电压 U		压力 p
电感	(图：L_e, I, U)	流感	(图：L, q, p, p_1)
电容	(图：C_e, I, U)	流容	(图：C_g, q, p, q_1)
电阻	(图：R_e, I, U)	流阻	(图：R, I, U)

3.4 气路模型

液体火箭发动机中包含燃烧室、燃气发生器、燃气导管等一系列不等温气体运动流路。在这些组件中,燃气可以是通过喷嘴喷入的液体组元经燃烧形成的,也可以是从另一个组件(涡轮、燃气导管)进入的。推进剂燃烧时放出热量,导致燃烧产物的温度升高,形成燃气的温度波动。因此,在分析燃烧产物的运动时,除了压力和流量这两个变量外,还必须考虑燃气的温度变化。燃气温度在燃烧区内随氧化剂和燃料的混合比变化而变化,也随整个流路中(如果过程是绝热的)压力变化时燃气的压缩或膨胀而变化。

如果仅限于低频,声波的波长 $\lambda = a/f$(其中 a 为声速,f 为振荡频率)远大于流路的特征长度,那么在发动机气路的数学模型中就可以忽略声学效应。这时,流路上不同位置的压力实际上是相同的,因而可以把流路视作集中参数元件。

燃气在导管中的不等温流动是一个非常复杂的过程,在忽略声学效应时,可以考虑两个极端过程的数学模型,即绝热流动模型与瞬时混合模型。绝热流动模型基于以下假设:当沿着流路流动时,头部附近形成的每股燃气处于绝热条件下,并不与相邻的各股燃气或流路的壁面发生热量或质量交换。这个条件与燃气中的热导率和扩散系数等于零的假设是等效的。瞬时混合模型基于以下假设:燃烧新生成的这股燃气与气路中其余的所有燃气发生非常迅速的(瞬时的)热量和质量交换。此情况与燃气中热导率和扩散系数趋于无穷大的假设是等效的。

当液体火箭发动机内的燃气流路较长,燃气温度较低,同时当研究的动态过程的频率范围较高时(覆盖了气路流体系统的纵向声学频率),就必须考虑流动区的压力和速度波动,即考虑纵向声学效应,且此时应采用气路的分布参数模型。

3.4.1 绝热流动气路模型

3.4.1.1 绝热流动假设建模思想

在建立绝热流动模型时作以下假设:在头部附近燃烧区形成的每股燃烧产物以燃气速度沿流路运动,每股燃气可以有自己的温度,该温度既与形成该股燃气的液体组元的混合比有关,也与流路内形成燃气后产生的压力变化有关;燃气沿流路运动时熵是保持不变的。因此,熵是表示绝热流动信息的重要参数,熵守恒方程可用来代替计算不等温流动参数所必需的能量方程。燃气在流路内的非稳态不等温运动,同时也是绝热运动,可用质量方程、动量方程和能量方程来描述。为了计算局部阻力的压力损失,可把气路划分为由局部阻力分隔的各个分段,并对每一个分段写出各自的方程。

1)动量方程

在低频范围内,可以忽略声学效应引起的流路各截面上压力瞬时值的差异。从忽略气柱惯性时间常数的假设条件可知,沿着气路分段长度上压力的瞬时值是相同的。于是气路分段动量方程可简化为

$$\frac{\partial p(x,t)}{\partial x}=0 \text{ 或 } p(0,t)=p(x,t)=p(l,t) \qquad (3-174)$$

其小变化量的无量纲形式为

$$\frac{\partial \delta p(x,t)}{\partial x} = 0 \qquad (3-175)$$

式(3-175)也可写成以下形式,即

$$\delta p(0,t) = \delta p(l,t) = \delta p(x,t) = \delta p \qquad (3-176)$$

2)能量方程

所研究的燃气从它在头部形成的时刻经滞后时间 τ 才进到坐标为 x 的流路截面,而此滞后时间又等于从头部到 x 截面这一段长度上的燃气停留时间,表示为

$$\tau = \int_0^x \frac{\mathrm{d}x}{u(x)} \qquad (3-177)$$

式中:$u(x)$ 为燃气平均速度,它为分段截面坐标的函数。

绝热过程的流动条件可以由每股燃气的熵守恒条件描述,即

$$s(x,t) = s(0,t-\tau) \qquad (3-178)$$

对式(3-178)进行小偏差线性化,其无量纲变化为

$$\delta s(x,t) = \delta s(0,t-\tau) = \delta s_1(t-\tau) \qquad (3-179)$$

式中:$\delta s_1(t-\tau)$ 为所研究的一股燃气进入分段入口处提前 τ 时熵的无量纲变化量,即比时刻 t 早 τ 时在分段入口处熵的无量纲变化量。

用热力学关系式把理想气体的熵与压力及温度联系起来,则有

$$\begin{aligned} \mathrm{d}s &= \frac{\mathrm{d}u + p\mathrm{d}v}{T} = \frac{c_\mathrm{v}\mathrm{d}T + p\mathrm{d}v}{T} = c_\mathrm{v}\frac{\mathrm{d}T}{T} + \frac{pv}{T}\frac{\mathrm{d}v}{v} \\ &= c_\mathrm{v}\frac{\mathrm{d}T}{T} + R\frac{\mathrm{d}v}{v} = c_\mathrm{v}\frac{\mathrm{d}T}{T} + R\left(\frac{\mathrm{d}T}{T} - \frac{\mathrm{d}p}{p}\right) = c_\mathrm{p}\frac{\mathrm{d}T}{T} - R\frac{\mathrm{d}p}{p} \end{aligned} \qquad (3-180)$$

式中:u 为比内能;v 为比体积。由式(3-180)可得

$$s = c_\mathrm{p}\ln T - R\ln p + \mathrm{const} \qquad (3-181)$$

把式(3-181)进行线性化处理,并考虑到

$$\frac{R}{c_\mathrm{p}} = \frac{(c_\mathrm{p} - c_\mathrm{v})}{c_\mathrm{p}} = \frac{(k-1)}{k} \qquad (3-182)$$

式中:k 为燃气的绝热指数。

即可求出熵的无量纲变化量,有

$$\delta s = \delta T - \frac{k-1}{k}\delta p \qquad (3-183)$$

式(3-183)中熵的无量纲化处理方法为 $\delta s = s'/c_\mathrm{p}$。

考虑到流路分段入口($x=0$)和出口($x=l$)处的能量守恒方程,可写成

$$\delta T_2 - \delta T_1(t-\tau) = \frac{k-1}{k}[\delta p - \delta p(t-\tau)] \qquad (3-184)$$

3) 质量方程

根据理想气体方程，可将熵的微分量变换为

$$ds = c_v \frac{dT}{T} + R \frac{dv}{v} = c_v \left(\frac{dp}{p} - \frac{d\rho}{\rho} \right) + R \left(- \frac{d\rho}{\rho} \right)$$

$$= c_v \frac{dp}{p} - c_p \frac{d\rho}{\rho} \tag{3-185}$$

则

$$\frac{ds}{c_p} = \frac{1}{k} \frac{dp}{p} - \frac{d\rho}{\rho} \tag{3-186}$$

即

$$\frac{d\rho}{\rho} = \frac{1}{k} \frac{dp}{p} - \frac{ds}{c_p} \tag{3-187}$$

质量守恒方程为

$$\frac{dm}{dt} = q_1 - q_2 \tag{3-188}$$

式中：$m = \int_0^l \rho(x,t) A(x) dx$。

$$\frac{dm}{dt} = \int_0^l \frac{d\rho(x,t)}{dt} A(x) dx = \int_0^l A(x) \rho(x,t) \frac{\frac{d\rho(x,t)}{\rho(x,t)}}{dt} dx$$

$$= \int_0^l A(x) \rho(x,t) \frac{\frac{1}{k}\frac{dp}{p} - \frac{ds}{c_p}}{dt} dx \tag{3-189}$$

式中：$\frac{1}{k} \frac{dp}{p} / dt$ 与 x 无关，则式(3-189)可以进一步简化为

$$\frac{dm}{dt} = \frac{1}{kp} \frac{dp}{dt} \int_0^l A(x) \rho(x,t) dx - \frac{1}{c_p} \int_0^l A(x) \rho(x,t) \frac{ds(x,t)}{dt} dx$$

$$= \frac{m}{kp} \frac{dp}{dt} - \frac{1}{c_p} \int_0^l A(x) \rho(x,t) \frac{ds_1(t-\tau)}{dt} dx$$

$$= \frac{m}{kp} \frac{dp}{dt} - \frac{m}{c_p} \frac{ds_1(t-\tau)}{dt} = \frac{m}{kp} \frac{dp}{dt} - \frac{m}{c_p} \left[\frac{s_1(t) - s_1(t-\tau)}{\tau} \right]$$

$$= \frac{m}{kp} \frac{dp}{dt} + \frac{m}{\tau} \left[\frac{s_1(t-\tau) - s_1(t)}{c_p} \right] \tag{3-190}$$

由式 $s = c_p \ln T - R \ln p + \text{const}$ 可得

$$\frac{m}{kp}\frac{\mathrm{d}p}{\mathrm{d}t} + \frac{m}{\tau}\left[\ln\frac{T_1(t-\tau)}{T_1(t)} - \frac{k-1}{k}\ln\frac{p(t-\tau)}{p(t)}\right] = q_1 - q_2 \quad (3-191)$$

对式(3-191)进行微分,可得

$$\frac{\overline{m}}{k\overline{p}}\frac{\mathrm{d}p'}{\mathrm{d}t} + \frac{\overline{m}}{\tau}\left[\frac{T_1'(t-\tau)}{T_1(t-\tau)} - \frac{T_1'(t)}{T_1(t)} - \frac{k-1}{k}\frac{\delta p'(t-\tau)}{\overline{p}(t-\tau)} + \frac{k-1}{k}\frac{p'(t)}{\overline{p}(t)}\right] = q_1' - q_2'$$

$$(3-192)$$

将式(3-192)写成无量纲形式,质量连续方程为

$$\frac{\tau}{k}\frac{\mathrm{d}\delta p}{\mathrm{d}t} - \delta T_1 + \delta T_1(t-\tau) + \frac{k-1}{k}\left[\delta p - \delta p(t-\tau)\right] = \delta q_1 - \delta q_2 \quad (3-193)$$

3.4.1.2 燃气发生器

燃气发生器是气液连接部件,其中既有氧化剂和燃料的燃烧过程,又有燃烧产物的流动过程。因此,在建模过程中,把发生器分为两个部分,即燃烧区和燃气流动区,假设燃烧区不占发生器容积[13]。

1) 燃气发生器燃烧区建模

对燃气发生器来说,经喷嘴进入燃烧区的液体组元的流量平衡方程可写成

$$q_{ml} = q_{mog} + q_{mfg} \quad (3-194)$$

式中:q_{mog}、q_{mfg} 为通过喷嘴的液体氧化剂和燃料的流量;q_{ml} 为液体组元的总流量。

假设推进剂转化时间为常时滞,发生器入口燃气流量与经过喷嘴的液组元流量满足

$$q_1 = q_{mog}(t - \tau_{\Gamma o}) + q_{mfg}(t - \tau_{\Gamma f}) \quad (3-195)$$

式中:$\tau_{\Gamma o}$、$\tau_{\Gamma f}$ 分别为氧化剂、燃料转化为燃烧产物的时间。

把式(3-195)进行小偏量线性化处理,并转为流量的无量纲变化量,得

$$\delta q_1 = \frac{\overline{q}_{mog}}{\overline{q}_{mog} + \overline{q}_{mfg}}\delta q_{mog}(t - \tau_{\Gamma o}) + \frac{\overline{q}_{mfg}}{\overline{q}_{mog} + \overline{q}_{mfg}}\delta q_{mfg}(t - \tau_{\Gamma f}) \quad (3-196)$$

如果采用燃气发生器入口处组元的稳态质量混合比 $K_{ml} = q_{mog}/q_{mfg}$,则式(3-196)变为

$$\delta q_1 = \frac{\overline{K}_{ml}}{\overline{K}_{ml} + 1}\delta q_{mog}(t - \tau_{\Gamma o}) + \frac{1}{\overline{K}_{ml} + 1}\delta q_{mfg}(t - \tau_{\Gamma f}) \quad (3-197)$$

燃烧产物温度与组元混合比的关系曲线为

$$T_1 = f(K_{m1}) \tag{3-198}$$

发生器入口燃气的混合比为

$$K_{m1} = \frac{q_{mog}(t-\tau_{\Gamma o})}{q_{mfg}(t-\tau_{\Gamma f})} \tag{3-199}$$

把式(3-199)进行线性化处理并转化为流量的无量纲变化量,得

$$\delta K_{m1} = \delta q_{mog}(t-\tau_{\Gamma o}) - \delta q_{mfg}(t-\tau_{\Gamma f}) \tag{3-200}$$

把式(3-198)线性化、无量纲化,得

$$\delta T_1 = \psi \delta K_{m1} = \psi [\delta q_{mog}(t-\tau_{\Gamma o}) - \delta q_{mfg}(t-\tau_{\Gamma f})] \tag{3-201}$$

式中:$\psi = (\overline{K}_{m1}/\overline{T}_1)(\partial T_1/\partial K_{m1})$为燃烧产物温度与推进剂组元混合比的关系曲线的无量纲斜率。

对于富氧燃气发生器($K_{m1} > 15$),$\psi \leq -0.8$。ψ的大小对燃气发生器内温度波动幅值的影响很大,因而对熵波幅值的影响也很大。

将式(3-197)、式(3-200)、式(3-201)进行拉普拉斯变换后,可得燃气发生器入口燃气参数,且认为燃气发生器入口燃气压力脉动等于入口液体压力脉动。

燃气发生器入口燃气参数与供应系统氧化剂、燃料压力和流量的关系可以表示为

$$\begin{Bmatrix} \delta p_1 \\ \delta q_1 \\ \delta T_1 \\ \delta K_{m1} \end{Bmatrix} = \begin{bmatrix} 1 & 0 & 0 \\ 0 & e^{-s\tau_{\Gamma o}}\dfrac{\overline{K}_{m1}}{\overline{K}_{m1}+1} & e^{-s\tau_{\Gamma f}}\dfrac{1}{\overline{K}_{m1}+1} \\ 0 & \psi e^{-s\tau_{\Gamma o}} & -\psi e^{-s\tau_{\Gamma f}} \\ 0 & e^{-s\tau_{\Gamma o}} & -e^{-s\tau_{\Gamma f}} \end{bmatrix} \begin{Bmatrix} \delta p_1 \\ \delta q_{mog} \\ \delta q_{mfg} \end{Bmatrix} \tag{3-202}$$

式中:δp_1、δq_1、δT_1、δK_{m1}分别为发生器入口燃气参数的无量纲变化量;$\overline{K}_{m1}$为发生器的稳态混合比;δq_{mog}、δq_{mfg}为通过喷嘴的液体氧化剂和燃料的无量纲流量脉动量。

2) 燃气发生器流动区建模

推导发生器中燃气的动力学方程时,忽略气柱惯性以及气体沿程损失,因此所推出的发生器流动区出口压力等于发生器流动区入口压力。燃气发生器出口的燃气进入涡轮。因此,燃气发生器的出口参数和涡轮的入口参数相同。

发生器出口燃气混合比为

$$\delta K_{m2} = \delta K_{m1}(t-\tau_1) \tag{3-203}$$

式中:τ_1 为燃气在发生器中停留时间。

发生器出口温度为

$$\delta T_2 = \delta T_1(t-\tau_1) + \frac{k-1}{k}[\delta p_1 - \delta p_1(t-\tau_1)] \qquad (3-204)$$

由式(3-193)得

$$\delta q_2 = \delta q_1 - \left\{ \frac{\tau}{k}\frac{\mathrm{d}\delta p_1}{\mathrm{d}t} - \delta T_1 + \delta T_1(t-\tau_1) + \frac{k-1}{k}[\delta p_1 - \delta p_1(t-\tau_1)] \right\}$$
$$(3-205)$$

由式(3-203)、式(3-204)、式(3-205),可得燃气发生器的传递矩阵方程为

$$\begin{Bmatrix} \delta p_2 \\ \delta q_2 \\ \delta T_2 \\ \delta K_{m2} \end{Bmatrix} = \begin{bmatrix} 1 & 0 & 0 & 0 \\ -\left[\frac{s\tau_1}{k}+\frac{k-1}{k}(1-e^{-s\tau_1})\right] & 1 & 1-e^{-s\tau_1} & 0 \\ \frac{k-1}{k}(1-e^{-s\tau_1}) & 0 & e^{-s\tau_1} & 0 \\ 0 & 0 & 0 & e^{-s\tau_1} \end{bmatrix} \begin{Bmatrix} \delta p_1 \\ \delta q_1 \\ \delta T_1 \\ \delta K_{m1} \end{Bmatrix}$$
$$(3-206)$$

式中:δp_2、δq_2、δT_2、δK_{m2} 为涡轮入口脉动参数。

3.4.1.3 涡轮

在描述低频流体动力学过程时,涡轮的流通部分被看作具有附加输入量(转速 n)的网络。不考虑涡轮泵轴的功率平衡和振动,忽略一些非线性因素,在小偏差线性范围内进行分析,将涡轮简化为分段出口局部阻力。

下面研究局部阻力(涡轮喷嘴、燃烧室气喷嘴、平衡叶栅等)位于流路出口时的一般情况。在这种情况下,由气体动力学公式将流量与压力及温度联系在一起,有

$$q = \mu_2 A_2 \sqrt{\frac{2k}{k-1}\frac{p_1^2}{RT_1}\left[\left(\frac{p_2}{p_1}\right)^{2/k} - \left(\frac{p_2}{p_1}\right)^{(k+1)/k}\right]} \qquad (3-207)$$

式中:μ_2 为流量系数;A_2 为流路分段出口处局部阻力的最小截面积;p_1、p_2 为局部阻力前后的压力;T_1 为入口温度。

将式(3-207)进行线性化和无量纲化,有

$$\delta q = (1+\varepsilon)\delta p_1 - \varepsilon \delta p_2 - 0.5\delta T_1 \qquad (3-208)$$

式中:ε 为通过局部阻力的燃气流量与 p_2/p_1 关系曲线的无量纲斜率,有

$$\varepsilon = \frac{(k+1)\left(\frac{\bar{p}_2}{\bar{p}_1}\right)^{(k-1)/k} - 2}{2k\left[1 - \left(\frac{\bar{p}_2}{\bar{p}_1}\right)^{(k-1)/k}\right]} \tag{3-209}$$

由于将涡轮简化为分段出口局部阻力，则可认为 $\delta q_2 = \delta q_1$。

由式(3-208)可得涡轮出口的压力为

$$\delta p_2 = \frac{1+\varepsilon}{\varepsilon}\delta p_1 - \frac{1}{\varepsilon}\delta q - \frac{1}{2\varepsilon}\delta T_1 \tag{3-210}$$

对于涡轮类的局部阻力，由于燃气要做功，必须考虑与此相关的燃气温度的变化，则有

$$T_1 - T_2 = \frac{c^2 \eta_t}{2c_p} \tag{3-211}$$

式中：c 为从涡轮喷嘴喷出的燃气流速；η_t 为涡轮效率。

对式(3-211)进行线性化、无量纲化，可得

$$\frac{\bar{T}_1}{\bar{T}_1 - \bar{T}_2}\delta T_1 - \frac{\bar{T}_2}{\bar{T}_1 - \bar{T}_2}\delta T_2 = 2\delta c + \delta\eta_t \tag{3-212}$$

即

$$\delta T_2 = \frac{\bar{T}_1}{\bar{T}_2}\delta T_1 - \frac{\bar{T}_1 - \bar{T}_2}{\bar{T}_2}(2\delta c + \delta\eta_t) \tag{3-213}$$

由式(3-212)和式(3-213)，可得涡轮的传递矩阵为

$$\begin{Bmatrix}\delta p_2 \\ \delta q_2 \\ \delta T_2 \\ \delta K_{m2}\end{Bmatrix} = \begin{bmatrix} 1+\frac{1}{\varepsilon} & -\frac{1}{\varepsilon} & -\frac{1}{2\varepsilon} & 0 \\ 0 & 1 & 0 & 0 \\ 0 & 0 & \frac{\bar{T}_1}{\bar{T}_2} & 0 \\ 0 & 0 & 0 & 1 \end{bmatrix} \begin{Bmatrix}\delta p_1 \\ \delta q_1 \\ \delta T_1 \\ \delta K_{mi}\end{Bmatrix} + \begin{Bmatrix} 0 \\ 0 \\ -\frac{\bar{T}_1 - \bar{T}_2}{\bar{T}_2}(2\delta c + \delta\eta_t) \\ 0 \end{Bmatrix}$$

$$\tag{3-214}$$

式中：δc 为从涡轮喷嘴喷出的燃气流速波动；$\delta\eta_t$ 为涡轮效率波动。

3.4.1.4 燃气导管的数学模型

燃气导管和燃气发生器流动区传递矩阵形式相同，有

$$\begin{Bmatrix} \delta p_2 \\ \delta q_2 \\ \delta T_2 \\ \delta K_{m2} \end{Bmatrix} = \begin{bmatrix} 1 & 0 & 0 & 0 \\ -\left[\dfrac{s\tau_2}{k} + \dfrac{k-1}{k}(1-\mathrm{e}^{-s\tau_2})\right] & 1 & 1-\mathrm{e}^{-s\tau_2} & 0 \\ \dfrac{k-1}{k}(1-\mathrm{e}^{-s\tau_2}) & 0 & \mathrm{e}^{-s\tau_2} & 0 \\ 0 & 0 & 0 & \mathrm{e}^{-s\tau_2} \end{bmatrix} \begin{Bmatrix} \delta p_1 \\ \delta q_1 \\ \delta T_1 \\ \delta K_{m1} \end{Bmatrix}$$

(3-215)

式中：τ_2 为燃气在燃气导管中的停留时间。

3.4.1.5 燃气喷嘴等气路集中阻力

对于整流栅、节流孔、燃气喷嘴等气路局部阻力，在绝热假设下燃气能量守恒，参考式(3-208)，可得气路局部阻力的传递矩阵为

$$\begin{Bmatrix} \delta p_2 \\ \delta q_2 \\ \delta T_2 \\ \delta K_{m2} \end{Bmatrix} = \begin{bmatrix} 1+\dfrac{1}{\varepsilon} & -\dfrac{1}{\varepsilon} & -\dfrac{1}{2\varepsilon} & 0 \\ 0 & 1 & 0 & 0 \\ 0 & 0 & 1 & 0 \\ 0 & 0 & 0 & 1 \end{bmatrix} \begin{Bmatrix} \delta p_1 \\ \delta q_1 \\ \delta T_1 \\ \delta K_{m1} \end{Bmatrix} \quad (3-216)$$

3.4.1.6 推力室

对于富氧补燃发动机，氧化剂以富氧燃气形式进入推力室燃烧室，因此以液体状态供入燃烧室的组元只有燃料。

假设进入燃烧室的液体组元在燃烧室头部附近与富氧燃气燃烧，此时组元混合比由下式确定，即

$$K_{mc} = \dfrac{\dfrac{K_{m1}}{K_{m1}+1}q_{mlg}}{\dfrac{1}{K_{m1}+1}q_{mlg} + q_{mfc}(t-\tau_{\Gamma fc})} = \dfrac{K_{m1}q_{mlg}}{q_{mlg} + (K_{m1}+1)q_{mfc}(t-\tau_{\Gamma fc})}$$

(3-217)

式中：q_{mlg} 为由燃气导管通过喷嘴进入燃烧室的富氧燃气流量；K_{m1} 为由燃气导管通过喷嘴进入燃烧室的燃气混合比；q_{mfc} 为供入燃烧室的液体燃料；$\tau_{\Gamma fc}$ 为燃烧室内液体燃料转化为燃气的时间。

将式(3-217)进行线性化处理，并转为无量纲变化量，得

$$\delta K_{mc} = \left(1 - \dfrac{\overline{K}_{mc}}{\overline{K}_{m1}}\right)\delta q_{mlg} + \left(1 - \dfrac{\overline{K}_{m1}\overline{q}_{mfc}}{B}\right)\delta K_{m1} - \dfrac{(1+\overline{K}_{m1})\overline{q}_{mfc}}{B}\delta q_{mfc}(t-\tau_{\Gamma 3})$$

(3-218)

式中：$B = \bar{q}_{mlg} + (1 + \bar{K}_{m1})\bar{q}_{mfc}$。

根据组元混合比变化量，求得燃烧室进口和出口处燃烧产物温度的变化量，即

$$\delta T_{c1} = \psi_c \delta K_{mc} \qquad (3-219)$$

$$\delta T_{c2} = \delta T_{c1}(t - \tau_3) + \frac{k_c - 1}{k_c}[\delta p_c - \delta p_c(t - \tau_3)] \qquad (3-220)$$

式中：δT_{c1}、δT_{c2} 为燃烧室进口和出口处燃气温度的无量纲变化量；τ_3 为燃烧室内燃气的停留时间；δp_c 为燃烧室内压力的无量纲变化量；k_c 为燃烧室内燃气的绝热指数；$\psi_c = (\bar{K}_{mc}/\bar{T}_c)(\partial T_c/\partial K_{mc})$ 为燃烧室内燃气温度与组元混合比的关系曲线的斜率。

为了建立燃烧室内质量平衡方程，必须知道进入燃烧室的气态燃烧产物的总流量 q_{mc1}，即

$$q_{mc1} = q_{mfc}(t - \tau_{1fc}) + q_{mlg} \qquad (3-221)$$

将式(3-221)进行线性化处理，无量纲变化后得

$$\delta q_{mc1} = \frac{\bar{q}_{mfc}}{\bar{q}_{mc1}} \delta q_{mfc}(t - \tau_{1fc}) + \frac{\bar{q}_{mlg}}{\bar{q}_{mc1}} \delta q_{mlg} \qquad (3-222)$$

式中：$\bar{q}_{mc1}$ 为燃烧室总的稳态流量。

燃烧室出口（喷管喉部前）参数由以下方程表示，即

$$\delta p_c = \delta p_c \qquad (3-223)$$

$$\delta T_{c2} = \delta T_{c1}(t - \tau_3) + \frac{k_c - 1}{k_c}[\delta p_c - \delta p_c(t - \tau_3)] \qquad (3-224)$$

$$\delta q_{mc2} = \delta q_{mc1} - \left\{\frac{\tau_3}{k_c}\frac{d\delta p_c}{dt} - \delta T_{c1} + \delta T_{c1}(t - \tau_3) + \frac{k_c - 1}{k_c}[\delta p_c - \delta p_c(t - \tau_3)]\right\} \qquad (3-225)$$

将燃烧室的各方程整理，可表示为传递矩阵方程，即

$$\begin{Bmatrix} \delta p_c \\ \delta q_{mc} \end{Bmatrix} = \begin{bmatrix} 1 & -\left[\dfrac{s\tau_3}{k_c} + \dfrac{k_c-1}{k_c}(1-e^{-s\tau_3})\right] \\ 0 & \dfrac{\bar{q}_{mlg}}{\bar{q}_{mc}} + \psi_c\left(1 - \dfrac{\bar{K}_{mc}}{\bar{K}_{m1}}\right)(1-e^{-s\tau_3}) \\ 0 & 0 \\ 0 & \psi_c\left(1 - \dfrac{\bar{K}_{m1}\bar{q}_{mfc}}{B}\right)(1-e^{-s\tau_3}) \end{bmatrix}^T \begin{Bmatrix} \delta p_c \\ \delta q_{mlg} \\ \delta T_{lg} \\ \delta K_{m1} \end{Bmatrix} +$$

$$\begin{bmatrix} 0 \\ \dfrac{\overline{q}_{\mathrm{mfc}}}{\overline{q}_{\mathrm{mc}}}\mathrm{e}^{-s\tau_{\mathrm{Tfc}}} + \psi_{\mathrm{c}}\left(-\dfrac{(1+\overline{K}_{\mathrm{m1}})\overline{q}_{\mathrm{mfc}}}{B}\mathrm{e}^{-s\tau_{\mathrm{Tfc}}}\right)(1-\mathrm{e}^{-s\tau_3}) \end{bmatrix}\{\delta q_{\mathrm{mfc}}\} \quad (3-226)$$

对于氧化剂路,整理式(3-226)的等式右边第一项,可写为矩阵形式,并令

$$(\delta p_2 \quad \delta q_2)^{\mathrm{T}} = (\delta p_{\mathrm{c}} \quad \delta q_{\mathrm{mc2}})^{\mathrm{T}}$$

$$(\delta p_1 \quad \delta q_{\mathrm{mg}} \quad \delta T_1 \quad \delta K_{\mathrm{m1}})^{\mathrm{T}} = (\delta p_{\mathrm{c}} \quad \delta q_{\mathrm{mlg}} \quad \delta T_{\mathrm{lg}} \quad \delta K_{\mathrm{m1}})^{\mathrm{T}}$$

则有

$$\begin{pmatrix} \delta p_2 \\ \delta q_2 \end{pmatrix} = \boldsymbol{A}_{\mathrm{co}}\begin{pmatrix} \delta p_1 \\ \delta q_{\mathrm{mg}} \\ \delta T_1 \\ \delta K_{\mathrm{m1}} \end{pmatrix} \quad (3-227)$$

式中

$$\boldsymbol{A}_{\mathrm{co}} = \begin{bmatrix} 1 & -\left[\dfrac{s\tau_3}{k_{\mathrm{c}}}+\dfrac{k_{\mathrm{c}}-1}{k_{\mathrm{c}}}(1-\mathrm{e}^{-s\tau_3})\right] \\ 0 & \dfrac{\overline{q}_{\mathrm{mlg}}}{\overline{q}_{\mathrm{mc}}}+\psi_{\mathrm{c}}\left(1-\dfrac{\overline{K}_{\mathrm{mc}}}{\overline{K}_{\mathrm{m1}}}\right)(1-\mathrm{e}^{-s\tau_3}) \\ 0 & 0 \\ 0 & \psi_{\mathrm{c}}\left(1-\dfrac{\overline{K}_{\mathrm{m1}}\overline{q}_{\mathrm{mfc}}}{B}\right)(1-\mathrm{e}^{-s\tau_3}) \end{bmatrix}^{\mathrm{T}}$$

对于燃料路,整理式(3-226)的等式右边第二项,写为矩阵形式,即

$$(\delta p_1 \quad \delta q_{\mathrm{mf}})^{\mathrm{T}} = (\delta p_{\mathrm{c}} \quad \delta q_{\mathrm{mfc}})^{\mathrm{T}}$$

$$\begin{pmatrix} \delta p_2 \\ \delta q_2 \end{pmatrix} = \boldsymbol{A}_{\mathrm{cf}}\begin{pmatrix} \delta p_1 \\ \delta q_{\mathrm{mf}} \end{pmatrix} \quad (3-228)$$

式中

$$\boldsymbol{A}_{\mathrm{cf}} = \begin{bmatrix} 1 & 0 \\ 0 & \dfrac{\overline{q}_{\mathrm{mfc}}}{\overline{q}_{\mathrm{mc}}}\mathrm{e}^{-s\tau_{\mathrm{Tfc}}}+\psi_{\mathrm{c}}\left(-\dfrac{(1+\overline{K}_{\mathrm{m1}})\overline{q}_{\mathrm{mfc}}}{B}\mathrm{e}^{-s\tau_{\mathrm{Tfc}}}\right)(1-\mathrm{e}^{-s\tau_3}) \end{bmatrix}$$

3.4.1.7 推力室喉部边界

推力室喉部气体流速为声速,此时气流产生壅塞,令局部阻力方程式(3-208)中的 $\varepsilon=0$,可得到喉部边界条件为

$$\delta q_2 = \delta p_1 - 0.5\delta T_1 \tag{3-229}$$

3.4.2 瞬时混合气路模型

3.4.2.1 瞬时混合假设建模思想

瞬时混合模型相当于新生成的这股燃气与气路中其余的所有燃气之间非常迅速地(瞬时地)进行热量和质量交换(因为不仅需要温度平衡,而且还要燃烧产物的组分平衡)。结果是除在该瞬间由液体(或由气体和液体)组元形成的那股燃气外,沿燃气发生器(燃烧室)流路的长度上各部分燃气的温度瞬时值和燃烧产物的组分都是相同的。气柱内这种过程的模型对应于热导率和扩散系数无穷大的一类极限值情况。

瞬时混合模型假设流路内温度处处相等(除刚形成的燃气外),可表示为

$$\delta T(x,t) = \delta T(l,t) = \delta T_2(t) \tag{3-230}$$

动量方程与绝热模型一致,不考虑声学效应,气路分段内,压力处处相等,有

$$\delta p(0,t) = \delta p(l,t) = \delta p(x,t) = \delta p \tag{3-231}$$

能量守恒方程可写为

$$\frac{\mathrm{d}(mc_v T_2)}{\mathrm{d}t} = c_p T_1 q_1 - c_p T_2 q_2 \tag{3-232}$$

质量守恒方程为

$$\frac{\mathrm{d}m}{\mathrm{d}t} = q_1 - q_2 \tag{3-233}$$

理想气体状态方程为

$$pV = mRT_2 \tag{3-234}$$

根据式(3-230)至式(3-234)这5个方程,可以得到描述气路分段内瞬时混合过程的线性化无量纲模型,即

$$\frac{\tau}{k}\frac{\mathrm{d}\delta T_2}{\mathrm{d}t} = \delta T_1 - \delta T_2 + \frac{k-1}{k}(\delta q_1 - \delta q_2) \tag{3-235}$$

$$\frac{\tau}{k}\frac{\mathrm{d}\delta p}{\mathrm{d}t} = \delta q_1 - \delta q_2 + \delta T_1 - \delta T_2 \tag{3-236}$$

3.4.2.2 燃气发生器

燃气发生器模型见图 3-21。燃气发生器分为燃烧区和燃气流动区两部分,假设燃烧区不占发生器容积,燃气发生器模型由燃烧区模型、流动区模型串联得到。

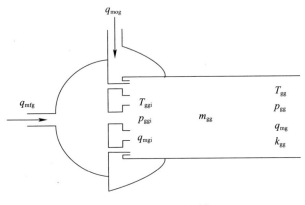

图 3-21 燃气发生器模型

假设燃气瞬时混合,t 时刻进入发生器的氧化剂和燃料在经过 $\tau_{\Gamma o}$ 和 $\tau_{\Gamma f}$ 时滞后燃烧产生的燃气温度为 T_{ggi},这股燃气与发生器中积存燃气瞬时混合,温度为 T_{gg}。

根据式(3-235)和式(3-236),燃气发生器内流动区动力学方程为

$$\frac{\tau_1}{k} \frac{\mathrm{d}\delta T_{gg}}{\mathrm{d}t} = \delta T_{ggi} - \delta T_{gg} + \frac{k-1}{k}(\delta q_{mgi} - \delta q_{mt}) \quad (3-237)$$

$$\frac{\tau_1}{k} \frac{\mathrm{d}\delta p_{gg}}{\mathrm{d}t} = \delta q_{mgi} - \delta q_{mt} + \delta T_{ggi} - \delta T_{gg} \quad (3-238)$$

对于发生器,其进口燃气流量与通过喷嘴的两种推进剂组元有以下关系,即

$$q_{mgi} = q_{mfg}(t - \tau_{\Gamma f}) + q_{mog}(t - \tau_{\Gamma o}) \quad (3-239)$$

将式(3-239)进行线性化、无量纲化后,可得

$$\delta q_{mgi} = \frac{\overline{K}_{mgi}}{\overline{K}_{mgi} + 1} \delta q_{mog}(t - \tau_{\Gamma o}) + \frac{1}{\overline{K}_{mgi} + 1} \delta q_{mfg}(t - \tau_{\Gamma f}) \quad (3-240)$$

发生器进口燃气温度与组元比满足关系 $T_{ggi} = f(k_{mgi})$,对该式进行线性化、无量纲化后,有

$$\delta T_{ggi} = \frac{\partial f}{\partial K} \frac{\overline{K}_{mgi}}{\overline{T}_{gg}} [\delta q_{mog}(t - \tau_{\Gamma o}) - \delta q_{mfg}(t - \tau_{\Gamma f})]$$

$$= \psi_{gg} [\delta q_{mog}(t - \tau_{\Gamma o}) - \delta q_{mfg}(t - \tau_{\Gamma f})]$$

$$\psi_{gg} = \frac{\partial f}{\partial K} \frac{\overline{K}_{mgi}}{\overline{T}_{gg}} \qquad (3-241)$$

将式(3-240)和式(3-241)分别代入式(3-237)和式(3-238),可得

$$\frac{\tau_1}{k} \frac{d\delta T_{gg}}{dt} = \left(\psi_{gg} + \frac{k-1}{k} \frac{\overline{K}_{mgi}}{\overline{K}_{mgi}+1}\right) \delta q_{mog}(t-\tau_{\Gamma o}) -$$

$$\left(\psi_{gg} - \frac{k-1}{k} \frac{1}{\overline{K}_{mgi}+1}\right) \delta q_{mfg}(t-\tau_{\Gamma f}) - \delta T_{gg} - \frac{k-1}{k} \delta q_{mt} \qquad (3-242)$$

$$\frac{\tau_1}{k} \frac{d\delta p_{gg}}{dt} = \left(\psi_{gg} + \frac{\overline{K}_{mgi}}{\overline{K}_{mgi}+1}\right) \delta q_{mog}(t-\tau_{\Gamma o}) -$$

$$\left(\psi_{gg} - \frac{1}{\overline{K}_{mgi}+1}\right) \delta q_{mfg}(t-\tau_{\Gamma f}) - \delta T_{gg} - \delta q_{mt} \qquad (3-243)$$

接下来推导发生器组元比变化量。发生器内氧化剂变化量为

$$\frac{dm_o}{dt} = \frac{K_{mggi}}{1+K_{mggi}} q_{mgi} - \frac{K_{mgg}}{1+K_{mgg}} q_{mge} \qquad (3-244)$$

发生器内燃料变化量为

$$\frac{dm_f}{dt} = \frac{1}{1+K_{mggi}} q_{mgi} - \frac{1}{1+K_{mgg}} q_{mge} \qquad (3-245)$$

则

$$\frac{dK_{mgg}}{dt} = d\frac{\left(\frac{m_o}{m_f}\right)}{dt} = \frac{1}{m_f} \frac{dm_o}{dt} - \frac{K_{mgg}}{m_f} \frac{dm_f}{dt}$$

$$= \frac{1}{m_f}\left(\frac{K_{mggi}}{1+K_{mggi}} q_{mgi} - \frac{K_{mgg}}{1+K_{mgg}} q_{mge} - K_{mgg}\left(\frac{1}{1+K_{mggi}} q_{mgi} - \frac{1}{1+K_{mgg}} q_{mge}\right)\right)$$

$$= \frac{q_{mgi}}{m_{gg}} \frac{1+K_{mgg}}{1+K_{mggi}} (K_{mggi} - K_{mgg}) \qquad (3-246)$$

式(3-246)可进一步写为

$$\tau_1 \frac{dK_{mgg}}{dt} = \frac{1+K_{mgg}}{1+K_{mggi}} (K_{mggi} - K_{mgg}) \qquad (3-247)$$

$$\tau_1 = \frac{m_{gg}}{q_{mgi}} \qquad (3-248)$$

对式(3-247)再进行线性化、无量纲化,并考虑入口混合比公式可得

$$\tau_1 \frac{\mathrm{d}\delta K_{\mathrm{mgg}}}{\mathrm{d}t} = \delta q_{\mathrm{mog}}(t-\tau_{\mathrm{\Gamma o}}) - \delta q_{\mathrm{mfg}}(t-\tau_{\mathrm{\Gamma f}}) - \delta K_{\mathrm{mgg}} \tag{3-249}$$

式(3-242)、式(3-243)、式(3-249)为瞬时混合模型下燃气发生器的线性化动力学模型。对式(3-249)变形,写为输入输出矩阵形式。令

$$a_1 = \psi_{\mathrm{gg}} + \frac{k-1}{k}\frac{\overline{K}_{\mathrm{mgg}}}{\overline{K}_{\mathrm{mgg}}+1} = \psi_{\mathrm{gg}} + \frac{k-1}{k}\frac{\overline{K}_{\mathrm{mgi}}}{\overline{K}_{\mathrm{mgi}}+1} \tag{3-250}$$

$$a_2 = \psi_{\mathrm{gg}} - \frac{k-1}{k}\frac{1}{\overline{K}_{\mathrm{mgg}}+1} = \psi_{\mathrm{gg}} - \frac{k-1}{k}\frac{1}{\overline{K}_{\mathrm{mgi}}+1} \tag{3-251}$$

$$a_3 = \psi_{\mathrm{gg}} + \frac{\overline{K}_{\mathrm{mgg}}}{\overline{K}_{\mathrm{mgg}}+1} = \psi_{\mathrm{gg}} + \frac{\overline{K}_{\mathrm{mgi}}}{\overline{K}_{\mathrm{mgi}}+1} \tag{3-252}$$

$$a_4 = \psi_{\mathrm{gg}} - \frac{1}{\overline{K}_{\mathrm{mgg}}+1} = \psi_{\mathrm{gg}} - \frac{1}{\overline{K}_{\mathrm{mgi}}+1} \tag{3-253}$$

式(3-242)、式(3-243)、式(3-249)变为

$$\frac{\tau_1}{k}\frac{\mathrm{d}\delta T_{\mathrm{gg}}}{\mathrm{d}t} = a_1\delta q_{\mathrm{mog}}(t-\tau_{\mathrm{\Gamma o}}) - a_2\delta q_{\mathrm{mfg}}(t-\tau_{\mathrm{\Gamma f}}) - \delta T_{\mathrm{gg}} - \frac{k-1}{k}\delta q_{\mathrm{mt}} \tag{3-254}$$

$$\frac{\tau_1}{k}\frac{\mathrm{d}\delta p_{\mathrm{gg}}}{\mathrm{d}t} = a_3\delta q_{\mathrm{mog}}(t-\tau_{\mathrm{\Gamma o}}) - a_4\delta q_{\mathrm{mfg}}(t-\tau_{\mathrm{\Gamma f}}) - \delta T_{\mathrm{gg}} - \delta q_{\mathrm{mt}} \tag{3-255}$$

$$\tau_1 \frac{\mathrm{d}\delta K_{\mathrm{mgg}}}{\mathrm{d}t} = \delta q_{\mathrm{mog}}(t-\tau_{\mathrm{\Gamma o}}) - \delta q_{\mathrm{mfg}}(t-\tau_{\mathrm{\Gamma f}}) - \delta K_{\mathrm{mgg}} \tag{3-256}$$

对式(3-254)、式(3-255)、式(3-256)进行拉普拉斯变换,可得

$$\frac{\tau_1}{k}s\delta T_{\mathrm{gg}} = a_1 \mathrm{e}^{-s\tau_{\mathrm{\Gamma o}}}\delta q_{\mathrm{mog}} - a_2 \mathrm{e}^{-s\tau_{\mathrm{\Gamma f}}}\delta q_{\mathrm{mfg}} - \delta T_{\mathrm{gg}} - \frac{k-1}{k}\delta q_{\mathrm{mt}} \tag{3-257}$$

$$\frac{\tau_1}{k}s\delta p_{\mathrm{gg}} = a_3 \mathrm{e}^{-s\tau_{\mathrm{\Gamma o}}}\delta q_{\mathrm{mog}} - a_4 \mathrm{e}^{-s\tau_{\mathrm{\Gamma f}}}\delta q_{\mathrm{mfg}} - \delta T_{\mathrm{gg}} - \delta q_{\mathrm{mt}} \tag{3-258}$$

$$\tau_1 s\delta K_{\mathrm{mgg}} = \mathrm{e}^{-s\tau_{\mathrm{\Gamma o}}}\delta q_{\mathrm{mog}} - \mathrm{e}^{-s\tau_{\mathrm{\Gamma f}}}\delta q_{\mathrm{mfg}} - \delta K_{\mathrm{mgg}} \tag{3-259}$$

根据式(3-257)、式(3-258)、式(3-259),可得到

$$\delta T_{\mathrm{gg}} = \frac{ka_1-(k-1)a_3}{1+s\tau_1}\mathrm{e}^{-s\tau_{\mathrm{\Gamma o}}}\delta q_{\mathrm{mog}} - \frac{ka_2-(k-1)a_4}{1+s\tau_1}\mathrm{e}^{-s\tau_{\mathrm{\Gamma f}}}\delta q_{\mathrm{mfg}} + \frac{(k-1)\tau_1 s}{k(1+s\tau_1)}\delta p_{\mathrm{gg}} \tag{3-260}$$

$$\delta q_{\mathrm{mt}} = \frac{-ka_1 + (k+s\tau_1)a_3}{(1+s\tau_1)}\mathrm{e}^{-s\tau_{\Gamma\mathrm{o}}}\delta q_{\mathrm{mog}} -$$

$$\frac{-ka_2 + (k+s\tau_1)a_4}{(1+s\tau_1)}\mathrm{e}^{-s\tau_{\Gamma\mathrm{f}}}\delta q_{\mathrm{mfg}} - \frac{(k+s\tau_1)s\tau_1}{k(1+s\tau_1)}\delta p_{\mathrm{gg}} \quad (3-261)$$

$$\delta K_{\mathrm{mgg}} = \frac{1}{1+s\tau_1}\mathrm{e}^{-s\tau_{\Gamma\mathrm{o}}}\delta q_{\mathrm{mog}} - \frac{1}{1+s\tau_1}\mathrm{e}^{-s\tau_{\Gamma\mathrm{f}}}\delta q_{\mathrm{mfg}} \quad (3-262)$$

$$\delta p_{\mathrm{gg}} = \delta p'_{\mathrm{gg}} \quad (3-263)$$

结合式(3-260)、式(3-261)、式(3-262)、式(3-263),将其改写为传递矩阵形式,且认为 $\delta p_2 = \delta p_1 = \delta p_{\mathrm{gg}}$、$\delta q_2 = \delta q_{\mathrm{mt}}$、$\delta T_2 = \delta T_{\mathrm{gg}}$、$\delta K_{\mathrm{m2}} = \delta K_{\mathrm{mgg}}$,则有

$$\begin{pmatrix} \delta p_2 \\ \delta q_2 \\ \delta T_2 \\ \delta K_{\mathrm{m2}} \end{pmatrix} = \boldsymbol{A}_{\mathrm{gg}} \begin{pmatrix} \delta p_1 \\ \delta q_{\mathrm{mog}} \\ \delta q_{\mathrm{mfg}} \end{pmatrix} \quad (3-264)$$

式中

$$\boldsymbol{A}_{\mathrm{gg}} = \begin{pmatrix} 1 & 0 & 0 \\ -\dfrac{(k+s\tau_1)s\tau_1}{k(1+s\tau_1)} & \dfrac{-ka_1 + (k+s\tau_1)a_3}{(1+s\tau_1)}\mathrm{e}^{-s\tau_{\Gamma\mathrm{o}}} & \dfrac{ka_2 - (k+s\tau_1)a_4}{(1+s\tau_1)}\mathrm{e}^{-s\tau_{\Gamma\mathrm{f}}} \\ \dfrac{(k-1)\tau_1 s}{k(1+s\tau_1)} & \dfrac{ka_1 - (k-1)a_3}{k(1+s\tau_1)} & -\dfrac{ka_2 - (k-1)a_4}{1+s\tau_1}\mathrm{e}^{-s\tau_{\Gamma\mathrm{f}}} \\ 0 & \dfrac{1}{1+s\tau_1}\mathrm{e}^{-s\tau_{\Gamma\mathrm{o}}} & -\dfrac{1}{1+s\tau_1}\mathrm{e}^{-s\tau_{\Gamma\mathrm{f}}} \end{pmatrix}$$

假设两种推进剂的时滞相等,则传递矩阵可转化为

$$\boldsymbol{A}_{\mathrm{gg}} = \frac{\mathrm{e}^{-s\tau_{\Gamma}}}{1+s\tau_1}\begin{pmatrix} (1+s\tau_1)\mathrm{e}^{s\tau_{\Gamma}} & 0 & 0 \\ -\dfrac{(k+s\tau_1)s\tau_1}{k}\mathrm{e}^{s\tau_{\Gamma}} & -ka_1+(k+s\tau_1)a_3 & ka_2-(k+s\tau_1)a_4 \\ \dfrac{(k-1)\tau_1 s}{k}\mathrm{e}^{s\tau_{\Gamma}} & ka_1-(k-1)a_3 & -ka_2+(k-1)a_4 \\ 0 & 1 & -1 \end{pmatrix}$$

3.4.2.3 涡轮出口燃气导管

对图3-22所示的涡轮出口燃气导管模型,根据气路的通用模型,可得到瞬时混合假设下的燃气导管的线性化无量纲动力学方程。

图 3-22 涡轮出口燃气导管模型

燃气导管温度为

$$\frac{\tau_2}{k}\frac{\mathrm{d}\delta T_{\mathrm{lg}}}{\mathrm{d}t} = \delta T_{\mathrm{et}} - \delta T_{\mathrm{lg}} + \frac{k-1}{k}(\delta q_{\mathrm{mt}} - \delta q_{\mathrm{mgc}}) \quad (3-265)$$

燃气导管压力为

$$\frac{\tau_2}{k}\frac{\mathrm{d}\delta P_{\mathrm{lg}}}{\mathrm{d}t} = \delta q_{\mathrm{mt}} - \delta q_{\mathrm{mgc}} + \delta T_{\mathrm{et}} - \delta T_{\mathrm{lg}} \quad (3-266)$$

燃气导管组元比为

$$\tau_2 \frac{\mathrm{d}\delta K_{\mathrm{mlg}}}{\mathrm{d}t} = \delta K_{\mathrm{mgg}} - \delta K_{\mathrm{mlg}} \quad (3-267)$$

忽略声学效应,燃气导管压力等于涡轮出口压力。燃气导管压力表示为

$$\delta p_{\mathrm{et}} = \delta p_{\mathrm{lg}} \quad (3-268)$$

对式(3-265)~式(3-268)进行拉普拉斯变换,可得

$$\delta T_{\mathrm{lg}} = \frac{1}{1+\tau_2 s}\delta T_{\mathrm{et}} + \frac{k-1}{k}\frac{\tau_2 s}{1+\tau_2 s}\delta p_{\mathrm{et}} \quad (3-269)$$

$$\delta q_{\mathrm{mgc}} = \frac{\tau_2 s}{1+\tau_2 s}\delta T_{\mathrm{et}} + \delta q_{\mathrm{mt}} - \frac{\tau_2 s(k+\tau_2 s)}{(1+\tau_2 s)k}\delta p_{\mathrm{et}} \quad (3-270)$$

$$\delta K_{\mathrm{mlg}} = \frac{1}{1+\tau_2 s}\delta K_{\mathrm{mgg}} \quad (3-271)$$

$$\delta p_{\mathrm{lg}} = \delta p_{\mathrm{et}} \quad (3-272)$$

将式(3-269)~式(3-272)改写为矩阵形式,并令

$$(\delta p_2 \quad \delta q_2 \quad \delta T_2 \quad \delta K_{\mathrm{m2}})^{\mathrm{T}} = (\delta p_{\mathrm{lg}} \quad \delta q_{\mathrm{mgc}} \quad \delta T_{\mathrm{lg}} \quad \delta K_{\mathrm{mlg}})^{\mathrm{T}}$$

$$(\delta p_1 \quad \delta q_1 \quad \delta T_1 \quad \delta K_{\mathrm{m1}})^{\mathrm{T}} = (\delta p_{\mathrm{et}} \quad \delta q_{\mathrm{mt}} \quad \delta T_{\mathrm{et}} \quad \delta K_{\mathrm{mgg}})^{\mathrm{T}}$$

则有

$$\begin{pmatrix} \delta p_2 \\ \delta q_2 \\ \delta T_2 \\ \delta K_{m2} \end{pmatrix} = \boldsymbol{A}_{lg} \begin{pmatrix} \delta p_1 \\ \delta q_1 \\ \delta T_1 \\ \delta K_{m1} \end{pmatrix} \qquad (3-273)$$

式中

$$\boldsymbol{A}_{lg} = \begin{pmatrix} 1 & 0 & 0 & 0 \\ -\dfrac{\tau_2 s(k+\tau_2 s)}{(1+\tau_2 s)k} & 1 & \dfrac{\tau_2 s}{1+\tau_2 s} & 0 \\ \dfrac{\tau_2 s}{1+\tau_2 s}\dfrac{k-1}{k} & 0 & \dfrac{1}{1+\tau_2 s} & 0 \\ 0 & 0 & 0 & \dfrac{1}{1+\tau_2 s} \end{pmatrix}$$

3.4.2.4 推力室

对于富氧补燃循环发动机,进入推力室的燃烧室喷注器的是高温富氧燃气和液态燃料,具体推力室模型如图 3-23 所示。

图 3-23 推力室模型

推力室压力与温度的无量纲线性化动力学方程为

$$\frac{\tau_3}{k}\frac{\mathrm{d}\delta T_c}{\mathrm{d}t} = \delta T_{ci} - \delta T_c + \frac{k_c - 1}{k_c}(\delta q_{mgi} - \delta q_{mc}) \qquad (3-274)$$

$$\frac{\tau_3}{k}\frac{\mathrm{d}\delta P_c}{\mathrm{d}t} = \delta q_{mgi} - \delta q_{mc} + \delta T_{ci} - \delta T_c \qquad (3-275)$$

推力室进入的燃气可表示为

$$q_{mgi} = q_{mgc} + q_{mfc}(t - \tau_{\Gamma fc}) \qquad (3-276)$$

对式(3-276)进行线性化和无量纲化,并忽略富氧燃气中燃料的含量,结合组元混合比,可得

$$\delta q_{\mathrm{mgi}} = \frac{\overline{K}_{\mathrm{mc}}}{\overline{K}_{\mathrm{mc}}+1}\delta q_{\mathrm{mgc}} + \frac{1}{\overline{K}_{\mathrm{mc}}+1}\delta q_{\mathrm{mfc}}(t-\tau_{\Gamma\mathrm{fc}}) \tag{3-277}$$

推力室进口燃气的组元混合比为

$$\delta K_{\mathrm{mci}} = \delta q_{\mathrm{mgc}} - \delta q_{\mathrm{mfc}}(t-\tau_{\Gamma\mathrm{fc}}) \tag{3-278}$$

因此,进口燃气的温度可表示为

$$\delta T_{\mathrm{ci}} = \psi_{\mathrm{c}}\delta q_{\mathrm{mgc}} - \psi_{\mathrm{c}}\delta q_{\mathrm{mfc}}(t-\tau_{\Gamma\mathrm{fc}}) \tag{3-279}$$

其中,推力室温度的无量纲斜率为

$$\psi_{\mathrm{c}} = \frac{\partial T_{\mathrm{c}}}{\partial K_{\mathrm{mc}}}\frac{\overline{K}_{\mathrm{mc}}}{\overline{T}_{\mathrm{c}}} \tag{3-280}$$

将式(3-278)、式(3-280)代入式(3-274)、(3-275),并令

$$b_1 = \psi_{\mathrm{c}} + \frac{k_{\mathrm{c}}-1}{k_{\mathrm{c}}}\frac{\overline{K}_{\mathrm{mc}}}{\overline{K}_{\mathrm{mc}}+1} \tag{3-281}$$

$$b_2 = \psi_{\mathrm{c}} - \frac{k_{\mathrm{c}}-1}{k_{\mathrm{c}}}\frac{1}{\overline{K}_{\mathrm{mc}}+1} \tag{3-282}$$

$$b_3 = \psi_{\mathrm{c}} + \frac{\overline{K}_{\mathrm{mc}}}{\overline{K}_{\mathrm{mc}}+1} \tag{3-283}$$

$$b_4 = \psi_{\mathrm{c}} - \frac{1}{\overline{K}_{\mathrm{mc}}+1} \tag{3-284}$$

式(3-274)、式(3-275)变为

$$\frac{\tau_3}{k_{\mathrm{c}}}\frac{\mathrm{d}\delta T_{\mathrm{c}}}{\mathrm{d}t} = b_1\delta q_{\mathrm{mgc}} - b_2\delta q_{\mathrm{mfc}}(t-\tau_{\Gamma\mathrm{fc}}) - \delta T_{\mathrm{c}} - \frac{k_{\mathrm{c}}-1}{k_{\mathrm{c}}}\delta q_{\mathrm{mc}} \tag{3-285}$$

$$\frac{\tau_3}{k_{\mathrm{c}}}\frac{\mathrm{d}\delta p_{\mathrm{c}}}{\mathrm{d}t} = b_3\delta q_{\mathrm{mgc}} - b_4\delta q_{\mathrm{mfc}}(t-\tau_{\Gamma\mathrm{fc}}) - \delta T_{\mathrm{c}} - \delta q_{\mathrm{mc}} \tag{3-286}$$

由式(3-285)、式(3-286)可得

$$\delta T_{\mathrm{c}} = \frac{k_{\mathrm{c}}b_1 - (k_{\mathrm{c}}-1)b_3}{1+s\tau_3}\delta q_{\mathrm{mgc}} - \frac{k_{\mathrm{c}}b_2 - (k_{\mathrm{c}}-1)b_4}{1+s\tau_3}e^{-s\tau_{\Gamma\mathrm{fc}}}\delta q_{\mathrm{mfc}} + \frac{(k_{\mathrm{c}}-1)\tau_3 s}{k_{\mathrm{c}}(1+s\tau_3)}\delta p_{\mathrm{c}} \tag{3-287}$$

$$\delta q_{\mathrm{mc}} = \frac{-k_{\mathrm{c}}b_1 + (k_{\mathrm{c}}+s\tau_3)b_3}{(1+s\tau_3)}\delta q_{\mathrm{mgc}} -$$

$$\frac{-k_{\mathrm{c}}b_2 + (k_{\mathrm{c}} + s\tau_3)b_4}{(1 + s\tau_3)}\mathrm{e}^{-s\tau_{\mathrm{Tfc}}}\delta q_{\mathrm{mfc}} - \frac{(k_{\mathrm{c}} + s\tau_3)s\tau_3}{k_{\mathrm{c}}(1 + s\tau_3)}\delta p_{\mathrm{c}} \quad (3-288)$$

对氧化剂路,写为矩阵形式,并令

$$(\delta p_2 \quad \delta q_2)^{\mathrm{T}} = (\delta p_{\mathrm{c}} \quad \delta q_{\mathrm{mc}})^{\mathrm{T}}$$

$$(\delta p_1 \quad \delta q_{\mathrm{mg}} \quad \delta T_1 \quad \delta K_{\mathrm{ml}})^{\mathrm{T}} = (\delta p_{\mathrm{c}} \quad \delta q_{\mathrm{mgc}} \quad \delta T_{\mathrm{ci}} \quad \delta K_{\mathrm{mci}})^{\mathrm{T}}$$

则有

$$\begin{pmatrix}\delta p_2 \\ \delta q_2\end{pmatrix} = \boldsymbol{A}_{\mathrm{co}}\begin{pmatrix}\delta p_1 \\ \delta q_{\mathrm{mg}} \\ \delta T_1 \\ \delta K_{\mathrm{ml}}\end{pmatrix} \quad (3-289)$$

式中

$$\boldsymbol{A}_{\mathrm{co}} = \begin{pmatrix} 1 & 0 & 0 & 0 \\ -\dfrac{(k + s\tau_3)s\tau_3}{k(1 + s\tau_3)} & \dfrac{-kb_1 + (k + s\tau_3)b_3}{(1 + s\tau_3)} & 0 & 0 \end{pmatrix}$$

对于燃料路,写为矩阵形式,并令

$$(\delta p_1 \quad \delta q_{\mathrm{mf}})^{\mathrm{T}} = (\delta p_{\mathrm{c}} \quad \delta q_{\mathrm{mfc}})^{\mathrm{T}}$$

则有

$$\begin{pmatrix}\delta p_2 \\ \delta q_2\end{pmatrix} = \boldsymbol{A}_{\mathrm{cf}}\begin{pmatrix}\delta p_1 \\ \delta q_{\mathrm{mf}}\end{pmatrix} \quad (3-290)$$

其中:

$$\boldsymbol{A}_{\mathrm{cf}} = \begin{pmatrix} 1 & 0 \\ -\dfrac{(k + s\tau_3)s\tau_3}{k(1 + s\tau_3)} & \dfrac{-kb_2 + (k + s\tau_3)b_4}{(1 + s\tau_3)}\mathrm{e}^{-s\tau_{\mathrm{Tfc}}} \end{pmatrix}$$

3.4.3 分布参数气路模型

分布参数气路模型包括两种:一种是等温气路模型,即不考虑气路中的熵波,只考虑纵向声学振荡,该模型适合于无熵波的流场,如无燃烧的冷气管路或者接近最佳混合比的推力室流动区;另一种是考虑熵波的气路模型,同时考虑了气路熵波和纵向声学振荡,该模型适合于燃气发生器后的燃气流路。

对于补燃循环发动机的燃气发生器后的气体管路,在研究较高频率范围的动态过程时,需要同时考虑气路熵波和纵向声学效应。在等温气路模型的基础上,需要增加能量方程,对应的标量形式的一维质量、动量、能量方程分别为

$$\frac{\partial p}{\partial t} + \rho a^2 \frac{\partial u}{\partial x} + u \frac{\partial p}{\partial x} = 0 \quad (3-291)$$

$$\rho \frac{\partial u}{\partial t} + \frac{\partial p}{\partial x} + \rho u \frac{\partial u}{\partial x} = 0 \quad (3-292)$$

$$\frac{\partial S}{\partial t} + u \frac{\partial S}{\partial t} = 0 \quad (3-293)$$

将其进行小偏量线性化及无量纲处理,并进行拉普拉斯变换后,可得

$$\begin{Bmatrix} \delta p_2 \\ \delta u_2 \\ \delta T_2 \end{Bmatrix} = \begin{bmatrix} \dfrac{e^{\frac{sl}{a-\bar{u}}} + e^{\frac{-sl}{a+\bar{u}}}}{2} & -\alpha \dfrac{e^{\frac{sl}{a-\bar{u}}} - e^{\frac{-sl}{a+\bar{u}}}}{2} & 0 \\ -\dfrac{1}{\alpha} \dfrac{e^{\frac{sl}{a-\bar{u}}} - e^{\frac{-sl}{a+\bar{u}}}}{2} & \dfrac{e^{\frac{sl}{a-\bar{u}}} + e^{\frac{-sl}{a+\bar{u}}}}{2} & 0 \\ \dfrac{\kappa-1}{\kappa} \dfrac{e^{\frac{sl}{a-\bar{u}}} + e^{\frac{-sl}{a+\bar{u}}} - 2e^{\frac{-sl}{\bar{u}}}}{2} & -\dfrac{(\kappa-1)\alpha}{\kappa} \dfrac{e^{\frac{sl}{a-\bar{u}}} - e^{\frac{-sl}{a+\bar{u}}}}{2} & e^{\frac{-sl}{\bar{u}}} \end{bmatrix} \begin{Bmatrix} \delta p_1 \\ \delta u_1 \\ \delta T_1 \end{Bmatrix}$$

$$(3-294)$$

式中:波阻 $\alpha = \rho \bar{u} a / \bar{p} = k M_a$。

模型式(3-294)可以在相当宽的频率范围内描述具有熵波的气路动态特性,此模型中熵波在流动过程中无耗散。但是实际中,随着气流湍流度增加,熵波耗散变得明显,通常认为在一般湍流度的圆柱形管道中,频率在 400 Hz 以上时熵波开始耗散。

声学特征时间为 $\tau_a = l/a$,热力学特征时间为 $\tau_t = l/u$。半波长波管的压力和流量脉动频率为 $f_a = a/2l$,温度脉动的半波长频率为 $f_t = u/2l$。对压力与速度振荡而言,在低频区可忽略声学效应,将其作为流容元件计算,不考虑压力和速度振荡在空间上的分布,当研究频率较高时需要考虑声学效应。对温度振荡而言,绝热流动模型利用了热导率与扩散系数为零的假设,而瞬时混合模型认为热导率与扩散系数无穷大。通常认为在无气流分离及逆流区的气路,流动过程接近绝热;有截面突变及弯曲的管道内通常会产生分离区,此时较为准确的模型是混合模型。图 3-24 和图 3-25 对不同频率范围内 3 种模型计算结果进行了对比分析,当研究无量纲频率 $\bar{\omega} = \omega l/a$ 在 0.1 以内,瞬时混合模型与绝热流动模型

的误差较小,大于 0.1 时,误差较大。当研究的无量纲频率在 1 以内时,声学流动模型与绝热流动模型的误差较小,大于 1 时,误差较大。

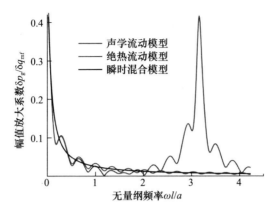

图 3-24　燃料流量激励下室压振荡(附彩页)

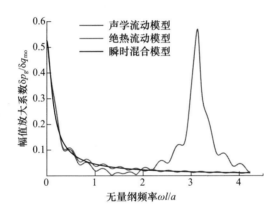

图 3-25　液氧流量激励下室压振荡(附彩页)

当热力学特征时间较小,即热力组件的容积或长度较小时,或热力组件中混合比接近于当量混合比时,可以忽略燃气温度的波动,采用瞬时混合流动模型,不符合时需考虑熵波的分布,采用绝热流动模型。在研究声学频率范围较高时,采用分布参数气路模型。利用气体流动长度可简单判断系统仿真时采用何种模型,当 $l < l_1$ 时,可采用瞬时混合模型,当 $l_1 < l < l_2$ 时,可采用绝热流动模型,当 $l > l_2$ 时,可采用声学流动模型,其中 l_1 与 l_2 的取值为

$$l_1 = \frac{u}{n \cdot f_{max}}, \quad l_2 = \frac{a}{n \cdot f_{max}} \qquad (3-295)$$

式中:u 为气体流速;f_{max} 为所研究的最大频率;n 为裕度系数,一般在 6~12 内。

3.5 涡轮泵功率模型

3.5.1 涡轮功率方程

涡轮的功率方程为

$$P_t = L q_t \eta_t \qquad (3-296)$$

式中：q_t 为涡轮的气体质量流量；η_t 为涡轮效率；L 为涡轮的理论绝热功。

燃气绝热功方程为

$$L = \frac{c^2}{2} = \frac{k}{k-1} R T_t \left[1 - \left(\frac{p_{lg}}{p_{gg}} \right)^{(k-1)/k} \right] \qquad (3-297)$$

式中：c 为燃气从涡轮喷嘴流出的绝对速度；p_{lg} 为涡轮后燃气导管入口压力；p_{gg} 为燃气发生器压力；T_t 为涡轮进口处气体温度。

涡轮效率公式为

$$\eta_t = f\left(\frac{u}{c} \right) \qquad (3-298)$$

式中：$u = \pi n D / 60$ 为涡轮泵圆周速度，n 为涡轮泵转速，D 为涡轮平均中径。

涡轮流量公式为

$$q_t = \mu A \sqrt{ \frac{2k}{k-1} \frac{p_{gg}^2}{R T_t} \left[\left(\frac{p_t}{p_{gg}} \right)^{2/k} - \left(\frac{p_t}{p_{gg}} \right)^{(k+1)/k} \right] } \qquad (3-299)$$

式中：μA 为涡轮的有效流通面积；p_t 为涡轮喷嘴出口处压力，与涡轮的反力度 ρ_t 有关，由下式确定，即

$$p_t = p_{gg} \left[\rho_t + (1-\rho_t) \left(\frac{p_{lg}}{p_{gg}} \right)^{(k-1)/k} \right]^{k/(k-1)} \qquad (3-300)$$

对于冲击式涡轮，反力度为零；对于反力式涡轮，反力度与涡轮速度比和压比有关。对于冲击式涡轮，反力度通常由半经验公式确定，即

$$\rho_t = a + \frac{bu}{c} + d \left(\frac{u}{c} \right)^2 \qquad (3-301)$$

式中：a、b、d 为经验系数。

结合式(3-297)至式(3-301)，将式(3-296)进行线性化、无量纲化，整理得到

$$\delta P_\mathrm{t} = [1 + \beta_\mathrm{t} - 0.5\psi_\mathrm{c}\beta_\mathrm{t} - \varepsilon_\mathrm{t}(r_3 - 0.5r_1\beta_\mathrm{t} - 1)]\delta p_\mathrm{gg} -$$
$$[\beta_\mathrm{t} - 0.5\psi_\mathrm{c}\beta_\mathrm{t} + \varepsilon_\mathrm{t}(r_2 + 0.5r_1\beta_\mathrm{t})]\delta p_\mathrm{lg} +$$
$$0.5(1 + \varepsilon_\mathrm{t}r_1 - \psi_\mathrm{c})\delta T_\mathrm{t} + (\psi_\mathrm{c} - \varepsilon_\mathrm{t}r_1)\delta n \quad (3-302)$$

式中:$\beta_\mathrm{t} = \dfrac{(k-1)\overline{a}}{k(1-\overline{a})}$;$\psi_\mathrm{c} = \dfrac{\overline{u/c}}{\overline{\eta_\mathrm{t}}}\dfrac{\partial \eta_\mathrm{t}}{\partial(u/c)}$;$r_1 = \left(\dfrac{k}{k-1}\right)\overline{b}\,\rho_\mathrm{t}(1-\overline{a})/[\rho_\mathrm{t} + (1-\rho_\mathrm{t})\overline{a}]$,

$\overline{a} = (\overline{p}_\mathrm{lg}/\overline{p}_\mathrm{gg})^{(k-1)/k}$,$\overline{b} = [b(u/c) + 2d\,(u/c)^2]/\rho_\mathrm{t}$;$r_2 = (1-\rho_\mathrm{t})\overline{a}/[\rho_\mathrm{t} + (1-\rho_\mathrm{t})\overline{a}]$;

$r_3 = \rho_\mathrm{t}/[\rho_\mathrm{t} + (1-\rho_\mathrm{t})\overline{a}]$。

3.5.2 泵功率方程

在建立泵功率方程时,不考虑气蚀及惯性对泵功率的影响。在建立泵传递矩阵模型时,气蚀及泵惯性对发动机系统动态特性的影响已经考虑。此处只考虑泵流量及转速对功率的影响,由泵的功率方程可得

$$\delta P_\mathrm{p} = \psi_{\mathrm{qP}}\delta q + \psi_{\mathrm{nP}}\delta n \quad (3-303)$$

式中:$\psi_{\mathrm{qP}} = \dfrac{q}{P_\mathrm{p}}\dfrac{\partial P_\mathrm{p}}{\partial q}$;$\psi_{\mathrm{nP}} = \dfrac{n}{P_\mathrm{p}}\dfrac{\partial P_\mathrm{p}}{\partial n}$。

3.5.3 涡轮泵方程

涡轮泵旋转部分的基本方程为

$$J\dfrac{\mathrm{d}\omega}{\mathrm{d}t} = M_\mathrm{t} - \sum_i M_{\mathrm{p}i} \quad (3-304)$$

式中:J 为涡轮泵转动惯量;ω 为涡轮泵的角速度;M_t 为涡轮产生的力矩;$M_{\mathrm{p}i}$ 为泵消耗的力矩。

力矩与功率的关系为

$$M = \dfrac{P_\mathrm{t}}{\omega} = \dfrac{30P}{(\pi n)} \quad (3-305)$$

将式(3-304)与式(3-305)线性化、无量纲化、可得

$$\dfrac{\pi^2 J\,\overline{n}^2}{900\,\overline{P}_\mathrm{t}}\dfrac{\mathrm{d}\delta n}{\mathrm{d}t} = \delta P_\mathrm{t} - \sum_i \dfrac{\overline{P}_\mathrm{p}}{\overline{P}_\mathrm{t}}\delta P_\mathrm{p} \quad (3-306)$$

富氧补燃循环发动机的涡轮泵有 3 台同轴的泵,分别为氧化剂主泵、燃料主泵和燃料二级泵,将涡轮和各个泵的功率方程代入式(3-306),可得[14]

$$\frac{\pi^2 J \overline{n}^2}{900 \overline{P}_t} \frac{d\delta n}{dt} = \frac{1}{2}(1+\varepsilon_t r_1 - \psi_c)\psi_{gg}[\delta q_{mog}(t-\tau_1-\tau_{\Gamma o}) - \delta q_{mfg}(t-\tau_1-\tau_{\Gamma f})] +$$

$$\left[1 - \varepsilon_t\left(r_3 - \frac{r_1(k-1)}{2k} - \frac{1}{2}r_1\beta_t - 1\right) + \frac{(k-1)}{2k}(1-\psi_c) + \right.$$

$$\left.\beta_t\left(1 - \frac{1}{2}\psi_c\right)\right]\delta p_{gg} - \frac{(k-1)}{2k}(1+\varepsilon_t r_1 - \psi_c)\delta p_{gg}(t-\tau_1) -$$

$$\left[\beta_t\left(1 - \frac{1}{2}\psi_c\right) + \varepsilon_t\left(r_2 + \frac{1}{2}r_1\beta_t\right)\right]\delta p_{lg} +$$

$$\left[(\psi_c - \varepsilon_t r_1) - \frac{\overline{P}_{po}}{\overline{P}_t}\psi_{nPo} - \frac{\overline{P}_{pf1}}{\overline{P}_t}\psi_{nPf1} - \frac{\overline{P}_{pf2}}{\overline{P}_t}\psi_{nPf2}\right]\delta n -$$

$$\frac{\overline{P}_{po}}{\overline{P}_t}\psi_{qPo}\delta q_{mo} - \frac{\overline{P}_{pf1}}{\overline{P}_t}\psi_{qPf1}\frac{\overline{q}_{mfc}}{\overline{q}_{mf1}}\delta q_{mfc} - \left(\frac{\overline{P}_{pf1}}{\overline{P}_t}\psi_{qPf1}\frac{\overline{q}_{mfg}}{\overline{q}_{mf1}} + \frac{\overline{P}_{pf2}}{\overline{P}_t}\psi_{qPf2}\right)\delta q_{mfg}$$

(3-307)

在涡轮反力度较小的情况下,可以简化计算,可认为 $\rho_t = 0$,可得涡轮泵的方程为

$$\frac{\pi^2 J \overline{n}^2}{900 \overline{P}_t} \frac{d\delta n}{dt} = \frac{1}{2}(1-\psi_c)\psi_{gg}[\delta q_{mog}(t-\tau_1-\tau_{\Gamma o}) - \delta q_{mfg}(t-\tau_1-\tau_{\Gamma f})] +$$

$$\left[1 + \varepsilon_t + \frac{(k-1)}{2k}(1-\psi_c) + \beta_t\left(1 - \frac{1}{2}\psi_c\right)\right]\delta p_{gg} -$$

$$\frac{(k-1)}{2k}(1-\psi_c)\delta p_{gg}(t-\tau_1) -$$

$$\left[\beta_t\left(1 - \frac{1}{2}\psi_c\right) + \varepsilon_t\right]\delta p_{lg} + \left[\psi_c - \frac{\overline{P}_{po}}{\overline{P}_t}\psi_{nPo} - \frac{\overline{P}_{pf1}}{\overline{P}_t}\psi_{nPf1} - \frac{\overline{P}_{pf2}}{\overline{P}_t}\psi_{nPf2}\right]\delta n -$$

$$\frac{\overline{P}_{po}}{\overline{P}_t}\psi_{qPo}\delta q_{mog} - \frac{\overline{P}_{pf1}}{\overline{P}_t}\psi_{qPf1}\frac{\overline{q}_{mfc}}{\overline{q}_{mf1}}\delta q_{mfc} - \left(\frac{\overline{P}_{pf1}}{\overline{P}_t}\psi_{qPf1}\frac{\overline{q}_{mfg}}{\overline{q}_{mf1}} + \frac{\overline{P}_{pf2}}{\overline{P}_t}\psi_{qPf2}\right)\delta q_{mfg}$$

(3-308)

参考文献

[1] 张贵田. 高压补燃液氧煤油发动机[M]. 北京:国防工业出版社,2005.
[2] 陈启智. 液体火箭发动机控制与动态特性理论[M]. 长沙:国防科技大学出版社,1993.
[3] 杜大华,张继桐. 液压系统管路内流体音速研究[J]. 液压与气动,2006,10:7-10.
[4] 罗志昌. 流体网络理论[M]. 北京:机械工业出版社,1988.
[5] BROWN F T. The transient response of fluid lines[J]. Journal of Basic Engineering,1962,84(4):547-553.

[6] WYLIE E B,STREETER V L. 瞬变流[M]. 清华大学流体传动与控制教研组,译. 北京:水利电力出版,1983.

[7] 王其政,黄怀德,姚德源. 结构耦合动力学[M]. 北京:宇航出版社,1999.

[8] 蔡亦钢. 流体传输管道动力学[M]. 杭州:浙江大学出版社,1990.

[9] 杜大华,邢理想,徐浩海. 液体火箭发动机泵动态特性水力试验研究[J]. 火箭推进,2013,39(3):50-57.

[10] BRENNEN C,ACOSTA A J. The dynamic transfer function for a cavitating inducers[J]. Journal of Fluids Engineering,1976,98(2):182-191.

[11] ГЛИКМАН Б Ф. 液体火箭发动机自动调节[M]. 顾明初,郁明桂,邱明煜,译. 北京:宇航出版社,1995.

[12] 廖少英. POGO 蓄压器变频降幅特性分析[J]. 上海航天,2002,(1):32-35.

[13] 张育林,刘昆,程谋森. 液体火箭发动机动力学理论与应用[M]. 北京:科学出版社,2005.

[14] 徐浩海,刘站国. 液氧/煤油补燃发动机系统稳定性分析[J]. 火箭推进,2005,31(2):1-6.

第 4 章
系统流体与机械运动耦合稳定性

结合发动机系统动力学模型,对系统流体与机械运动相关的局部系统开展稳定性研究,并针对发动机试验过程中局部系统出现的振荡现象,结合时域和频域仿真,研究系统振荡特性和振荡机理,获得发动机局部系统稳定性边界,并提出抑制振荡的措施。

液体火箭发动机中有大量的自动器,自动器带有弹簧机械装置,与流体耦合时容易形成局部系统不稳定,特别是在偏离设计点工况工作时,带弹簧的阀芯作为二阶振子系统在合适的条件下会发生振荡现象。补燃循环液氧煤油发动机的流量调节器和单向阀是两种典型的具有弹簧振子的自动器,在发动机工作过程中,存在流体与这种机械结构发生耦合振荡的可能。

自动器中的阀芯与液路系统的耦合振荡问题类似液 - 固耦合问题,流体参数变化与阀芯位置变化会形成耦合作用。对于自反馈式稳流型流量调节器,作用于滑阀上的液动力突变是诱发阀芯振动的原因[1],相连的管路长度也会对管阀系统稳定性产生影响[2]。对于压差维持式的单向阀,当单向阀压差与阀芯开启压力接近时,系统小扰动会激起管阀系统的自激振荡[3-4]。

4.1 流量调节器 – 管路系统动态特性

液氧煤油补燃循环发动机通常采用直接作用式流量调节器控制推力调节和稳定流量供应,流量调节器动态性能的好坏直接关系到发动机系统工作的稳定性。随着可重复使用技术的发展,运载器回收技术对发动机深度变推力调节提出了更高的要求,流量调节器工作稳定性对于提高发动机系统低工况稳定性裕度具有重要的作用[5-6]。

液氧煤油补燃循环发动机采用自身起动方案,通过起动箱驱动高压煤油向燃气发生器燃料路供应燃料。在起动过程的某一时段内,位于燃气发生器燃料路的流量调节器处于小流量大压降工作状态,滑阀节流口承担了管路系统中大部分压降,以保持起动过程流量稳定。然而,液动力的作用可能导致流量调节器发生自激振荡现象,对此需要结合发动机起动分系统开展流量调节器管路系统的自激振荡特性研究,分析局部系统的动力学特性和稳定性。

4.1.1 流量调节器-管路系统及数学模型

4.1.1.1 流量调节器模型

图4-1所示的流量调节器为直接作用式的自稳流型,由电机组件控制调节齿轮1,通过改变节流孔2流通面积来控制流量[7-8]。滑阀装置端面存在厚度为δ_{cr}的平台,滑阀孔结构可以为圆形、矩形或三角形等。滑阀装置与滑阀孔实现流量自动平衡功能,即当调节器受外界扰动时,滑阀振子系统重新平衡受力使进入流量调节器的流量维持稳定。当滑阀运动时,通过阻尼孔A和B控制滑阀装置惯性和阻尼系数,两个阻尼腔以及滑阀边缘的液动力来平衡弹簧作用力,实现节流口压降稳定。

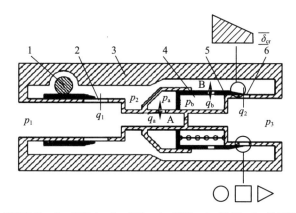

1—调节齿轮;2—节流口;3—壳体;4—弹簧;5—滑阀;6—滑阀节流口。

图4-1 流量调节器结构示意图

联立流量调节器滑阀振子系统和内流体流动过程,在一定频率范围内采用集中参数法建立流量调节器动态特性数学模型[9-12]。首先建立流量调节器内通道的主流路惯性和流容方程,即

$$\left(\frac{l_1}{A_1}+\frac{L_1}{A_L}\right)\frac{dq_1}{dt}=p_1-p_2-\frac{\zeta_1}{2\rho A_1^2}q_1^2 \quad (4-1)$$

$$\left(\frac{l_x}{A_x}\right)\frac{dq_2}{dt}=p_2-p_3-\frac{\zeta_x}{2\rho A_x^2}q_2^2 \quad (4-2)$$

$$c_1 \frac{\mathrm{d}p_1}{\mathrm{d}t} = q_0 - q_1 - q_a \quad (4-3)$$

$$c_2 \frac{\mathrm{d}p_2}{\mathrm{d}t} = q_1 - q_2 + q_b \quad (4-4)$$

式中：l_1、L_1、l_x 分别为流量调节器节流孔、中间腔和滑阀孔长度；A_1、A_L、A_x 分别为流量调节器节流孔、中间腔和滑阀孔流通面积；ξ_1、ξ_x 分别为流量调节器节流孔和滑阀孔流阻系数；c_1、c_2 分别为流量调节器入口段和中间腔的流容；q_0、q_1、q_2、q_a、q_b 分别为调节器入口、节流孔、滑阀孔、阻尼孔 A 和阻尼孔 B 的流量；ρ 为流体密度。其中，q_a、q_b 在滑阀稳定时为 0。

当滑阀运动时，p_a、p_b 由于阻尼孔 A、B 的阻尼和惯性作用将与主流体形成较大的压降，因此需充分考虑该因素对流量调节器反馈环节的影响。滑阀位移控制两侧阻尼腔流体进出，不考虑阻尼腔内液体压缩性，则经过阻尼孔 A 和 B 的流量分别表示为

$$q_a = \rho A_{p1} \frac{\mathrm{d}x}{\mathrm{d}t} \quad (4-5)$$

$$q_b = \rho A_{p2} \frac{\mathrm{d}x}{\mathrm{d}t} \quad (4-6)$$

式中：A_{p1} 为滑阀左侧阻尼腔受力面积；A_{p2} 为滑阀右侧阻尼腔受力面积；x 为滑阀位移。

考虑阻尼孔内流体流动惯性，可得阻尼孔 A 和 B 的惯性方程为

$$\frac{l_s}{A_s} \frac{\mathrm{d}q_a}{\mathrm{d}t} = p_1 - p_a - \xi_s \frac{q_a |q_a|}{2\rho A_s^2} \quad (4-7)$$

$$\frac{l_c}{A_c} \frac{\mathrm{d}q_b}{\mathrm{d}t} = p_b - p_2 - \xi_c \frac{q_b |q_b|}{2\rho A_c^2} \quad (4-8)$$

式中：l_s、l_c 分别为阻尼孔 A 和 B 的长度；A_s、A_c 分别为阻尼孔 A 和 B 的流通面积；ξ_s、ξ_c 分别为阻尼孔 A 和 B 的流阻系数。

从而建立滑阀弹簧振子系统的二阶振荡模型为

$$m_f \frac{\mathrm{d}^2 x}{\mathrm{d}t^2} = A_{p1} p_a - A_{p2} p_b - (A_{p1} - A_{p2}) p_2 + F_Y - F_0 - B_f \frac{\mathrm{d}x}{\mathrm{d}t} - Kx \quad (4-9)$$

式中：m_f 为滑阀总质量；F_Y 为液动力；F_0 为预紧力；B_f 为滑动摩擦系数；K 为弹簧刚度。

液动力 F_Y 表示滑阀节流口处流动介质的动态压力损失，取决于滑阀节流口处的液体速度、滑阀边缘厚度和其他参数等，此动态压力差作用在滑阀套前缘

面,方向始终指向滑阀节流口的关闭方向,有关系式

$$F_Y = A_\delta(x)\Delta p_{23} \quad (4-10)$$

式中:A_δ 为滑阀边缘的压力作用面积,$A_\delta(x) = l_{cr}(x)\delta_{cr}$,$l_{cr}(x)$ 为节流口处滑阀周向长度,δ_{cr} 为滑阀边缘的厚度。

作用于滑阀边缘的压降 Δp_{23} 由流体作用形成的稳态压差和动态压差两部分组成,即

$$\Delta p_{23} = \left(\frac{l_x}{A_x}\right)\frac{dq_2}{dt} + \frac{\xi_x}{2\rho A_x^2}q_2^2 = p_2 - p_3 \quad (4-11)$$

联立方程式(4-1)~(4-11),得到流量调节器振子系统模型为

$$M_{sum}\frac{d^2x}{dt^2} + B_v\frac{dx}{dt} + Kx = A_{p1}(p_1 - p_2) + A_\delta(x)(p_2 - p_3) - F_0 \quad (4-12)$$

式中:M_{sum} 为惯性质量;B_v 为折算阻尼系数。将 M_{sum} 和 B_v 写成

$$M_{sum} = m_f + \frac{l_s}{A_s}\rho A_{p1}^2 + \frac{l_c}{A_c}\rho A_{p2}^2 \quad (4-13)$$

$$B_v = B_f + \rho\left(A_{p1}^2\xi_s\frac{|q_a|}{2\rho A_s^2} + \xi_c A_{p2}^2\frac{|q_b|}{2\rho A_c^2}\right) \quad (4-14)$$

式(4-1)~式(4-14)中各节流孔流阻系数包括集中流阻和沿程流阻,并根据雷诺数 Re 确定,即

$$\begin{cases} \xi = \dfrac{\Delta p}{\frac{1}{2}\rho\omega^2} = \dfrac{1}{\mu^2} + \lambda\dfrac{l}{d} \\ \lambda = \begin{cases} \dfrac{64}{Re} & Re < 2300 \\ (1.9\lg Re - 1.64)^{-2} & 2300 < Re \leqslant 3\times 10^6 \end{cases} \end{cases} \quad (4-15)$$

式中:ω 为流体速度;μ 为节流孔的流量系数。

4.1.1.2 系统管路模型

结合液氧煤油补燃循环发动机起动模块,将流量调节器-管路系统简化为恒压源供应管路系统与流量调节器的串联结构,建立流量调节器-管路系统模型示意图如图4-2所示。隔离贮箱压力为 p_0,入口管路设置一定压降的节流圈,流量调节器入口压力为 p_1,流量调节器中间腔压力为 p_2,流量调节器出口压力为 p_3。流量调节器后设置一段充填管路,以模拟发动机起动过程中高压燃料充填点火导管和燃料阀门前管路。

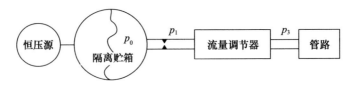

图 4-2 管路系统简图

1) 入口管路

入口管路惯性方程为

$$\frac{l_0}{A_0}\frac{\mathrm{d}q_0}{\mathrm{d}t} = p_0 - p_1 - \frac{\xi_0}{2\rho A_0^2}q_0^2 \tag{4-16}$$

式中：l_0 为入口管路长度；A_0 为入口管路流通面积；ξ_0 为入口管路流阻系数；q_0 为入口管路流量。

2) 出口管路

对发动机系统上复杂的出口管路进行简化，简化为多段充填管路的组合，充填管路的基本方程采用集中参数方法建立。

充填管路的相对容积变化方程式为

$$\frac{\mathrm{d}\overline{V}_{\mathrm{TP}}}{\mathrm{d}t} = \frac{1}{\rho V_{\mathrm{TP}}^*}q_e \tag{4-17}$$

式中：$\overline{V}_{\mathrm{TP}}$ 为填充的相对容积；V_{TP}^* 为填充的总容积；q_e 为充填峰面流体流量。

管路充填过程中液体运动方程式为

$$J_{\Sigma}\frac{\mathrm{d}q_e}{\mathrm{d}t} = p_i - p_e - \frac{\xi_{\Sigma}}{\rho}q_e^2 \tag{4-18}$$

式中：为 J_{Σ} 充填管路总惯性，$J_{\Sigma} = \frac{l_1}{F_1} + \frac{l_2}{F_2}\overline{V}_{\mathrm{TP}}$；$p_i$ 为入口压力；p_e 为充填峰面压力；ξ_{Σ} 为充填管路总阻尼系数，$\xi_{\Sigma} = \xi_1 + \xi_2\overline{V}_{\mathrm{TP}}$。

将管路出口存在封闭气体腔时的压力变化模型分成以下两种情形。

(1) 当管路出口存在封闭气体腔时，气体腔体积的变化对充填峰面压力有明显的影响。将充填过程等效为绝热过程，根据气体状态方程 $pV^k = C$，可以得到压力和充填体积的比例关系，从而建立求解充填峰面压力 p_e 的方程，即

$$p_e = \frac{p_0}{(1-\overline{V}_{\mathrm{TP}})^k} \tag{4-19}$$

(2) 当管路存在气体腔且出口为节流圈时,气体腔体积的变化对充填峰面压力有明显的影响。同时还需要考虑气体从节流圈排出的情况,其充填过程中气体温度和气体质量都发生了变化,从而建立求解充填峰面压力 p_e 的微分方程为

$$\frac{\mathrm{d}p_e}{\mathrm{d}t} = \frac{kRT_{\mathrm{gas}}q_{\mathrm{mge}}}{V_{\mathrm{TP}}^*(1-\bar{V}_{\mathrm{TP}})} + \frac{p_e q_e}{V_{\mathrm{TP}}^*(1-\bar{V}_{\mathrm{TP}})\rho} \tag{4-20}$$

式中:k、R 和 T_{gas} 分别为气体腔内气体的绝热指数、气体常数和气体温度;q_{mge} 为节流圈排出的气体质量流量,通过气体流动方程计算得到。

4.1.1.3 流量调节器模型线性化

为了进一步研究流量调节器管路系统的自激振荡特性,基于二阶振子系统理论对流量调节器动力学模型开展稳定性分析,以获得系统失稳的关键参数。将流量调节器中主路流体的动力学模型式(4-1)、式(4-2)、式(4-5)等进行无量纲化和线性化,有

$$p_1 \delta p_1 - p_2 \delta p_2 = 2\Delta p_{12}(\delta q_1 - \delta A_1) + (\tau_1 s)\delta q_1 \tag{4-21}$$

$$p_2 \delta p_2 - p_3 \delta p_3 = 2\Delta p_{23}\delta q_2 - 2\Delta p_{23}\delta A_x - 2\Delta p_{23}\delta\mu_x + (\tau_2 s)\delta q_2 \tag{4-22}$$

$$\delta q_1 = \delta q_2 - \frac{\rho A_{p1}\bar{x}}{q}\frac{\mathrm{d}\delta x}{\mathrm{d}t} \tag{4-23}$$

忽略主路流体惯性项,联立式(4-21)~式(4-23)与流量调节器振子系统模型,得出流量调节器线性化动力学模型为

$$\frac{M_{\mathrm{sum}}}{K}\frac{\mathrm{d}^2\delta x}{\mathrm{d}t^2} + \frac{B_v}{K}\frac{\mathrm{d}\delta x}{\mathrm{d}t} + \delta x =$$

$$\frac{2A_{p1}\Delta\bar{p}_{12}}{K\bar{x}}(\delta q_1 - \delta A_1) + \frac{A_\delta}{K\bar{x}}(\phi_x \delta x + 2\Delta\bar{p}_{23}\delta q_2 - 2\Delta\bar{p}_{23}\Psi_x\delta x - 2\Delta\bar{p}_{23}\Psi_\mu\delta x)$$

$$\tag{4-24}$$

式中:Ψ_x 为滑阀口流通面积相对滑阀位移的无量纲斜率,从关系式 $\Psi_x = \frac{\bar{x}}{A_x}\frac{\partial A_x}{\partial x}$,可以得出 $\Psi_x < 0$;Ψ_μ 为滑阀节流口流量系数相对滑阀位移的无量纲斜率,$\Psi_\mu = \frac{\bar{x}}{\mu_x}\frac{\partial \mu_x}{\partial x}$;$\phi_x$ 为滑阀边缘作用面积相对滑阀位移的无量纲斜率,$\phi_x = \frac{\bar{x}}{A_\delta}\frac{\partial A_\delta}{\partial x}$;上标"-"表示平衡点处的稳态值,$\delta$ 表示相对稳态值的无量纲脉动量。

将流量调节器动力学方程写成外部变量的形式,$\delta A_x = \Psi_x \delta x$,代入式(4-24)可得

$$M\frac{d^2\delta A_x}{dt^2} + \varsigma\frac{d\delta A_x}{dt} + K_1\delta A_x = K_m\delta q_2 + K_{A1}\delta A_1 \quad (4-25)$$

式中：M 为调节器惯性质量系数，$M = M_{sum}/K$；ς 为调节器阻尼系数，$\varsigma = \frac{B_v}{K} + \frac{A_{p1}^2\rho}{K\bar{q}}$ $2\Delta\bar{p}_{12}$；K_1 为调节器综合刚度系数，$K_1 = 1 + \frac{A_\delta\Delta\bar{p}_{23}}{K\bar{x}}(2\Psi_\mu + 2\Psi_x - \phi_x)$；$K_m$ 和 K_{A1} 分别为调节器流量和节流口面积的放大系数，$K_m = \Psi_x\left(\frac{A_{p1}}{K\bar{x}}2\Delta\bar{p}_{12} + \frac{A_\delta}{K\bar{x}}2\Delta\bar{p}_{23}\right)$，$K_{A1} = -\Psi_x\frac{A_{p1}}{K\bar{x}}2\Delta\bar{p}_{12}$。

流量调节器满足自身稳定的充要条件是 $M > 0$、$\varsigma > 0$ 和 $K_1 \geq 0$。下面将分析特征参数 M_{sum}、ς 和 K_1 的计算方法及其对调节器自身稳定性的影响。

1）惯性质量

惯性质量 M_{sum} 包括滑阀振子的结构质量和流体经过阻尼孔 A、B 的流体惯性等效质量。当阻尼孔 A、B 为长细孔时，阻尼孔引起惯性质量很大，其数值将是滑阀振子结构质量的数倍。当阻尼孔 A、B 为孔板构型时，流体从敞口进入孔中，流线产生收缩，使实际流通面积小于孔的通道面积，从而提高了流体经过阻尼孔的惯性。惯性质量 M_{sum} 采用式(4-13)计算。

2）折算阻尼系数

增加调节器阻尼，有助于提高调节器稳定性。折算阻尼系数 ς 包括滑阀结构摩擦阻尼和流体经过阻尼孔 A、B 的流阻。阻尼孔 A、B 为孔板构型时，其孔板流阻系数如式(4-15)所示。当流体经过阻尼孔为湍流时，孔板的沿程流阻相对于集中阻力可以忽略不计。根据式(4-14)，将折算阻尼系数中的 B_v 摩擦阻尼写成

$$B_v = B_f + \left(\frac{A_{p1}}{\mu_s A_s}\right)^2\rho A_{p1}\left|\frac{dx}{dt}\right| + \left(\frac{A_{p2}}{\mu_c A_c}\right)^2\rho A_{p2}\left|\frac{dx}{dt}\right| \quad (4-26)$$

3）综合刚度

综合刚度 K_1 由弹簧刚度和液动力刚度组成。液动力刚度表征为静态液动力与滑阀窗口动态增益的乘积。在小流量大压降工况下，滑阀节流口流通面积相对滑阀位移的无量纲斜率 $\Psi_x < 0$，其他两个参数 Ψ_μ 和 ϕ_x 量级较小而且变化不大。当压降大于某个临界值时，液动力导致的负刚度大于弹簧刚度，调节器综合刚度 $K_1 < 0$，此时流量调节器系统将失去稳定性。从关系式得出，通过降低滑阀节流口压降 $\Delta\bar{p}_{23}$、减小滑阀边缘厚度、增加弹簧刚度 K、减小滑阀节流口流通面积相对滑阀位移的无量纲斜率等措施都能提高流量调节器系统稳定性。

综上所述,综合刚度 K_1 是引起流量调节器管路系统自激振荡的关键参数,而滑阀节流口流通面积相对滑阀位移的无量纲斜率直接影响综合刚度 K_1,即设计合适的滑阀节流口型面结构能够对流量调节器的自激振荡现象起到抑制作用。

4.1.1.4 流量调节器静态特性

静态特性与时间无关,将式(4-25)改写为

$$K_1 \delta A_x = K_m \delta q + K_{A1} \delta A_1 \quad (4-27)$$

主流路的静态特性可表示成

$$p_1 \delta p_1 - p_3 \delta p_3 = 2(\Delta \bar{p}_{12} + \Delta \bar{p}_{23}) \delta q + 2\Delta \bar{p}_{12} \delta A_1 - 2\Delta \bar{p}_{23} \delta A_x \quad (4-28)$$

替换式(4-28)的 δA_x,将流量调节器的静态特性表示为

$$\delta q = \dfrac{\dfrac{(p_1 \delta p_1 - p_3 \delta p_3)}{2} + \left(\Delta \bar{p}_{12} + \Delta \bar{p}_{23} \dfrac{K_{A1}}{K_1}\right) \delta A_1}{\Delta \bar{p}_{12} + \left(1 + \dfrac{K_m}{K_1}\right) \Delta \bar{p}_{23}} \quad (4-29)$$

令 $\delta p_1 = \delta p_3 = 0$,则流量调节器的流量特性为

$$\delta q = \dfrac{\left(\Delta \bar{p}_{12} + \Delta \bar{p}_{23} \dfrac{K_{A1}}{K_1}\right)}{\Delta \bar{p}_{12} + \left(1 + \dfrac{K_m}{K_1}\right) \Delta \bar{p}_{23}} \delta A_1 \quad (4-30)$$

当流量调节器节流口流通面积 A_1 增加时,调节器流量也增加,且为单调递增的。若要求流量特性的系数大于0,分析式(4-30)得出调节器综合刚度 K_1 必须大于0。依据节流口调节电机角度变化与流量调节器流量之间的关系,可以得到图4-3所示的流量特性曲线。

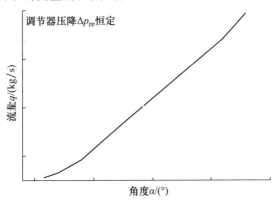

图4-3 流量调节器流量特性曲线

令 $\delta A_1 = 0$,则流量调节器的负载特性(即调节器差率)为

$$\frac{\delta q}{p_1 \delta p_1 - p_3 \delta p_3} = \frac{1}{2\left[\Delta\bar{p}_{12} + \left(1 + \frac{K_m}{K_1}\right)\Delta\bar{p}_{23}\right]} \quad (4-31)$$

流量调节器差率表征在起调状态下流量与压降之间的关系。差率为正值时,发动机与流量调节器回路系统是稳定的;反之,当差率为负时,可能导致发动机与流量调节器回路系统不稳定。在不同的流量工况情况下,可得出流量调节器的负载特性曲线。另外,得出了滑阀位移随流量调节器压降变化的曲线,如图4-4所示。由图可得,在不同流量工况下,流量调节器的起调压降不同,流量越小,流量调节器的起调压降越小,而相同压降下的滑阀位移最大;随着流量调节器压降增大,滑阀位移变化趋于平缓。

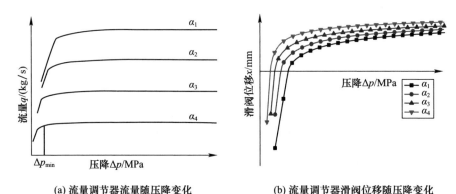

(a) 流量调节器流量随压降变化　　　(b) 流量调节器滑阀位移随压降变化

图 4-4 流量调节器负载特性

4.1.1.5 流量调节器的特征方程与稳定性

建立流量调节器的特征方程,采用特征方程分析系统稳定性。基于流量调节器动力学模型式(4-24),利用 δq 与 δA_x 的关系式,消掉式(4-24)中 δq 或 δA_x 任意一个变量。同样,对流体通道建立流动方程,不考虑流体惯性,则联立式(4-21)至式(4-23)可得

$$p_1\delta p_1 - p_3\delta p_3 = 2(\Delta\bar{p}_{12} + \Delta\bar{p}_{23})\delta q_2 - 2\Delta\bar{p}_{12}\rho A_p x \delta v - 2\Delta\bar{p}_{12}\delta A_1 - 2\Delta P_{23}\delta A_x \quad (4-32)$$

对外部参数设置为没有干扰时,令 $\delta p_1 = \delta p_2 = \delta A_1 = 0$,得出

$$\delta q = \frac{1}{1 + \frac{\Delta p_{12}}{\Delta p_{23}}} \delta A_x = \frac{1}{1 + \frac{\Delta p_{12}}{\Delta p_{23}}} \Psi_x \delta x \quad (4-33)$$

由 $\delta A_x = \bar{A}_x e^{st}$ 或 $\delta q_m = \bar{q}_m e^{st}$,得出流量调节器特征方程为

$$Ms^2 + \varsigma s + \left(K_1 - \frac{K_m}{1 + \Delta \overline{p}_{12}/\Delta \overline{p}_{23}}\right) = 0 \quad (4-34)$$

对于二阶振荡环节，只要特征方程的3个系数都大于0时，则系统是稳定的。在特征方程式(4-34)中，$M > 0$、$\varsigma > 0$ 是显然的。因此，重点考虑 $\left(K_1 - \dfrac{K_m}{1 + \Delta \overline{p}_{12}/\Delta \overline{p}_{23}}\right)$ 对系统稳定性的影响。将 $K_1 = 1 + \dfrac{A_\delta \Delta \overline{p}_{23}}{K\overline{x}}(2\Psi_\mu + 2\Psi_x - \phi_x)$ 代入，ϕ_x 很小可以忽略其影响，整理后得出

$$K_1 - \frac{K_m}{1 + \Delta \overline{p}_{12}/\Delta \overline{p}_{23}} = \left[1 + \frac{2A_\delta \Delta \overline{p}_{23}}{K\overline{x}}\Psi_\mu + \frac{2\Delta \overline{p}_{12} \Delta \overline{p}_{23}}{K\overline{x}(\Delta \overline{p}_{12} + \Delta \overline{p}_{23})}\Psi_x(A_\delta - A_{p1})\right]$$

$$(4-35)$$

综上，通过流量调节器特征方程得出，流量调节器系统稳定裕度与流量调节器结构参数和状态参数相关，式(4-35)对流量调节器稳定性设计具有指导意义。

4.1.2 流量调节器自激振荡过程时域仿真

在发动机起动过程中，流量调节器处于小流量大压降工作状态，滑阀节流口面积小，承担了管路系统中大部分压降，以保持起动充填过程的流量稳定，但由于液动力的作用可能导致流量调节器发生自激振荡现象。在某型发动机热试验起动过程和流量调节器充填试验过程中多次出现了100Hz左右的低频振荡现象，且随着充填管路逐渐充满，充填管路压力 p_3 升高，流量调节器压降降低，流量调节器自激振荡现象消失；当充填管路压力与入口压力相同时，系统流量降为0，流量调节器管路系统停止工作。

针对图4-3所示恒压源供应的管路与流量调节器串联结构，仿真模拟发动机起动时，起动箱压力 p_0 从 1MPa 提高至 24MPa 的流体经过流量调节器充填后端管路，分析该充填过程流量调节器管路系统动态特性。进口边界条件为开边界，出口边界条件为闭边界。初始状态管路系统除充填管路外都充满流体，随着 p_0 增加，流体经过流量调节器进入充填管路。图4-5所示为流量调节器管路系统各处压力随时间变化的曲线，图4-6所示为流量调节器管路系统各处流量随时间变化的曲线。图中展示的压力和流量曲线表明，流量调节器在小流量大压降工作状态下会产生特定频率的自激振荡现象，特征频率为94Hz。对比 p_1 和 p_2 压力振荡曲线，调节器中间腔压力 p_2 比调节器入口压力 p_1 振荡幅值大，这与调节器流量振荡幅值大，且与压力振荡相位相反（相差180°）相关，即形成了振子系统发生自激振荡所必要的反馈环节。随着充填过程完成，调节器出口压力逐渐升高，当 p_3 达到 8MPa 时流量调节器系统稳定性逐渐增大，提高至 16MPa 时流量调节器系统稳定，自激振荡现象消失。

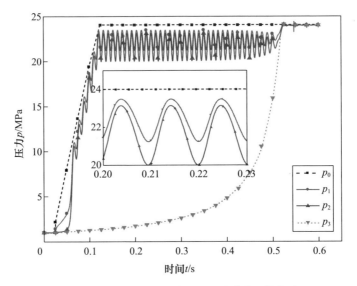

图4-5 流量调节器管路系统压力曲线(附彩页)

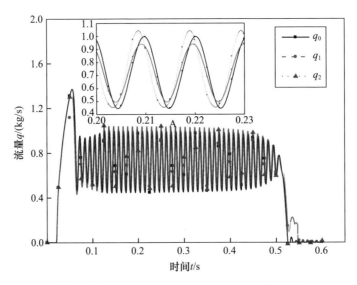

图4-6 流量调节器管路系统流量曲线(附彩页)

4.1.3 流量调节器自激振荡过程频域分析

4.1.3.1 流量调节器的传递函数

将调节器动态方程在平衡点处进行线性化、无量纲化,推导得出[9-12]

$$\left(\frac{L_1}{A_L} + \frac{l_1}{A_1}\right)\frac{\bar{q}}{\bar{p}_2}\frac{d\delta q_1}{dt} = \frac{\bar{p}_1}{\bar{p}_2}\delta p_1 - \delta p_2 - \frac{2\Delta\bar{p}_{12}}{\bar{p}_2}\delta q_1 \quad (4-36)$$

$$\left(\frac{l_x}{A_x}\right)\frac{\bar{q}}{\bar{p}_3}\frac{d\delta q_2}{dt} = \frac{\bar{p}_2}{\bar{p}_3}\delta p_2 - \delta p_3 - \frac{2\Delta\bar{p}_{23}}{\bar{p}_3}\delta q_2 \quad (4-37)$$

$$c_1\bar{p}_1\frac{d\delta p_1}{dt} = \bar{q}(\delta q_0 - \delta q_1) - \rho A_{p1}\bar{x}\delta v \quad (4-38)$$

$$c_1\bar{p}_2\frac{d\delta p_2}{dt} = \bar{q}(\delta q_1 - \delta q_2) + \rho A_{p2}\bar{x}\delta v \quad (4-39)$$

$$\frac{d\delta x}{dt} = \delta v \quad (4-40)$$

$$\frac{M_{\text{sum}}}{K}\frac{d^2\delta x}{dt^2} + \frac{B_v}{K}\delta v + \delta x =$$
$$\frac{2A_{p1}\Delta\bar{p}_{12}}{K\bar{x}}(\delta q_1 - \delta A_1) + \frac{A_\delta}{K\bar{x}}(\phi_x\delta x + 2\Delta\bar{p}_{23}\delta q_2 - 2\Delta\bar{p}_{23}\Psi_x\delta x - 2\Delta\bar{p}_{23}\Psi_\mu\delta x)$$
$$(4-41)$$

由于调节器在工作中受到的干扰主要来自于入口或出口的压力扰动，因此将调节器入口、出口压力作为扰动源。将挤压液流管路系统简化为恒压源与一段管路和流量调节器组成的串联系统，建立该系统的动特性数学模型。将式(4-36)至式(4-41)写成状态空间形式，令

$$\boldsymbol{X} = \begin{bmatrix} \delta q_1 & \delta q_2 & \delta p_1 & \delta p_2 & \delta x & \delta v \end{bmatrix}^T \quad (4-42)$$

$$\boldsymbol{U} = \begin{bmatrix} \delta q_0 & \delta p_3 \end{bmatrix}^T \quad (4-43)$$

建立的系数矩阵模型表示为

$$\dot{\boldsymbol{X}} = \boldsymbol{A}\boldsymbol{X} + \boldsymbol{B}\boldsymbol{U} \quad (4-44)$$

式中：$\boldsymbol{A}$ 和 $\boldsymbol{B}$ 分别为状态变量、扰动量的系数矩阵。

对式(4-44)进行拉普拉斯变换，从而得到 $\boldsymbol{X} = (s\boldsymbol{I} - \boldsymbol{A})^{-1}\boldsymbol{B}\boldsymbol{U}$。令调节器状态变量对控制作用的传递矩阵 $\boldsymbol{T}$ 为

$$\boldsymbol{T}(s) = (s\boldsymbol{I} - \boldsymbol{A})^{-1}\boldsymbol{B} \quad (4-45)$$

于是，可以求出流量调节器的传递函数。其中流量调节器入口流量、出口压力扰动引起入口压力、出口流量、滑阀位移振荡等的传递函数分别为

$$\frac{\delta q_1}{\delta q_0} = \boldsymbol{T}_{(1,1)}(s), \frac{\delta q_2}{\delta q_0} = \boldsymbol{T}_{(2,1)}(s), \frac{\delta p_1}{\delta q_0} = \boldsymbol{T}_{(3,1)}(s), \frac{\delta x}{\delta q_0} = \boldsymbol{T}_{(5,1)}(s) \quad (4-46)$$

$$\frac{\delta q_1}{\delta p_3} = \boldsymbol{T}_{(1,2)}(s), \frac{\delta q_2}{\delta p_3} = \boldsymbol{T}_{(2,2)}(s), \frac{\delta p_1}{\delta p_3} = \boldsymbol{T}_{(3,2)}(s), \frac{\delta x}{\delta p_3} = \boldsymbol{T}_{(5,2)}(s) \quad (4-47)$$

写成输入输出形式的传递函数关系为

$$\begin{pmatrix} \delta p_3 \\ \delta q_2 \end{pmatrix} = \begin{bmatrix} \dfrac{1}{T_{(3,2)}} & -\dfrac{T_{(3,1)}}{T_{(3,2)}} \\ \dfrac{T_{(2,2)}}{T_{(3,2)}} & T_{(2,1)} - T_{(3,1)}\dfrac{T_{(2,2)}}{T_{(3,2)}} \end{bmatrix} \begin{pmatrix} \delta p_1 \\ \delta q_0 \end{pmatrix} \qquad (4-48)$$

令

$$\boldsymbol{H}_{\text{regu}}(s) = \begin{bmatrix} \dfrac{1}{T_{(3,2)}} & -\dfrac{T_{(3,1)}}{T_{(3,2)}} \\ \dfrac{T_{(2,2)}}{T_{(3,2)}} & T_{(2,1)} - T_{(3,1)}\dfrac{T_{(2,2)}}{T_{(3,2)}} \end{bmatrix} \qquad (4-49)$$

则流量调节器传递模型为

$$\begin{pmatrix} \delta p_3 \\ \delta q_2 \end{pmatrix} = \boldsymbol{H}_{\text{regu}}(s) \begin{pmatrix} \delta p_0 \\ \delta q_0 \end{pmatrix} \qquad (4-50)$$

管路传递函数按照文献[11]中方法建立,将管路和流量调节器模型串联,给定边界条件即可分析管路-流量调节器系统的频率特性和稳定性。

4.1.3.2 流量调节器自身频率特性

分别以入口、出口压力为扰动源,根据传递函数计算出口流量 δq_2 和滑阀位移 δx 的幅频特性,如图 4-7 所示。

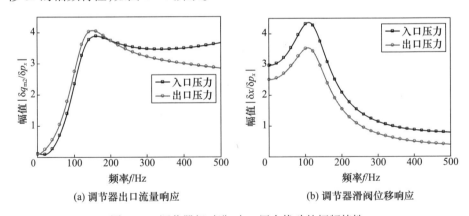

(a) 调节器出口流量响应　　　　(b) 调节器滑阀位移响应

图 4-7　调节器相对进、出口压力扰动的幅频特性

结果表明,入口压力 δp_1 和出口压力 δp_3 扰动对调节器的影响规律基本相同。在低频范围内(小于 50Hz),出口流量脉动响应相对调节器入口和出口压力扰动的幅值较小,说明调节器具有抵抗低频干扰的能力。在 100~160Hz 范围

内,出口流量脉动相对压力扰动的无量纲幅值比达到峰值,说明本调节器较易受此频率范围内压力扰动的影响。在更高的频率范围内,随频率的增大,出口流量脉动幅值基本不变。对于滑阀位移响应变化,在低频范围内(小于50Hz),滑阀位移变化幅值较大,在100Hz附近,滑阀位移响应变化达到最大值。在较高频下,滑阀位移变化很小,调节器相当于两个固定节流孔的流阻装置。上述现象与弹簧2阶振子系统的振荡特性相同。

调节器能在不同的稳态压降下工作。在不同的稳态压降下,调节器相对入口压力扰动幅频特性的计算结果如图4-8所示。稳态压降减小,滑阀位移变化相对入口压力扰动的幅值在小于150Hz的低频范围内明显增大,即滑阀位移响应的敏感性增大;另外,调节器出口流量对入口压力扰动的响应幅值在整个频率范围内都增大,其原因是调节器总压降降低后,调节器稳态流量几乎保持不变,则滑阀口的流通面积增大,流阻减小,调节器的阻尼作用降低,调节器对扰动的响应就增大。因此,在一定范围内提高调节器的压降有助于减小调节器的出口流量脉动,提高系统稳定性。

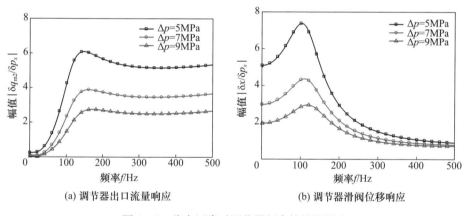

图4-8 稳态压降对调节器频率特性的影响

4.1.4 流量调节器-挤压管路系统的频率特性与稳定性

某型发动机整机试车中起动箱燃料供应过程和地面水试调节器初级工况负载特性试验都出现了低频脉动现象,频率分别为91Hz和83Hz,文献[8]详细描述了流量调节器在进、出口压力恒定的挤压式液流试验台上出现的90Hz的自激振荡现象。

建立真实发动机起动箱到发生器燃料喷嘴前管路系统模型,如图4-9所示。调节器前管路设置了过滤器和双单向阀,模型中将集中阻力设置在调节器前过滤器位置,调节器后管路系统分别为点火导管、发生器燃料阀、换向阀、推力室点火路及其连接管路等组件组成。

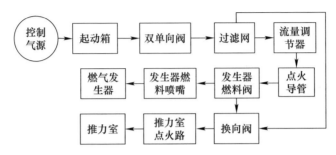

图4-9 带起动箱系统的发生器燃料路系统简图

边界条件:发动机起动过程,起动箱由气瓶控制压力,可以设置为系统开端;喷注器设置为声速喷嘴边界条件。

工况条件:初级工况水流量1.1kg/s,控制气源压力20.6MPa,管路压降0.6MPa,调节器入口压力20MPa,出口压力2.5MPa。

4.1.4.1 系统频率特性分析

根据流量调节器的传递矩阵模型式(4-45)以及管路模型式(3-105),将管路入口压力脉动 δp_0 作为扰动源,可以推导得出

$$\frac{\delta q_2}{\delta p_0} = T_{(2,1)} \frac{\delta p_1}{\delta p_0} = T_{(2,1)} \left(M_{(1,1)} + M_{(1,2)} \frac{M_{(2,1)} - T_{(1,1)} M_{(1,1)}}{-M_{(2,2)} + T_{(1,1)} M_{(1,2)}} \right) \quad (4-51)$$

$$\frac{\delta x}{\delta p_0} = T_{(4,1)} \frac{\delta p_1}{\delta p_0} = T_{(4,1)} \left(M_{(1,1)} + M_{(1,2)} \frac{M_{(2,1)} - T_{(1,1)} M_{(1,1)}}{-M_{(2,2)} + T_{(1,1)} M_{(1,2)}} \right) \quad (4-52)$$

根据传递函数可以分析出口流量脉动、滑阀位移振荡的频率响应特性。在调节器前接上不同长度的管路,由式(4-51)、式(4-52)计算出口流量、滑阀位移相对管路入口压力扰动 δp_0 的幅频特性,如图4-10所示。

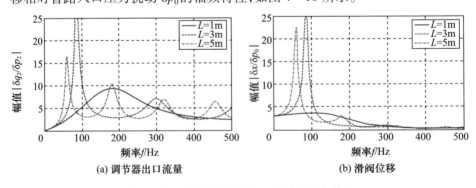

(a) 调节器出口流量　　(b) 滑阀位移

图4-10 相对管路入口压力扰动的幅频特性

分析图 4-10 可得,调节器前连接一定长度的管路后,整个系统的幅频特性出现了明显的谐振峰。管路越长,一阶谐振频率越低。在谐振频率处,出口流量以及滑阀位移相对入口压力扰动都有很高的响应(即在管路入口压力扰动下出口流量、滑阀位移具有较大的动态增益),远大于图 4-8 中的相对幅值,表现出管路对调节器动态特性的重要影响,也表明了研究调节器-管路系统耦合特性的重要性。这些谐振峰在一定程度上体现了此系统的固有特性,在某些响应很高的谐振频率附近,表征了系统稳定性不足或者处于不稳定区域。

4.1.4.2 系统稳定性分析

为了分析系统在一定条件下是否出现不稳定问题,需探讨系统的自由振荡特性,即分析系统的自由振荡复频率 $s = \nu + j\omega$ 在对应的固有频率 ω 条件下实部 ν 的正负。若 $\nu < 0$,则自由振荡衰减,系统稳定;若 $\nu > 0$,则自由振荡发散,系统会不稳定[13]。

根据式(3-62),入口处集中流阻的传递矩阵为

$$\begin{bmatrix} \delta p_0 \\ \delta q_0 \end{bmatrix} = \begin{bmatrix} \dfrac{p_i}{p_0} & -\dfrac{2(p_i - p_0)}{p_0} \\ 0 & 1 \end{bmatrix} \cdot \begin{bmatrix} \delta p_i \\ \delta q_i \end{bmatrix} = \boldsymbol{T} \cdot \begin{bmatrix} \delta p_i \\ \delta q_i \end{bmatrix}$$

系统入口为恒压贮箱,有 $\delta p_i = 0$,于是管路入口阻抗 $Z_1 = \dfrac{\delta p_0}{\delta q_0} = -\dfrac{2(p_i - p_0)}{p_0}$ 为负实数。将调节器作为管路的出口边界,根据调节器自身传递矩阵有 $\delta q_1 = \delta p_1 / \boldsymbol{T}_{(3,1)}$,即管路出口阻抗 $Z_2 = \delta p_1 / \delta q_1 = \boldsymbol{T}_{(3,1)}$。

根据无损直管的传递矩阵式(3-105),可得管路入口、出口阻抗应满足

$$Z_2 = \frac{\cosh\left(\dfrac{s}{a}l\right)Z_1 - \alpha\sinh\left(\dfrac{s}{a}l\right)}{-\dfrac{1}{\alpha}\sinh\left(\dfrac{s}{a}l\right)Z_1 + \cosh\left(\dfrac{s}{a}l\right)} = \frac{(e^{\frac{2s}{a}l} + 1)Z_1 - \alpha(e^{\frac{2s}{a}l} - 1)}{-\dfrac{1}{\alpha}(e^{\frac{2s}{a}l} - 1)Z_1 + (e^{\frac{2s}{a}l} + 1)}$$

$$= \alpha\frac{(Z_1 - \alpha)e^{\frac{2s}{a}l} + Z_1 + \alpha}{(\alpha - Z_1)e^{\frac{2s}{a}l} + Z_1 + \alpha}$$

于是根据入口、出口阻抗计算固有振荡频率的关系式为

$$\exp(2\bar{s}) = \frac{(Z_1 + \alpha)(\alpha - Z_2)}{(Z_2 + \alpha)(\alpha - Z_1)} = \frac{(1 + \bar{Z}_1)(1 - \bar{Z}_2)}{(1 - \bar{Z}_1)(1 + \bar{Z}_2)} \quad (4-53)$$

式中:$\bar{s}$ 为无量纲复频率,$\bar{s} = sl/a = \bar{\nu} + j\bar{\omega}$;$\bar{Z}_1$ 和 $\bar{Z}_2$ 分别为无量纲化管路的入口、出口阻抗,$\bar{Z}_1 = Z_1/\alpha$,$\bar{Z}_2 = Z_2/\alpha$。

由于调节器的频率特性是频率的函数,从而管路出口阻抗 Z_2 也是与频率相

关的复数,令

$$F(\overline{\omega}) = \frac{(1+\overline{Z}_1)(1-\overline{Z}_2)}{(1-\overline{Z}_1)(1+\overline{Z}_2)}$$

则式(4-53)可变为

$$\exp(2\overline{\nu})[\cos(2\overline{\omega})+\mathrm{jsin}(2\overline{\omega})] = F(\overline{\omega}) \qquad (4-54)$$

实部、虚部对应相等,则有

$$\exp(2\overline{\nu})\cos(2\overline{\omega}) = \mathrm{Re}(F(\overline{\omega})) \qquad (4-55)$$

$$\exp(2\overline{\nu})\sin(2\overline{\omega}) = \mathrm{Im}(F(\overline{\omega})) \qquad (4-56)$$

上面两个方程为超越方程,可采用数值法(如 Newton – Raphson 法)求出各阶固有振荡频率 $\overline{\omega}$ 以及对应的增长率 $\overline{\nu}$。

以 $\overline{Z}_1 = 0$ 为例,此时系统入口阻力为 0,根据上述方法,计算在不同管路长度下的系统前两阶固有频率以及对应的无量纲指数增长率 $\overline{\nu}$,如图 4 – 11 所示。

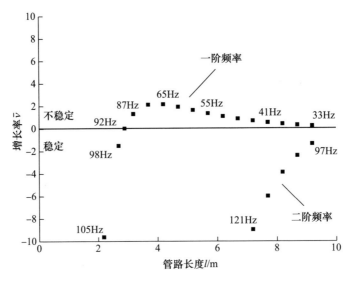

图 4 – 11 不同管路长度下系统一、二阶固有频率和对应的增长率

由图 4 – 11 可得,在管路长度小于 3.1m 时,系统第一、二阶固有频率对应的 $\overline{\nu}$ 值均小于 0,说明系统是稳定的。在管路长度超过 3.1m 时,系统一阶固有频率对应的 $\overline{\nu} > 0$,系统趋向不稳定,说明 3.1m 是系统一阶谐振的临界长度,其临界频率为 92Hz。随着管路长度的继续增加,系统一阶固有频率对应的 $\overline{\nu}$ 值表现出先增加后减小的趋势,而系统二阶固有频率对应的 $\overline{\nu}$ 值不断增加,并在管路长度在 9.2m 时,$\overline{\nu}$ 值刚好跨过 0,这时二阶固有频率的振荡开始趋向不稳定,说

明 9.2m 也是系统二阶谐振的临界长度,二阶固有频率成为临界频率,也为 92Hz。随着管路长度的继续增加,一阶、二阶固有频率的指数增长率均大于 0, 说明在不稳定振荡的发展过程中,既有一阶频率分量,也有二阶频率分量。管路长度的继续增加,二阶固有频率对应的 $\bar{\nu}$ 超过一阶频率对应的增长率,表明系统自由振荡的发展过程中以二阶频率分量为主。

4.1.5 流量调节器 – 泵压管路系统的频率特性和稳定性

当发动机涡轮泵开始工作,燃料二级泵压力超过起动箱压力后,二级泵开始接力起动箱为燃气发生器提供燃料。因此,燃料二级泵至燃气发生器的供应路应作为重点分析的对象,其中流量调节器在该系统中起着关键作用。

建立真实发动机燃料二级泵到发生器燃料喷嘴前系统模型,如图 4 – 12 所示。由燃料二级泵供应高压煤油,燃料通过流量调节器、点火导管、发生器燃料阀及其连接管路等特性组件进入燃气发生器。

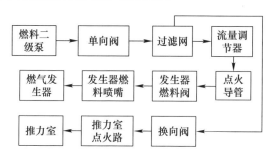

图 4 – 12 泵压系统的发生器燃料路系统简图

边界条件:发动机工作过程,燃料二级泵提供恒定流量的燃料,认为泵出口为系统闭端;喷注器设置为声速喷嘴边界条件。

对各组件的传递矩阵模型进行组集,系统总的传递矩阵关系可以表示为

$$\begin{Bmatrix} \delta p_e \\ \delta q_e \end{Bmatrix} = \boldsymbol{T}_f \cdot \begin{Bmatrix} \delta p_i \\ \delta q_i \end{Bmatrix}$$

其中总矩阵为

$$\boldsymbol{T}_f = \boldsymbol{T}_{resis} \boldsymbol{T}_{pipe2} \boldsymbol{H}_{regu} \boldsymbol{T}_{pipe1}$$

式中:$\boldsymbol{T}_{resis}$ 为出口局部流阻传递矩阵;$\boldsymbol{T}_{pipe1}$、$\boldsymbol{T}_{pipe2}$ 分别为调节器前、后直管段的传递矩阵;$\boldsymbol{H}_{regu}$ 为调节器的传递矩阵。

燃料二级泵作为系统的入口,近似为扰动波的声学闭端,即 $\delta q_i = 0$。将出口压力作为主动扰动源,可以计算出该流路系统的多个传递函数为

$$\frac{\delta q_e}{\delta p_e} = \frac{\boldsymbol{T}_{f(2,1)}}{\boldsymbol{T}_{f(1,1)}} \qquad (4-57)$$

$$\frac{\delta p_1}{\delta p_e} = \frac{\boldsymbol{T}_{\text{pipe1}(1,1)}}{\boldsymbol{T}_{f(1,1)}} \qquad (4-58)$$

$$\frac{\delta p_3}{\delta p_e} = \frac{(\boldsymbol{H}_{\text{regu}} \cdot \boldsymbol{T}_{\text{pipe1}})_{(1,1)}}{\boldsymbol{T}_{f(1,1)}} \qquad (4-59)$$

$$\frac{\delta x}{\delta p_e} = \frac{\boldsymbol{T}_{(5,1)}}{\boldsymbol{T}_{(3,1)}} \cdot \frac{\delta p_1}{\delta p_e} + \boldsymbol{T}_{(5,2)} \cdot \frac{\delta p_3}{\delta p_e} \qquad (4-60)$$

在发动机总装结构固定的情况下,燃料二级泵与燃气发生器之间的距离也基本固定,因此保持液流系统中调节器前、后管的总长度 $l=2\text{m}$ 不变,分析调节器在液流系统中的位置对整个系统动态特性的影响。

设定出口局部阻力压降为 1.0MPa,调节器压降为 5.5MPa,在不同的调节器前后管路长度比下,求得调节器出口流量和滑阀位移相对出口压力扰动的幅频特性,如图 4-13 所示。结果表明,调节器处于管路系统中不同位置,出口流量频率响应的幅频特性在低频范围内变化很小,但在较高频范围内存在明显的不同。当调节器前后管路长度比为 3/2 时,在 462Hz 的谐振频率下,系统出口流量的响应幅值达到很高的峰值;同时,调节器滑阀的位移响应也出现明显的峰值,表明调节器的滑阀在管路系统的谐振频率处产生了很强的随动响应。

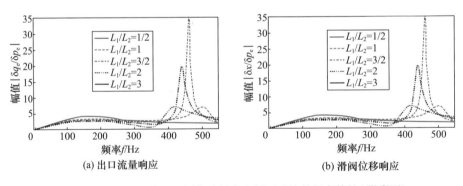

图 4-13 调节器前后不同管路长度比例下系统的频率特性(附彩页)

在流量调节器出口流量响应特性最大状态下,保持调节器前后管的总长度 $l=2\text{m}$ 和前后管路长度比值不变,固定系统进出口之间的总压降为 6.5MPa,改变出口集中流阻的压降,由于调节器自身的特性,调节器的稳态压降会相应地调整变化。在不同的平衡点上,分析压降分配对系统频率特性的影响,计算结果如图 4-14 所示。综合两方面影响,出口局部流阻的增大能明显减小系统在谐振峰处的出口流量响应和滑阀位移响应,有利于提高系统的稳定性。

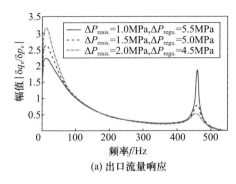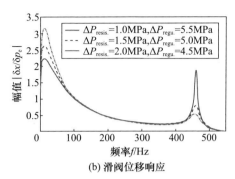

(a) 出口流量响应　　　　　　　　(b) 滑阀位移响应

图 4-14　不同出口局部阻力下系统的频率特性(附彩页)

此外,结合图 4-7,流量调节器自身的谐振频率在 200Hz 以内。对比图 4-7 和图 4-14,在 200Hz 以内,随着流量调节器压降的增加,调节器流量对压力扰动的响应幅值降低,同时滑阀响应的敏感性也减小,说明提高调节器的压降有助于减小调节器的出口流量脉动。另外,由于集中流阻位于声学开端和流量脉动的波腹位置,增大该部分的压降,也直接耗散系统的振荡能量。因此,当系统总压降一定时,需要比较压降在调节器和出口集中流阻两者之间的分配对系统频率特性的影响。

4.1.6　流量调节器-管路系统自激振荡抑制方法

基于自激振荡机理开展流量调节器-管路系统自激振荡抑制方法研究,获得引起自激振荡的敏感因素,并针对流量调节器自身结构及管路结构提出改进意见。

通过分析流量调节器结构参数对稳定性的影响后得出,选取合适的滑阀节流口结构和减小滑阀边缘厚度 δ_{cr} 可以提高系统的工作稳定性。滑阀边缘厚度 δ_{cr} 与加工工艺、必需的结构刚度相关,存在极小值。因此,本节重点研究不同滑阀节流口型面对流量调节器-管路系统稳定性的影响。

分析入口管路长度对流量调节器稳定性的影响发现,入口管路在一定长度范围内时,流量调节器-管路系统会出现自激振荡现象。通过选取合适的管路长度和直径,基于流量调节器-管路系统时域模型,研究入口管路惯性参数对系统稳定性的影响。

4.1.6.1　流量调节器滑阀节流口结构改进

1) 滑阀节流口结构参数选取

通过在流量调节器套筒周向均布小孔,改变滑阀遮挡孔流通面积以实现调节管路压降,这些小孔的形状可以是圆形、三角形或矩形等。为了对比不同形状滑阀节流口结构对流量调节器稳定性的影响,确定滑阀节流口参数选取原则:①3种滑阀节流口总流通面积 A_x 相同;②流量调节器在设计点(额定工况)流通面积相同。滑阀节流口无量纲流通面积 $\tilde{A}_x$ 与滑阀位移 x 对应关系见图4-15。

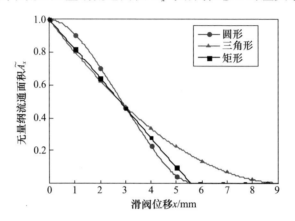

图4-15　不同滑阀口形状对应的无量纲流通面积

2) 流量调节器负载特性

负载特性表征流量调节器在不同压降下维持流量的能力,当压降低于起调压降时,流量随压降变化较大。图4-16表明,滑阀节流口为圆形结构时的仿真结果与负载特性试验结果基本吻合,从静态响应的角度验证了流量调节器模型的准确性。圆形滑阀口结构的流量调节器在压降较大时出现了负差率,存在系统不稳定的可能,而三角形和矩形结构在压降较大时仍然为正差率。

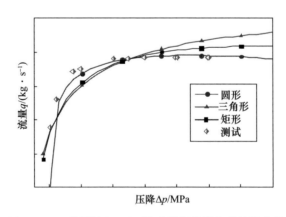

图4-16　不同滑阀口型面的流量调节器负载特性曲线

3) 滑阀节流口结构对自激振荡抑制作用

对上述 3 种不同滑阀节流口结构的流量调节器进行动态仿真,获得了流量调节器在小流量大压降状态下的工作瞬态响应。图 4-17 所示为不同滑阀节流口结构的流量调节器中间腔压力 p_2 的瞬态过程,图 4-18 所示为中间腔流量 q_1 的瞬态过程。结果表明,采用三角形滑阀节流口结构的流量调节器管路系统未发生自激振荡现象,而矩形滑阀节流口结构的流量调节器发生的自激振荡现象幅值最大,其振荡幅值超过了圆形滑阀节流口结构的振荡幅值。调节器在小流量大压降状态下工作时滑阀位移达到最大值,如图 4-19 所示,与图 4-15 所示的滑阀节流口无量纲流通面积与滑阀位移关系对比,矩形结构的滑阀节流口面积与滑阀位移的无量纲斜率为负值最大,使该结构形式的调节器系统自激振荡幅值最大,三角形结构的滑阀节流口面积与滑阀位移的无量纲斜率为负值最小,整个系统是稳定的。因此,在滑阀节流口较小时,滑阀位移扰动通过滑阀节流口变化直接影响液动力,从而影响滑阀振子系统平衡。液动力随滑阀周期运动而改变,形成了整个系统自激振荡的激励源。

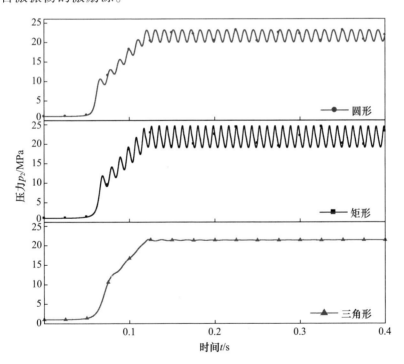

图 4-17 流量调节器过渡过程中间腔压力曲线

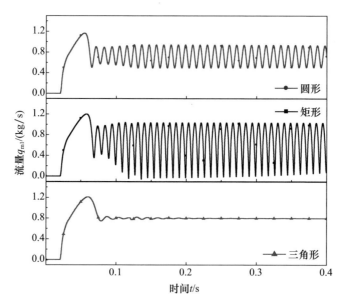

图4-18 流量调节器过渡过程中间腔流量曲线

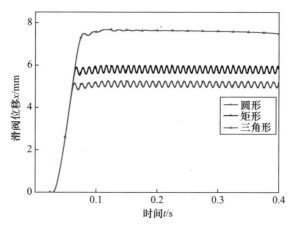

图4-19 流量调节器过渡过程滑阀位移曲线(附彩页)

流量调节器采用三角形滑阀节流口型面,使其无量纲斜率 Ψ_x 最小、系统稳定性最高,可有效抑制系统的自激振荡。

4.1.6.2 入口管路结构改进

1) 入口管路结构参数选取

起动箱到流量调节器之间的组件包括单向阀、三通和过滤器等,并通过管路连接。结合入口管路结构参数,选取的两种结构参数方案为:①将其中一段可调整管路的直径增大至原管路直径的 2 倍;②缩短入口管路,改进后长度为原长度的 1/2,并相应调整起动箱的位置。

2) 入口管路结构对自激振荡的抑制作用

对上述两种入口管路结构方案的流量调节器管路系统进行数值模拟,获得了流量调节器在小流量大压降状态下的工作瞬态过程。图 4-20 对比了两种方案对应的流量调节器中间腔压力 p_2 的瞬态过程,图 4-21 对比了两种方案对应

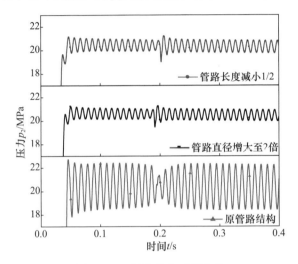

图 4-20 压力稳定过程曲线

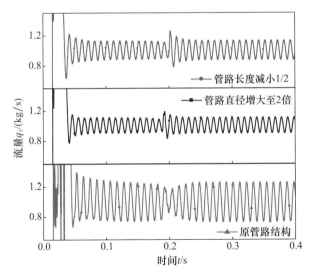

图 4-21 流量稳定过程曲线

的流量调节器中间腔流量 q_1 的瞬变过程。分析发现,两种改进措施都能改变管路系统自激振荡频率,并在一定程度上可减小管路系统自激振荡幅度,但均不能完全抑制这种自激振荡。

4.1.7 流量调节器-管路系统自激振荡特性试验

结合某流量调节器在小流量负载特性试验中的振荡现象,进行仿真与试验数据对比分析。试验台以水为工质,入口设置 0.3MPa 的节流元件,入口管路总长为 4m,通过改变流量调节器出口压力以调节流量调节器压降,从而获得流量调节器的负载特性。在试验过程中随着流量调节器压降升高,管路系统出现了频率为 85Hz 的低频自激振荡现象。

4.1.7.1 幅频特性

在对流量调节器小流量负载特性试验研究的基础上,分别选取了流量调节器压降为 8MPa、10.4MPa、11.6MPa 和 18MPa 时的试验数据,并对流量调节器入口压力 p_1 数据进行 FFT 分析,得到了流量调节器不同压降对应的幅频特性,如图 4-22 所示。对流量调节器-管路系统模型进行线性化小偏差处理,通过频域仿真计算[11]获得了流量调节器压力受入口压力扰动下的响应曲线。与试验数据进行对比,仿真结果与试验结果的频率变化关系一致;流量调节器压降为 18MPa 时,仿真结果与试验趋势不同是因为线性系统频域仿真获得的幅频特性曲线对于不稳定区域准确性存在误差导致。流量调节器压降在 8MPa 时,试验系统开始出现自激振荡现象,调节器入口压力出现大幅度压力脉动,随着流量调节器压降升高,压力脉动幅值基本呈增大趋势,当调节器压降达到一定值以上,其振荡幅值维持在一个较高的水平。

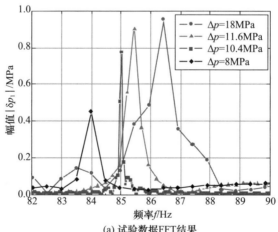

(a) 试验数据FFT结果

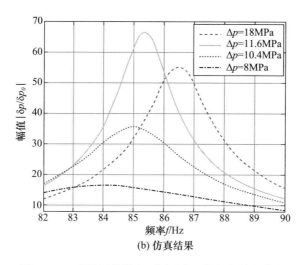

(b) 仿真结果

图4-22 流量调节器在不同压降下的幅频特性曲线

4.1.7.2 稳定边界

根据稳定分析方法,计算流量调节器在不同压降下的系统一阶固有频率和稳定性裕度v,如图4-23所示。随着压降升高,系统稳定性降低,这与试验结果一致;随着压降升高,系统频率也逐渐升高,但变化范围很窄,仿真结果与试验结果一致。分析了三角形、圆形滑阀节流口结构的流量调节器在相同管路系统中的稳定边界,可以得出三角形滑阀节流口结构下流量调节器-管路系统在所有压降范围内都能保持系统稳定。通过优化设计滑阀节流口可以有效抑制流量调节器在小流量大压降工作状态下的系统自激振荡现象,可有效提高系统的稳定性。

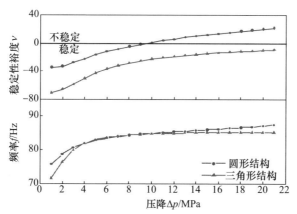

图4-23 流量调节器不同压降对稳定裕度和频率的影响

4.2　单向阀-管路系统动态特性

在发动机管路系统中设置单向阀用于控制流体按照特定方向流动。通常在主路分支上设置单向阀为其他分系统输送推进剂,而单向阀内的滑阀弹簧振子受到流体作用,存在阀芯振荡导致分支管路系统发生流体振荡的可能,从而影响到主管路流体稳定性。当分支管路设计流量低于单向阀设计流量时,流量下降使滑阀两端压降不足以克服弹簧力时,阀芯会在弹簧力和阀入口压力的综合作用下发生自激振荡现象,在主路或燃烧组件固有频率与激振频率接近的情况下,会造成局部系统的失稳。

某型发动机在氧主路设置分支管路为蒸发器供应液氧,在分支管路上设置了单向阀防止液氧进入蒸发器。发动机试验考核蒸发器小流量供应状态时,由于液氧流量小于单向阀初始设计流量,实际单向阀压降不足以维持阀芯完全打开,在试验过程中单向阀阀芯出现颤振,蒸发器路出现732Hz的流体自激振荡[14],由于自激振荡频率接近于燃气发生器的一阶纵向声振频率。因此,在发生器氧系统形成了耦合振荡,发动机结构振动大幅增加,导致发动机试验中止。

为了验证液氧单向阀流路自激振荡特性,将单向阀流路系统单独进行了液流模拟试验。在一定进、出口压力条件下,复现了液氧单向阀流路系统的自激振荡,且液氧单向阀上的振动远大于导管结构振动,分解后阀芯配合圆柱面上有明显的碰磨痕迹,证明了液氧单向阀阀芯发生了颤振。

为了解释这一现象,避免发动机试验中类似问题重复出现[15-18],就要分析单向阀自激振荡机理和振荡频率特性,结合液流试验开展单向阀管路系统自激振荡稳定性仿真研究,找出引起单向阀自激振荡的影响因素和稳定边界,以制定单向阀改进措施。

4.2.1　单向阀-管路系统结构及数学模型

单向阀位于发动机蒸发器路,结构见图4-24,主要由阀芯、弹簧及壳体组成。当入口压力升高时,阀芯向右运动,走完行程后与壳体接触限位,推进剂经单向阀入口、阀座节流处、阀芯小孔,从出口流至氧蒸发器。

4.2.1.1　单向阀动力学模型

在发动机起动前,单向阀入口压力较低,阀芯受弹簧力作用处在最左位置,阀芯左端面与壳体接触形成密封,防止流体流通。当发动机起动,在单向阀入口建压后,阀芯前后压差克服弹簧力,阀芯向右运动,阀门打开;正常情况下,阀芯

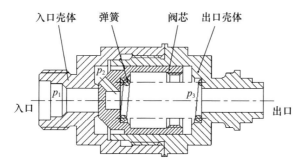

图 4-24 液氧单向阀结构示意图

打开后,流体在单向阀上产生的压差足以克服弹簧力,将阀芯压在最右端,保证阀门在工作过程中可靠打开。当阀芯前、后压差不足以克服弹簧力时,阀芯则处于轴向自由状态,在前后压力波动的情况下,阀芯上的受力也产生波动,使阀芯的开度产生波动,对流体的流动产生扰动,从而结构运动与流体的压力波动相互作用,在合适的条件下系统呈现不稳定状态。

根据液氧单向阀的工作过程,对于阀芯未完全开启、处于轴向自由状态,采用二阶振荡系统建立单向阀的动态方程,即

$$m\frac{\mathrm{d}^2 x}{\mathrm{d}t^2} = -F_0 - kx + p_1 A_1 + p_2(A_3 - A_1) - p_3 A_3 - f\frac{\mathrm{d}x}{\mathrm{d}t} - F_\mathrm{f}\mathrm{sign}(v) + F_\mathrm{s} + F_\mathrm{i}$$
(4-61)

$$J_x \frac{\mathrm{d}q_x}{\mathrm{d}t} = p_1 - p_2 - \xi_x q_x^2 \tag{4-62}$$

$$J_\mathrm{h} \frac{\mathrm{d}q_\mathrm{h}}{\mathrm{d}t} = p_2 - p_3 - \xi_\mathrm{h} q_\mathrm{h}^2 \tag{4-63}$$

$$\frac{(V_{20} + A_3 \bar{x})}{a^2} \frac{\mathrm{d}p_2}{\mathrm{d}t} + \rho_\mathrm{L} A_3 \frac{\mathrm{d}x}{\mathrm{d}t} = q_x - q_\mathrm{h} \tag{4-64}$$

式中: x、v、m 分别为阀开度、阀芯速度和阀芯、弹簧的总质量; q_x、q_h 分别为流过阀节流口和阀芯孔的质量流量; p_1、p_2、p_3 分别为单向阀入口、中间环形腔和出口的压力; J_x、J_h 分别为单向阀节流口和阀芯孔的惯性系数; ξ_x、ξ_h 分别为节流口和阀芯孔的流阻系数; A_1、A_2、A_3 分别为入口压力、环形腔压力、出口压力的作用面积; f 为阀芯导向面间隙黏性摩擦力系数,按层流黏性力计算; k、F_0 分别为弹簧刚度、预紧力; F_f 为干摩擦力; F_s、F_i 分别为稳态、瞬态液动力。

对其他参数进行定义,将流阻系数表示为 $\xi_x = \dfrac{1}{2\rho(\mu_x A_x)^2}$、$\xi_\mathrm{h} = \dfrac{1}{2\rho(\mu A_\mathrm{h})^2}$,

节流口的流通面积 $A_x = \pi d_1 x$,μ 为流量系数,d_1 为阀座通道内径,A_h 为 3 个阀芯小孔的总面积;黏性摩擦力系数 $f = \dfrac{\rho v A_b}{\delta_b}$,$v$ 为流体的运动黏性系数,A_b 为阀芯与壳体的环形导向面积,δ_b 为阀芯与壳体导向面之间的间隙。

当流体介质通过阀芯时,由于流速的大小和方向均发生变化,因而对阀芯施加一个反作用力,即为作用在阀芯上的液动力,包括稳态液动力和瞬态液动力。

稳态液动力 F_s 是定常状态下,流过节流口的流体产生动量变化而引起的反作用力。根据此单向阀的结构,其方向与流动方向相反,有

$$F_s = -\dfrac{q_x^2}{\rho A_1} \tag{4-65}$$

瞬态液动力 F_i 是阀芯开启或关闭导致流体产生加速或减速而造成对阀芯附加的反作用力,其方向与阀腔内液流加速度方向相反。当阀芯开度增大时,流体加速,故可判断此单向阀瞬态液动力方向与阀芯运动方向相反,有

$$F_i = -l_f \dfrac{\mathrm{d} q_x}{\mathrm{d} t} \tag{4-66}$$

式中:$l_f = \delta_h A_1 / A_h$ 表示液动力阻尼长度,δ_h 为阀芯小孔的长度。

4.2.1.2 管路系统模型

基于图 4-25 所示的单向阀液流试验系统建立管路系统数学模型,模拟发动机管路系统中进、出口压力条件下的瞬态过程,作以下假设:

(1)管道与腔道内的流动为一维流动;
(2)所有管壁与腔道内壁都为刚性壁面;
(3)水中声速为定值,考虑一定的含气量,取声速值 $a = 1200\mathrm{m/s}$;
(4)计算中假设液流系统进、出口压力 p_i、p_e 为定值。

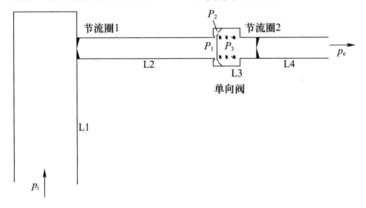

图 4-25 单向阀液流试验系统示意图

在系统小流量状态下,前、后节流圈的流阻系数很大,由液流试验结果得 $\xi_1 = 4.11 \times 10^8 (\text{kg} \cdot \text{m})^{-1}$、$\xi_2 = 3.22 \times 10^8 (\text{kg} \cdot \text{m})^{-1}$。

对单向阀前、后流体管路采用分段集中参数模型。为了能精确模拟单向阀出现的中高频激振现象,减小压力波动的相位误差,对于单向阀前后的管路,要求保证一个振荡波长内节点数 $n \geq 40$,即管路分段长度应满足

$$l \leq \frac{a}{f \cdot n} \approx 50 \text{mm} \quad (4-67)$$

支路入口的高压降节流圈之前的大直径主管路对单向阀的影响较小,为了减小计算量,分段长度可以适当增大。

在每段管路中考虑阻力、惯性和压缩性,运动方程与连续方程为

$$J_i \frac{\mathrm{d}q_i}{\mathrm{d}t} = p_{i-1} - p_i - \xi_i q_i^2 \quad (4-68)$$

$$C_i \frac{\mathrm{d}p_i}{\mathrm{d}t} = q_i - q_{i+1} \quad (4-69)$$

式中:p_i、J_i、C_i 为每段内的压力、惯性系数和流容系数;q_i、q_{i+1} 为流入和流出管段的质量流量。

计算中采用的系统管路结构参数如表 4-1 所列。

表 4-1 管路系统参数

管路代号	L1	L2	L3	L4
长度/mm	680	200	70	150
内径/mm	44	8	10	16
分段数	6	4	2	4

单向阀流路系统的动态数学模型由一组非线性微分、代数方程构成,将动力学模型写成状态空间表达式形式,即

$$\begin{cases} \dot{X} = F[X(t), Y] \\ g(X, Y) = 0 \end{cases} \quad X(t) \in V \quad (4-70)$$

式中:X 为系统所有状态变量组成的列向量;F 为系统的常微分方程组;Y 为中间变量;g 为代数方程;V 为状态变量存在物理意义的状态空间。

针对不同的初值 $X(0)$ 条件,通过四阶龙格-库塔数值积分法求解 $X(t)$,以研究系统的稳定性。在数值计算过程中,由于阀芯开度 x 趋于 0 时(即阀芯趋于关闭状态),ξx 趋于无穷,方程刚性很大,为了保证计算精度,取计算时间步长 $\Delta t = 2 \times 10^{-7}$ s。同时,为了避免出现分母为零的情况,在计算中当 $x \leq 10^{-3}$ mm

时即可认为到达零开度(阀芯为关闭状态)对应位置,若此时 $v<0$,强制设置为 $x=10^{-3}\text{mm}$、$v=0$,以表示阀芯与阀座产生碰撞;同理当 $x \geqslant 3\text{mm}$,则达到全开度对应位置,阀芯完全打开,若此时 $v>0$,则强制设为 $x=3\text{mm}$、$v=0$。

4.2.2 单向阀-管路系统自激振荡时域仿真

4.2.2.1 单向阀-管路系统静态特性分析

采用单向阀-管路系统静力学模型,研究不同平衡点 X_b 下的单向阀流量、节流口压降与位移 x 之间的关系,并计算在不同管路系统进、出口条件和进、出口节流阻尼条件下的平衡点。

单向阀弹簧振子静态模型为

$$(p_1-p_2)A_1+(p_2-p_3)A_3-kx=F_0 \quad (4-71)$$

令 $k_1 x=(p_1-p_2)A_1+(p_2-p_3)A_3$,则有

$$F_0=(k_1-k)x \quad (4-72)$$

式中:$k_1=f(q_x,x)$,通过流体静力学模型平衡位置确定,k_1 越大,则表示单向阀静态流阻越大。根据不同平衡点位置,可以得出单向阀腔等效刚度 k_1 与单向阀位移的关系曲线如图 4-26 所示。通过对单向阀管路系统静态特性分析得出,单向阀等效刚度与单向阀静态位移关系密切,阀芯平衡位置距离端面越近,k_1 越大,则发生振荡时频率越高。

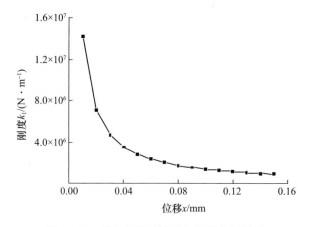

图 4-26 单向阀等效刚度与阀芯位置关系

4.2.2.2 时域仿真计算与验证

采用液流试验出现单向阀自激振荡时的进出口压力,$p_i=13.62\text{MPa}$,$p_e=2.2\text{MPa}$。各状态变量初始值设置为:阀芯关闭,处于零开度,$v=0$,节流口前压

力均为入口压力,节流口后压力均为出口压力,流量均为0,以此初始状态条件模拟阀芯的瞬间开启过程。图4-27所示为该条件下阀芯开度与速度的相图,图4-28所示为系统各状态参数随时间的变化。

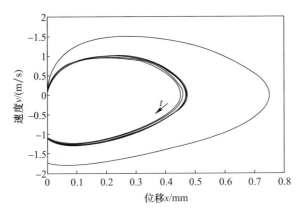

图4-27 阀芯运动相图

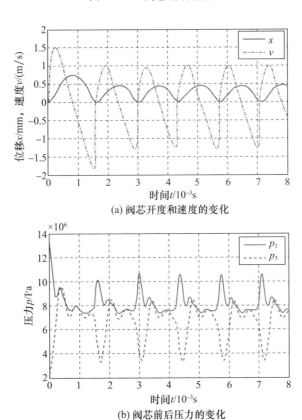

(a) 阀芯开度和速度的变化

(b) 阀芯前后压力的变化

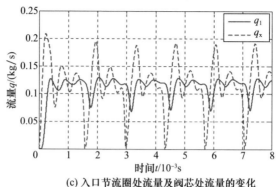

(c) 入口节流圈处流量及阀芯处流量的变化

图 4-28 系统参数的时域变化

从图 4-27 和图 4-28 得出,在阀芯开启之后系统各参数进入了一个相对稳定的复杂振荡状态,在阀芯运动状态相图中形成了闭合的极限环。阀芯开度变化的周期约 1.370ms,求得极限环频率为 729.9Hz,与试验测量值 732.5Hz 的相对误差为 0.35%,表明计算结果较好地反映了单向阀流路系统的振荡特性。相图上显示阀芯开度位置到达零之前阀芯速度 $v<0$,说明阀芯与阀座在该处发生碰撞(碰撞前阀芯速度绝对值为 1.1m/s),这与试验后单向阀阀芯密封面上有碰磨痕迹相吻合。

从各状态参数随时间的变化可以看出,阀芯前后的压力 p_1、p_3 和流过阀芯的流量 q_x 的振荡幅度很大。在阀芯趋于关闭时,p_1 急剧升高,q_x 急剧降低而接近于 0,p_3 也迅速降低,阀芯前、后的压差急剧增大,较大的静压差使阀芯迅速打开。随着阀芯的再次打开,通过阀芯的流量 q_x 迅速增大,由于阀芯前管路的惯性,此时从第一道节流圈流入的流量 q_1 存在一定的滞后,还处在下降阶段,从而导致阀芯前段压力 p_1 迅速降低。阀芯后段压力 p_3 在很短的时滞后达到最小值后,在流量 q_x 大幅增大的作用下,p_3 迅速升高。这样导致阀芯前后静压差很快降低,甚至出现 p_3 超过 p_1 的短暂时刻,在弹簧力的作用下,阀芯又迅速趋于关闭。如此反复,维持了系统的自激振荡过程。阀芯开度的变化,引起阀芯前后压力的大幅波动,前、后压差的变化又对阀芯产生幅值很大的交变作用力,阀芯和流体的运动相互作用,两者之间建立了正反馈,从而导致耦合系统的自激振荡。

稳定振荡阶段主导管中间段压力的变化如图 4-29 所示,随阀芯的开闭,管路中压力脉动呈现出明显的非简谐振荡现象,分频后结果如图 4-30 所示。除了有 729.6Hz 的基频外,还有 1463.9Hz、2193.6Hz 的 2 倍、3 倍频分量,这是因为强非线性系统的周期解脉动波形相对简谐振荡畸变严重,对其线性分频后,自然产生多个倍频分量。在主导管某一时段内试验脉动压力的频谱图如图 4-31

所示,可见有显著的 729.1Hz 基频(试验测量的频率在不同时刻有轻微的变动)和 1457.8Hz、2185.0Hz 的 2 倍、3 倍分量。两者的频率特征相吻合,说明实际管路中压力脉动也存在很强的非线性。在基频处计算值和试验值的幅值都约为 6500Pa,进一步验证了数值计算方法的合理性。

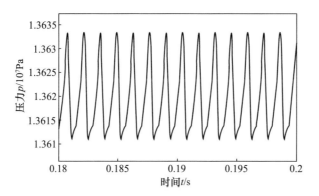

图 4-29 稳定振荡阶段主导管中压力的变化

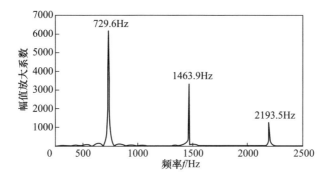

图 4-30 主导管中仿真压力脉动量的幅频特性

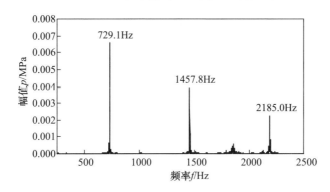

图 4-31 某一时段主导管测点处压力脉动试验频谱

改变阀芯运动的初值 $X(0)$，分别以阀芯有一定的小开度以及具有大开度、速度作为初值，计算阀芯的运动相图，并与阀芯为零开度的初值条件相比较，如图 4-32 所示。结果表明，在不同的初值条件下，系统最终进入同一个极限环，并保持相同频率和幅值的振荡，因此系统自激振荡的极限环是一个具有大范围吸引域的稳定极限环，该稳定极限环是状态空间中一个孤立的闭轨。

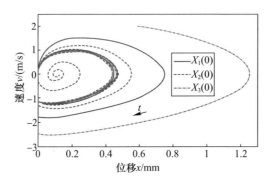

图 4-32 不同初值条件下阀芯运动相图（附彩页）

通过静态计算程序可以求出系统的平衡点 X_b，当把系统初值点设置在平衡点 X_b 附近时，在相同的仿真条件下，计算结果如图 4-33 所示。阀芯开度最终稳定在 0.11mm 处，阀芯速度为 0，各处流量均为 0.11kg/s，这也与试验中此条件下测量约 0.12kg/s 的平均流量相吻合。系统在平衡点附近是局部稳定的，而前面仿真结果表明，系统初值远离平衡点时，系统是不稳定的，并且在不同的初值下计算，系统都进入同一极限环，维持相同的频率、幅值。这说明在系统平衡点周围存在一个局部吸引域，系统在这个吸引域内扰动时，若系统能很快地达到稳定，阀芯就不会颤振；当扰动超过这个吸引域，系统进入极限环的吸引域时，阀芯产生周期性的颤振，在管路中形成了稳定周期性的压力波动。这一现象就

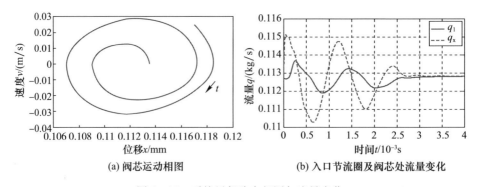

(a) 阀芯运动相图　　　　　　(b) 入口节流圈及阀芯处流量变化

图 4-33 系统局部稳定相图与流量变化

是非线性系统局部稳定、大范围不稳定的典型特征。系统在平衡点附近局部稳定的原因可以解释为,在平衡点附近,阀芯前、后的液压力和弹簧力接近于平衡,阀芯的运动速度也很小,此时摩擦力的阻尼作用就很明显,摩擦力与阀芯速度的方向相反,不断阻碍阀芯的运动,最终使系统收敛于平衡点。

4.2.3 液流系统稳定性

对于单向阀液流试验系统,可以先计算出状态变量处于平衡点时管路系统的声学频率,以此来判断单向阀是否与管路系统的声学频率相耦合。由于单向阀前后的节流圈阻抗很大,图 4 – 25 中的液流试验系统的主管路 L1 和出口管路 L4 的两端边界条件都近似于声学开 – 闭边界,其声学频率 $f = na/4L(n = 1,3,5,\cdots)$。代入 L1 和 L4 管路的长度和声速公式,求得液流系统入口主管路的前二阶声学频率分别为 441.2Hz 和 1323.6Hz,出口管路的一阶声学频率为 2000Hz,两者与仿真计算的单向阀自激振荡频率约 730Hz 差别很大,表明单向阀自激振荡与 L1 和 L4 管路的声学频率无关。

对于包含两个节流圈的中间两段管路 L2、L3,其管路直径明显小于 L1、L4,见表 4 – 1,因此第一道节流圈的入口边界和第二道节流圈的出口边界都可以近似为声学开端。在系统的稳态平衡点处,把单向阀作为固定节流口,计算出阀芯前端压力对节流圈前压力扰动的幅频响应,如图 4 – 34 所示。幅频响应曲线表明该部分管路的声学谐振峰约 2770Hz,且由于节流圈和阀芯节流的大阻尼作用,谐振峰的幅值很低。因此,单向阀的自激振荡也与该部分管路的声学频率无关。

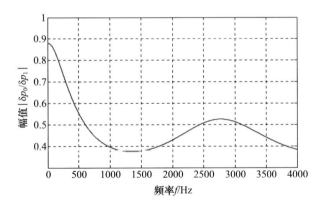

图 4 – 34 节流圈之间管路的幅频特性

同理,在系统的稳态平衡点处,将单向阀作为固定节流口,求解整个液流管路系统的声学频率。图 4 – 35 所示为系统出口流量以及阀芯前压力对系统入口压力扰动的幅频特性。整个液流管路的谐振峰频率为441Hz的奇数倍频,主要表现为液氧主管路 L1 的各阶声学频率,出口流量的幅频曲线还包含了2000Hz的声学频率。

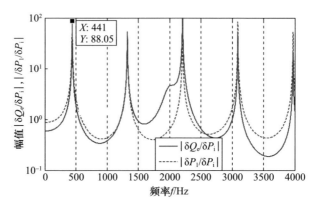

图 4-35　液流管路系统的幅频特性

上述管路系统声学频率的计算结果说明,单向阀的自激振荡频率与整个液流系统的声学频率或局部管路的声学频率都相差很大,单向阀自激振荡和管路系统的声学频率无关,其不稳定机理不同于流量调节器-管路耦合系统的不稳定机理。

此外,单向阀流路系统自激振荡的主因是单向阀在小流量情况下,阀芯前后的压差无法完全克服弹簧力,阀芯的开度很小导致。由公式 $\xi_x = \dfrac{1}{2\rho\,(\mu A_x)^2}$,可知 $\dfrac{\partial \xi_x}{\partial x} = -\dfrac{\pi d_1}{\rho \mu^2}\dfrac{1}{(A_x)^3}$,在小开度下,节流口面积 A_x 非常小,阀芯节流口流阻系数 ξ_x 对阀芯开度 x 的变化非常敏感,微小的开度波动,可以引起流阻系数 ξ_x 很大的变化,从而引起经过阀芯的流量也随之剧烈变化。另外,由于单向阀前后的节流圈流阻很高,流过两节流圈的流量变化较小,使前后节流圈与阀芯之间的两段管路 L2、L3 中的压力在进、出流量不平衡作用下大幅波动,导致阀芯前后压差随之大幅变化,大幅变化的压力差又能使阀芯的开度快速变化,从而形成了不稳定的正反馈,使单向阀的阀芯以较高的频率不断地打开和关闭。该不稳定系统的反馈回路如图 4-36 所示。

因此,单向阀在小流量和小开度下的自激振荡是单向阀及其前后管路、大压降节流圈所组成系统的一种整体性表现,各部分的参数对系统的稳定性都会产生影响。维持自激振荡的能量来源于系统入口流体介质所具有的高压力,系统进出口之间的大压差使流体介质具有很高的势能。在自激振荡过程中,阀芯开

图4-36 单向阀不稳定系统的反馈回路

度的变化引起通过流量和前后压力的大幅波动,使流体介质的稳态高压能量转化为系统激振的脉动能量。

4.2.4 改进措施

为了适应试车中单向阀流路的小流量状态,避免系统出现自激振荡,需对单向阀采取一定的改进措施。研究表明,提高阀芯小孔的流阻系数,一方面可以维持系统流量基本不变,另一方面可以使阀芯迅速达到全开状态并维持稳定。

改进措施为将阀芯小孔直径减小一半,且将阀芯最大行程也减小一半。由 $\xi_h = 1/(2\rho(\mu A_h)^2)$,阀芯流阻系数约为改进前的16倍。通过仿真验证措施的有效性,在不稳定条件下,即进出口压力 $p_i = 18.5\text{MPa}$、$p_e = 3.3\text{MPa}$,初始值为极限关闭状态,仿真结果如图4-37所示。在1ms内阀芯完全打开,并稳定地停留在最大行程处,各处流量、压力均迅速达到稳定,满足小流量状态的设计要求。单向阀液流试验系统是全局稳定的,这也与单向阀改进后的液流试验结果及试车结果一致,阀芯能够维持完全打开并保持稳定状态。

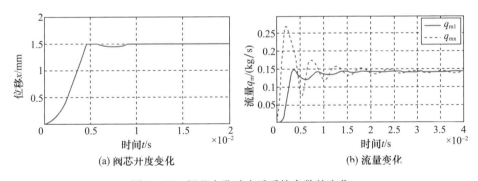

图4-37 阀芯小孔减小后系统参数的变化

参考文献

[1] JOHNSTON D, EDGE K, VAUGHAN N. Experimental inverstgation of flow and force characteristics of hydraulic poppet and disc valves[J]. Proceedings of the Institution of Mechanical En-

[2] JOHNSTON D,EDGE K,BRUNELLUI M. Impedance and stability characteristics of a relief valve[J]. Proceedings of the Institution of Mechanical Engineers, Part A:Journal of Systems and Control engineering,2002,216(5):371 – 382.

[3] FUNK J E. Poppet valve stability[J]. Journal of Fluids Engineering,1964,86(2):207 – 212.

[4] HAYASHI S,HAYASE T,KURAHASHI T. Chaos in a hydraulic control valve[J]. Journal of fluids and structures,1997,11(6):693 – 716.

[5] 谭永华,杜飞平,陈建华,等. 液氧煤油高压补燃循环发动机深度变推力系统方案研究[J]. 推进技术,2018,39(6):1201 – 1209.

[6] 李斌,张小平,高玉闪. 我国可重复使用液体火箭发动机发展的思考[J]. 火箭推进,2017,43(1):1 – 7.

[7] 陈维宇,刘站国. 流量调节器研制中的主要问题及结构改进[J]. 火箭推进,2009,35(6):32 – 35.

[8] 张贵田. 高压补燃循环发动机[M]. 北京:国防工业出版社,2005.

[9] 刘红军. 稳流型流量调节器动态响应特性研究[J]. 推进技术,1999,20(1):60 – 64.

[10] 王昕. 流量调节器动态特性研究[J]. 火箭推进,2004,30(3):19 – 24.

[11] 刘上,刘红军. 流量调节器 – 管路系统频率特性及稳定性[J]. 推进技术,2012,33(4):631 – 638.

[12] 刘上,刘红军. 流量调节器在泵压式供应系统中的动力学特性[J]. 火箭推进,2014,40(2):28 – 34.

[13] ГЛИКМАН Б Ф. 液体火箭发动机自动调节[M]. 顾明初,郁明桂,邱明煜,译. 北京:宇航出版社,1995.

[14] 刘上,刘红军,徐浩海,等. 单向阀流路系统自激振荡特性研究[J]. 火箭推进,2011,37(3):1 – 5.

[15] 赖林,李清廉,周进. 大流量气体减压阀振动问题研究[J]. 火箭推进,2009,34(2):1 – 4.

[16] 余武江,王海洲,陈二峰,等. 单向阀三维动态流场稳定性仿真研究[J]. 火箭推进,2015,41(1):82 – 89.

[17] 王剑中,陈二峰,余武江,等. 气动阀门自激振动机理及动态稳定性研究[J]. 航空动力学报,2014,29(6):1490 – 1497.

[18] 韩新苗,聂松林,葛卫,等. 先导式水压溢流阀静动态特性的仿真研究[J]. 机床与液压,2008,36(10):106 – 108.

第5章
供应系统与燃烧组件耦合稳定性

液体火箭发动机中的流体包括液体管路中的液体和气体管路中的气体。与燃气发生器直接相关的供应系统为泵至发生器的管路系统,一般都为液体管路系统;气路一般由燃气发生器、涡轮、燃气导管和推力室等一系列组件内部流体组成。推进剂供应系统、燃气发生器和推力室燃烧特性以及气路特性都是影响发动机系统稳定性的重要因素[1-2]。推进剂供应系统与燃烧组件的匹配关系满足一定条件时,会诱发燃烧组件发生流量型耦合振荡,通常会导致剧烈的结构振动,影响发动机结构可靠性。流量型不稳定燃烧的数学模型包含两部分,即推进剂供应系统流量振荡对燃烧室压力脉动的响应模型以及燃烧室压力脉动对推进剂供应系统流量脉动的响应模型[3]。燃烧过程与管路流体之间的耦合特性涉及流体力学、燃烧学、声学等多个学科领域,基于时滞理论的唯象模型[4]来描述燃烧过程的动态特性为与燃烧过程相关的耦合理论研究打通了一条大道,在近半个多世纪发挥了重要的作用。总结各类燃烧组件的振荡燃烧特点,对于系统级的流量型耦合振荡可分为两种:一种是燃烧组件气路熵波特性与推进剂供应系统的耦合,这种振荡的频率较低,一般都在100Hz以下;另一种是燃烧组件气路声学特性与燃烧过程、头腔及喷嘴组成的供应系统发生耦合,这种振荡频率较高,属于中频范围,一般在几百赫兹。

5.1 燃烧时滞模型应用

燃烧时滞模型于1960年前后被提出和推广[3-4],其主要思路是将燃烧过程简化为一个系统过程(包括雾化、掺混、燃烧等子过程),引入相互作用指数 n 来表征各子过程之间的相互影响和作用,引入时间迟滞参数 τ 来表征燃料从喷注到生成燃气所经历的特征时间。

5.1.1 经典燃烧时滞模型

燃烧时滞模型采用阶跃式间断过程来代替实际上复杂的推进剂转化为燃气的过程,它是这些复杂中间过程的近似,燃烧时滞的近似如图 5-1 所示。燃烧时滞 τ 是推进剂从喷入燃烧室至生成燃气的滞后时间,该假设的基础是在推进剂流量的扰动和随后的室压波动之间存在时间的延迟[5]。这个滞后时间 τ 包含推进剂的雾化、蒸发、混合和燃烧反应的时间[6]。理解这些中间过程有助于建立更好的模型,目前可采用计算流体动力学模型(CFD)来研究这些中间过程,时滞的估计也可以根据 CFD 计算的热释放峰来计算。

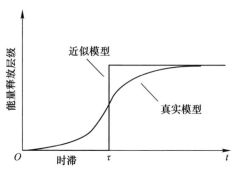

图 5-1 燃烧时滞的近似

总时滞可以分为非敏感时滞和敏感时滞两部分。非敏感时滞不受工作参数变化的影响,通常占总时滞的大部分,该时间内的过程有推进剂的雾化和混合,这些过程主要由喷嘴形状决定,为后面的过程提供了必要的基础[7]。敏感时滞受工作参数变化的影响,该时间内的过程与燃烧相关,如化学反应动力学、加热和扩散等。敏感时滞概念常用于燃烧室固有稳定性分析中,经典的 $n-\tau$ 唯象模型便是其中之一。$n-\tau$ 模型描述了推进剂流量脉动和燃烧室压力脉动的关系,在时域和频域中的形式为[5-6]

$$\frac{q'(t)}{\bar{q}} = \frac{n[p'(t) - p'(t-\tau_s)]}{\bar{p}} \tag{5-1}$$

$$\frac{q'(t)}{\bar{q}} = \frac{n(1-e^{-s\tau_s})p'}{\bar{p}} \tag{5-2}$$

式中:n 为相互作用指数;τ_s 为敏感时滞。该模型假设在整个燃烧过程中,相互作用指数 n 和敏感时滞 τ_s 都为常数。燃烧时滞模型相对简单,但是它提供了一个表象的认识。燃烧时滞模型最早用于压力振荡周期远长于压力波在燃烧室中传播时间的情况,也就是不考虑燃烧室内声学特性的低频情况。

对于集中燃烧常时滞模型,学者们也进行了很多改进工作。比如,在燃烧时滞模型的基础上将燃烧室分为集中参数的燃烧区和一维的流动区[8],对燃烧过程描述的精细程度有所提高;将燃烧室划分为喷注区、燃烧区和流动区3个彼此连接耦合的区域[9]。3个区燃烧室模型中,喷注区包括头部集液腔和喷嘴流道,集液腔采用集中参数容腔模型,喷嘴流道采用分布参数流动模型,燃烧区内只考虑零维的燃烧反应以及燃气与蒸气的混合过程,流动区按照分布参数的等熵绝热流动假设处理,可以详细描述燃烧室点火过程的动态特性。

为了更精确描述燃烧过程,也可以通过不同形状的燃尽曲线来表示燃烧过程在一段时间上和一定长度内的分布过程,比常时滞模型更接近实际[10]。燃尽曲线是已燃的液体推进剂相对量 ϕ 与推进剂在燃烧室内停留时间的关系。燃尽曲线示意图见图 5-2。图中曲线 1 代表 S 形光滑燃尽曲线,曲线 2 代表常时滞燃烧模型,曲线 3 代表线性燃尽曲线。燃尽曲线代表了燃烧过程的综合特性,并不包括燃烧过程的详细信息,也是一种表象分析模型。燃尽曲线的形状取决于燃烧过程的组织方式、初始条件、混合气生成系统和燃烧室压力。

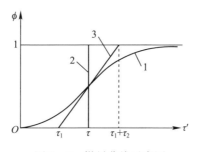

图 5-2 燃尽曲线示意图

若只考虑流量型机理,可以假设燃尽曲线在燃气振荡过程中没有变形,燃尽曲线形状与时间无关,燃气生成速率振荡的唯一原因是进入燃烧室推进剂流量的振荡,这与常时滞模型类似。其区别在于:常时滞是假设燃烧集中在一个很窄的时间段内,而燃尽曲线模型中,燃烧分布在某一段时间内。对于图 5-2 中曲线 1 所代表的 S 形燃尽曲线,假设其变化形式为

$$\phi(\tau') = 1 - \frac{1}{1 + e^{\frac{\tau' - \tau}{d_\tau}}} \quad (5-3)$$

其导函数为

$$\dot{\phi}(\tau') = \frac{e^{\frac{\tau' - \tau}{d_\tau}}}{(1 + e^{\frac{\tau' - \tau}{d_\tau}})^2} \frac{1}{d_\tau}$$

式中:τ 为平均时滞;d_τ 为燃尽曲线的形状,d_τ 越大,燃尽曲线越平缓,燃烧分布的时间越长。

在燃尽曲线无变形情况下,生成燃气的流量表示为

$$q_g(t) = \int_0^{\tau_m} q_1(t-\tau')\dot{\phi}(\tau')d\tau' \quad (5-4)$$

式中:τ_m 为液态推进剂在燃烧区的停留时间。

若分析燃烧过程对声波扰动的响应,则通过燃尽曲线的变形来表示动态的燃烧过程,生成燃气流量的脉动量为

$$\delta q_g(t) = \int_0^{\tau_m} \dot{\phi}(\tau')n(\tau')[\delta p(t) - \delta p(t-\tau')]d\tau' \quad (5-5)$$

不同的燃烧过程对应的燃烧时滞模型不同。在常时滞模型中,不考虑时滞 τ 与燃烧室压力、液滴雾化直径等因素的关系。为了更精准模拟燃烧过程,可采用变燃烧时滞模型。变燃烧时滞模型中,考虑时滞 τ 与燃烧室压力的关系。通常液相推进剂组元转化为气体的反应速度遵循化学动力学定律——阿累尼乌斯定律。弗兰克·卡门涅斯基给出了变燃烧时滞模型中时滞 τ 的计算公式,即

$$\tau = p^{-m} e^{\frac{E}{RT}} \quad (5-6)$$

式中:p 为压力;E 为活化能;T 为燃烧区温度;m 为经验系数。氧化剂和燃料的时滞 τ 不同,但是时滞 τ 与燃烧室压力之间关系的结构形式是相同的。

时滞 τ 还与液滴雾化直径相关,液滴直径由喷嘴压降决定。因此,时滞与液滴初始直径的函数关系为

$$\tau(t) = f[d(t-\tau)]$$
$$d = d(\Delta p, p) \quad (5-7)$$

对于系统级的动态过程研究,详细的多维数值研究计算量过大,研究难度很大。因而常考虑采用简化模型。简化理论模型可以用于设计和反设计,甚至在短时间内指导改进一个已有的发动机系统,在燃烧稳定性的设计和分析中将继续发挥重要作用[11-13]。一方面,相对直接的 CFD 求解,简化理论模型是一种更简洁、有效、快速的方法,更适合工程应用,更有利于人们去理解物理过程的宏观作用机制;另一方面,高阶多维模型精确求解的结果有助于推导出细致的燃烧响应函数,促进简化理论模型的发展。

5.1.2 低阶燃烧模型

在工作过程组织较好的燃烧组件中,燃烧过程主要在离开喷注面不远的区域内进行。在其余的容腔内比较缓慢地进行燃烧产物成分的平衡过程和燃料补燃过程,它们对燃烧稳定性没有显著的影响[11]。在此情况下,可将燃烧组件的整个区段作为声学环节,包括在其中进行补燃的部分,而认为燃烧过程在此前完

全结束。利用这些假设,可以划分出专门的声学环节,其动态特性由充满燃烧产物的气体容腔中的波动过程来确定。据此将燃烧室的动态过程分为两个环节,即燃烧过程环节和流动区声学环节。

对燃烧过程环节建立的半经验分析模型有以下几种。

一种建模思路是,基于 $n-\tau$ 敏感时滞燃烧模型求解火箭发动机燃烧室的纵向非线性振荡燃烧过程[14]。对压力扰动进行声振型展开,建立燃烧室的场振子模型,对燃烧稳定性进行非线性定性分析[15]。通过在空间上对声波扰动量采用切比雪夫多项式展开,建立一种三维热声不稳定模型[16]。受展开基函数的限制,该类模型难以反映平均流速的影响,如平均流速对声振频率的改变,不能反映低频的熵波等[14-16]。因此,该方法适合于平均流速不大、燃气温度不高的燃烧室中,很适合对液体发动机燃烧室的内在不稳定性进行建模分析。

另一种建模思路是,认为燃烧室流动区中的声波扰动相对于平均压力是个小量,将声波方程或 Euler 方程线性化后,求声波的通解。该方法能够考虑平均流速的影响,求解中自然地包含了声波与熵波的叠加。三维线性声波的通解包含了贝塞尔函数,较为复杂,因而常用于分析纵向声学耦合不稳定,能预测每阶声振的增长或衰减率。采用线性声学模型和火焰模型研究圆管中火焰的热声耦合振荡,可以计算出火焰与纵向声波的自激振荡过程。另外,针对一维建模方法也开展了很多研究,Natanzon[10]、Casiano[17]等纷纷进行了一维建模分析,研究实验燃烧室的高频纵向不稳定燃烧,能够分析平均流速、熵波、非稳态热释放的影响,获得了燃烧室的振型、谐振频率和增长率[18-20]。

液氧煤油补燃发动机的富氧燃气发生器与燃烧室相比,情况较为特殊。富氧燃气发生器采用缩进室内燃烧和液相分区的设计概念,在缩进室内使燃烧在靠近化学当量比的条件下进行,以形成稳定的高温燃烧区,产生的高温燃气进一步和喷注单元外围二次喷注的液氧掺混。燃气发生器内存在明显的高温区、低温区和二次喷注的液氧掺混区。另外,燃气发生器中的平均混合比远离化学当量混合比,推进剂流量波动引起混合比波动后,能产生很强的温度波动,形成熵波。熵波以燃气流动速度传播,因而是一种低频波。熵波在传播过程中并不影响流体的压力和速度,但与出口边界相互作用时,会引起压力与速度的振荡,对声学环节产生附加的影响,该影响需要在声学环节模型中体现出来。

通过在常时滞燃烧模型和一维流动区的基础上考虑燃气流动的阻尼和喷嘴的动态作用,以更加准确地预测燃烧室的燃烧稳定性[17]。在拓展的模型中考虑的主要物理性质包括黏性或其他损失造成的阻尼作用、更具普遍性的喷嘴边界条件、均相的气液混合推进剂。这些模型基于高频集中燃烧形式,成功拓展了经典的时滞模型,增强了适用性,应用于实际火箭发动机的稳定性设计中。

5.2 供应系统与燃烧组件声学耦合振荡

发动机在设计状态下能够稳定工作需要满足诸多条件,燃烧特性、喷注特性、管路阻尼发生变化可能导致系统失稳。在某些特征时间常数(燃烧时滞、气路流动时间)和管路阻尼(节流圈位置和阻力)条件下,推进剂供应系统与燃气发生器会形成液路与气路声学耦合振荡。燃气发生器燃气温度低,燃气管路相对较长,燃气纵向声学固有频率在几百赫兹的中频范围。此外,补燃循环发动机的燃气发生器室压高,喷注器压降相对较小,喷注器刚度较低,发生器中的压力波动很容易通过喷注器向推进剂供应管路传播,可能存在耦合反馈作用。

在发动机整机试车中,一定条件下,富氧燃气发生器和供应系统中自发出现中频耦合振荡,持续整个试车过程。中频振荡时,存在强烈的压力振荡和剧烈的结构振动,对发动机的可靠性形成严重的威胁。为了解决该中频耦合振荡问题,需要分析其机理,研究影响因素的影响规律,找出有效的解决措施,同时为解决其他发动机的类似问题提供参考。

5.2.1 供应系统与声学耦合建模

富氧补燃循环液氧煤油发动机的燃气发生器液氧供应系统如图5-3所示。液氧从离心泵流出经过管路、液氧主阀进入燃气发生器液氧头腔,头腔中的液氧通道比较复杂,最终分成两路,一路从氧离心喷嘴进入发生器,另一路经过二次喷注孔进入发生器。

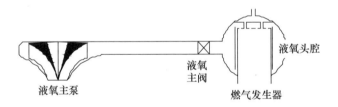

图5-3 燃气发生器液氧供应系统

燃气发生器和推进剂供应系统内动态过程的相互作用如图5-4所示。燃烧室中的压力扰动通过反馈环节1直接影响燃烧内部的一些过程(液滴的蒸发、混合和燃烧过程),可能形成燃烧组件内在的高频燃烧不稳定。另外,压力扰动还通过反馈环节2影响喷嘴,激励起推进剂流量、速度或其他参数的扰动。推进剂流量的扰动通过反馈环节3在供应系统中激励起压力的振荡。供应系统和燃烧室中的压力扰动共同形成了喷注压降的扰动,导致推进剂质量流量、速度、喷雾角的扰动,影响到雾化、蒸发、燃烧过程,产生热释放、燃气流量的扰动和燃烧室内二次压力扰动。在相位合适时,形成了耦合的不稳定系统。

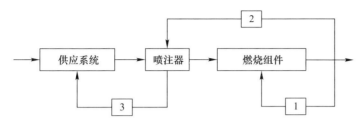

图 5-4 发动机内动态过程的相互作用

结合局部系统特征建立传递函数模型,首先建立氧路供应系统传递函数模型,液氧管路和液氧主阀较为简单,采用第 3 章中液路直管传递矩阵模型和流阻元件传递矩阵模型。液氧头腔体积较大,假设其内部压力振荡相等,只考虑其压缩性,则可当作流容元件,其传递矩阵见第 3 章式(3-69)。

5.2.1.1 同轴敞口型离心式喷注器模型

喷嘴作为发动机动态系统的一个组成部分,在发动机中控制着推进剂的喷注状态,且为燃烧室与供应系统的连接组件,在推进剂供应系统-燃烧组件耦合回路中起关键作用。在发动机系统级的动态特性分析中,对于频率特性低于 100Hz 的分析范围,一般对喷嘴的动态特性进行简化处理,将喷注器等效成一个容腔和一个阻力端口形成的组合件[21]。这对于直流喷嘴在振荡频率不高的范围内是可以接受的;但对于离心喷嘴,情况要复杂得多。离心喷嘴中液体旋涡的内边界是活动的,因而扰动的传播速度小,导致离心喷嘴流体通道当量弹性明显降低,甚至在低频振荡条件下其内部的动态过程也与准稳态过程差别较大[22]。

可以采用线性化方法,根据离心喷嘴三部分压降振荡的向量和,获得喷嘴总压降振荡引起出口流量振荡的传递函数,得到整个离心喷嘴的动态响应[23-34]。通过对收口离心喷嘴稳态和动态响应特性开展实验研究,可获得缩进长度对喷雾锥角、液膜厚度、液膜表面波幅值和频率的影响[35]。

富氧补燃循环液氧煤油发动机的富氧燃气发生器喷嘴为同轴离心喷嘴,燃料和液氧喷嘴都是敞口型离心喷嘴。对于频率特性低于 100Hz 的分析范围,喷嘴通常被简化,喷嘴的传递矩阵由容性元件和节流元件传递矩阵串联而成。而对于考虑流动与燃烧耦合的中高频特性,喷嘴流动过程的高频动力学模型就必须重点考虑。离心喷嘴动力学模型本质上是在离心喷嘴结构参数化的静力学模型基础上,通过扰动反射波在喷注器旋流或轴向方向上的响应和衰减特性,以喷嘴输出流量的脉动量对压力脉动作出响应,获得不同频率段扰动响应特性并叠加在喷嘴阻力特性上的动态参数响应模型。

敞口型离心喷嘴的无量纲传递矩阵模型[23]可表达为

$$\begin{bmatrix} \delta p_c \\ \delta q_2 \end{bmatrix} = \begin{bmatrix} \dfrac{p_f}{p_c} & -\dfrac{p_f - p_c}{p_c} \dfrac{1}{\Pi_{in}} \\ 0 & \Pi_{kn} \end{bmatrix} \begin{bmatrix} \delta p_f \\ \delta q_1 \end{bmatrix} \quad (5-8)$$

式中：p_f、p_c 分别为喷嘴前、后的压力；q_1、q_2 为喷嘴前、后的流量，$\Pi_{in} = \Pi_{\Sigma}/\Pi_{kn}$。对于敞口型离心喷嘴有

$$\Pi_{\Sigma} = \dfrac{\overline{R}_{in}^2}{a} \dfrac{\Pi_{kn} \Pi_T}{2(\Pi_{k2} + \Pi_{k3})\Pi_T + 1} \quad (5-9)$$

$$\Pi_{kn} = e^{-\Phi_{kj} - v\Phi_k/2\pi} \quad (5-10)$$

$$\Pi_T = \dfrac{1}{2} \dfrac{1 - j\,\text{sh}_T}{1 + \text{sh}_T^2}, \text{sh}_T = \dfrac{\omega L_T}{W_T} \quad (5-11)$$

$$\Pi_{k2} = K_2 \dfrac{\sqrt{(\overline{R}_k^2 - a)^3}}{\mu \sqrt{2a} + \sqrt{(\overline{R}_k^2 - a)^3}} \quad (5-12)$$

$$\text{Re}\Pi_{k3} = 2 \dfrac{\overline{R}_k - \sqrt{a}}{\overline{R}_k} \int_0^1 \cos f(\overline{x}) e^{-vf(\overline{x})} d\overline{x} \Big/ \left(1 - \dfrac{\overline{R}_k - \sqrt{a}}{\overline{R}_k} \overline{x}\right)^3$$

$$\text{Im}\Pi_{k3} = -2 \dfrac{\overline{R}_k - \sqrt{a}}{\overline{R}_k} \int_0^1 \sin f(\overline{x}) e^{-vf(\overline{x})} d\overline{x} \Big/ \left(1 - \dfrac{\overline{R}_k - \sqrt{a}}{\overline{R}_k} \overline{x}\right)^3$$

$$(5-13)$$

式中：$\Phi_k = \omega L_k/V_{wk}$；$K_2 = \dfrac{1}{A\sqrt{2(\overline{R}_k^2 - a)}}$；$f(\overline{x}) = \dfrac{\omega R_{in}}{W_{\Sigma}} \dfrac{\overline{R}_k^2 - a}{\mu} \overline{x} \tan(\pi \overline{x}/2)$；$v$ 为扰动的无量纲衰减率；A 为离心喷嘴几何特征系数；a 为离心喷嘴液膜特性参数；$\overline{R}_{in}$ 为切向通道中心与喷嘴轴线之间的径向距离 R_{in} 与喷口半径 R_n 的比值；$\overline{R}_k$ 为切向通道中心与喷嘴轴线之间的径向距离 R_k 与喷口半径 R_n 的比值；L_T 为切向通道长度；W_T 为切向通道内流速；L_k 为离心喷嘴旋流腔的长度；V_{wk} 为扰动波在旋流腔中的传播速度。离心喷嘴的动态模型中包含静态特性模型的参数。喷嘴半径的无量纲量是与喷口半径 R_n 的比值，速度的无量纲量都是与总速度 W_{Σ} 的比值。喷嘴总速度 W_{Σ} 为

$$W_{\Sigma} = \sqrt{\dfrac{2(p_f - p_c)}{\rho}}$$

离心喷嘴的几何特征系数 A 为

$$A = \frac{R_{in}R_n}{nr_{in}^2}$$

式中:n 为切向通道的数量;r_{in} 为切向通道半径。

离心喷嘴液膜特性 a 参数为

$$a = \left(\frac{r_{mk}}{R_n}\right)^2$$

式中:r_{mk} 为旋流腔底部液膜半径。

液氧二次喷注孔动态过程类似于直流喷嘴,同时考虑流阻和惯性[23],其传递矩阵为

$$\begin{bmatrix} \delta p_c \\ \delta q_2 \end{bmatrix} = \begin{bmatrix} \dfrac{p_f}{p_c} & -\left(\dfrac{\rho L u s}{p_c} + 2\dfrac{p_f - p_c}{p_c}\right) \\ 0 & 1 \end{bmatrix} \begin{bmatrix} \delta p_f \\ \delta q_1 \end{bmatrix} \quad (5-14)$$

式中:u 为喷嘴内流速;L 为喷嘴长度。

5.2.1.2 液氧供应系统传递矩阵

燃气发生器液氧头腔内存在两段并联的通道,由每个并联分路的传递矩阵,根据第3章推导的并联通道传递矩阵(式(3-134)),获得并联段的总传递矩阵。液氧供应系统的传递矩阵模块划分见图5-5。

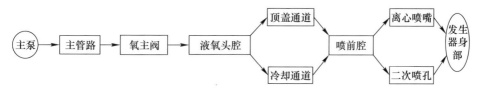

图 5-5 液氧供应系统的传递矩阵模块划分

按照图5-5划分的传递矩阵模块,将氧泵出口至燃气发生器喷注面之间各串联环节的传递矩阵连乘,联系氧泵出口和燃气发生器喷注面处脉动量的总关系式为

$$\begin{bmatrix} \delta p_g \\ \delta q_{mog} \end{bmatrix} = \boldsymbol{M}_o \begin{bmatrix} \delta p_{oi} \\ \delta q_{oi} \end{bmatrix} \quad \boldsymbol{M}_o = \boldsymbol{M}_n, \cdots, \boldsymbol{M}_2, \boldsymbol{M}_1 \quad (5-15)$$

式中:$\boldsymbol{M}_n, \cdots, \boldsymbol{M}_2, \boldsymbol{M}_1$ 为液氧供应系统各环节的传递矩阵;$\boldsymbol{M}_o$ 为液氧供应系统的总传递矩阵。

氧泵出口作为液氧供应系统的入口边界,可近似为下游扰动波的声学闭端,

即 $\delta q_{oi}=0$。燃气发生器喷注面作为供应系统的出口边界,由于燃气的柔性远大于液体,可将喷注面作为供应系统的声学开端边界[36]。对于声学开端,以压力脉动作为扰动量时,燃气发生器喷注面处压力扰动引起液氧出口流量振荡的传递函数可以表示为

$$\frac{\delta q_{mog}}{\delta p_g}=\frac{\boldsymbol{M}_{o(2,1)}}{\boldsymbol{M}_{o(1,1)}} \qquad (5-16)$$

同理,根据燃料供应系统的总传递矩阵,燃气发生器喷注面处压力扰动引起燃料出口流量振荡的传递函数可以表示为

$$\frac{\delta q_{mfg}}{\delta p_g}=\frac{\boldsymbol{M}_{f(2,1)}}{\boldsymbol{M}_{f(1,1)}} \qquad (5-17)$$

式中:$\boldsymbol{M}_f$ 为燃料供应系统的总传递矩阵。

离心泵对泵后管路中推进剂流动存在转速倍频的扰动,泵转速的1倍、2倍频率也处在中频范围,因此需分析供应系统对泵出口扰动的频率响应特性。供应系统喷注面出口近似为声学开端,泵出口边界近似为声学闭端,于是以流量脉动作为扰动量,则氧泵出口流量扰动引起发生器喷注面处液氧流量脉动的传递函数表示为

$$\frac{\delta q_{mog}}{\delta q_{oi}}=-\frac{\boldsymbol{M}_{o(1,2)}}{\boldsymbol{M}_{o(1,1)}}\boldsymbol{M}_{o(2,1)}+\boldsymbol{M}_{o(2,2)} \qquad (5-18)$$

同理,燃料泵出口流量扰动引起发生器喷注面处燃料流量脉动的传递函数表示为

$$\frac{\delta q_{mfg}}{\delta q_{fi}}=-\frac{\boldsymbol{M}_{f(1,2)}}{\boldsymbol{M}_{f(1,1)}}\boldsymbol{M}_{f(2,1)}+\boldsymbol{M}_{f(2,2)} \qquad (5-19)$$

此外,还可进一步计算出泵出口流量扰动下,供应系统中各点的压力或流量响应的传递函数。通过上述不同的输入输出量之间的传递函数可研究供应系统的频率特性。

5.2.1.3 燃气系统传递矩阵

对于燃气发生器模块,可以分为燃烧区和流动区,燃气发生器传递矩阵模块划分见图5-6。富氧燃气发生器通过在缩进室内燃烧的方式,保证了喷注单元出口即形成高温燃烧的稳定火焰,因此可以忽略燃气发生器头部集中燃烧区的体积。在频率不高的范围内,将燃烧过程简化为一个常时滞过程,认为推进剂由喷嘴进入燃烧区后,经历一个时间延迟后在燃气发生头部瞬时燃烧。在低频范围内,采用考虑熵波的绝热流动模型,绝热流动的燃气发生器燃烧区和流动区模型参数关系见第3章式(3-202)和式(3-206)。

图 5-6 燃气发生器传递矩阵模块划分

燃气发生器的混合比严重偏离化学当量比，Ψ 的绝对值较大，熵波的影响很明显，需要采用考虑熵波作用的绝热流动模型。另外，燃气发生器的燃气平均温度不高，轴向长度相对较长，纵向声学频率也不高。当研究的动态特性频率范围较高时，就需要考虑流动区的压力和速度的波动，即考虑声学效应，此时流动区的传递矩阵见第3章式(3-294)。它既能涵盖绝热流动模型，又能反映气路的纵向声学振荡[37]。燃气发生器出口为涡轮静子喷嘴，在工作过程中达到壅塞状态，燃气出口边界方程见第3章式(3-229)。根据式(3-229)，可得绝热流动的燃气发生器模型对应的出口边界传递矩阵为

$$\boldsymbol{M}_3 = \begin{bmatrix} 1 & -1 & -0.5 & 0 \end{bmatrix} \quad (5-20)$$

根据图5-6，利用串联系统传递矩阵关系，可得燃气发生器喷注器面处的液态推进剂脉动参数满足以下关系式：

$$\boldsymbol{M}_{\text{pre}} \begin{bmatrix} \delta p_{\text{g}} \\ \delta q_{\text{mog}} \\ \delta q_{\text{mfg}} \end{bmatrix} = 0 \qquad \boldsymbol{M}_{\text{pre}} = \boldsymbol{M}_3 \boldsymbol{M}_2 \boldsymbol{M}_1 \quad (5-21)$$

式中：$\boldsymbol{M}_1$ 为燃烧区传递矩阵；$\boldsymbol{M}_2$ 为流动区传递矩阵；$\boldsymbol{M}_3$ 为出口边界矩阵；$\boldsymbol{M}_{\text{pre}}$ 为燃气发生器总传递矩阵。燃气发生器入口液态氧化剂或燃料流量脉动引起燃气发生器喷注面处压力脉动的传递函数分别表示为

$$\frac{\delta p_{\text{g}}}{\delta q_{\text{mog}}} = -\frac{\boldsymbol{M}_{\text{pre}(2)}}{\boldsymbol{M}_{\text{pre}(1)}} = Z_{\text{oe}}, \quad \frac{\delta p_{\text{g}}}{\delta q_{\text{mfg}}} = -\frac{\boldsymbol{M}_{\text{pre}(3)}}{\boldsymbol{M}_{\text{pre}(1)}} = Z_{\text{fe}} \quad (5-22)$$

式中：Z_{oe} 和 Z_{fe} 分别为燃气发生器液氧喷嘴和燃料喷嘴的出口阻抗。

通过分析这些传递函数的频率特性，可研究燃气发生器的动态响应特性。

5.2.1.4 供应系统与声学耦合分析方法

在中低频范围内，燃气发生器中压力扰动作用于供应系统时，可以引起较大的推进剂流量脉动，推进剂流量脉动在燃气发生器内通过燃烧和流动环节，又进一步产生压力脉动，在相位合适的情况下，就可以形成耦合振荡系统。该流量型耦合振荡反馈回路如图5-7所示。

对于此闭环系统，其固有振荡复频率 s 需满足特征方程

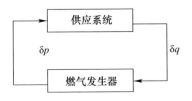

图 5-7 耦合振荡反馈回路

$$\frac{\delta q}{\delta p}(s)_{\text{feedsystem}} \frac{\delta p}{\delta q}(s)_{\text{preburner}} - 1 = 0 \qquad (5-23)$$

根据耦合系统两端的边界条件和氧路系统以及燃气系统各部分的传递矩阵模型,求出上述方程的复数根,根据其实部即可分析系统的稳定性。但离心喷嘴的传递矩阵模型较为复杂,整个系统的固有复频率难以求解,因此可通过比较供应系统和燃气发生器导纳的幅频曲线是否相交来判断是否产生耦合不稳定的可能。在稳定性边界上,$s = j\omega$,由式(5-23),则供应系统和燃气发生器的频率特性满足以下关系,即

$$\frac{\delta q}{\delta p}(j\omega)_{\text{feedsystem}} = \frac{\delta q}{\delta p}(j\omega)_{\text{preburner}} \qquad (5-24)$$

满足式(5-24)的频率特性需同时满足幅值相等和相位相等的条件,相位条件主要由燃烧模型中的时滞所决定,一般难以精确确定,通常先通过幅值条件判断出现耦合不稳定的可能。在同一图中作出供应系统出口导纳 $\delta q/\delta p_{\text{feedsystem}}$ 和燃气发生器入口导纳 $\delta q/\delta p_{\text{preburner}}$ 的幅频曲线,若两者不相交,则幅值相等条件不满足,也就不可能出现耦合不稳定;若两者相交,则幅值相等的条件在相交点处得到满足,亦即供应系统和燃气发生器在相交点频率附近存在耦合不稳定的可能。但产生不稳定,还需要符合瑞利准则,以满足相位条件[38]。通过第 2 章的奈奎斯特判据可以评估稳定性所需的相位条件。根据闭环系统的特征方程式(5-23),令

$$F(s) = \frac{\delta q}{\delta p}(s)_{\text{feedsystem}} \frac{\delta p}{\delta q}(s)_{\text{preburner}} - 1 \qquad (5-25)$$

根据第 2 章中的奈奎斯特判据,若 $F(j\omega)$ 的幅相曲线不包围原点,则该闭环系统稳定;否则闭环系统不稳定。为了便于描述,将液氧供应系统与燃气系统形成的闭环系统称为氧闭环系统,将燃料供应系统与燃气系统形成的闭环系统称为燃料闭环系统。

涡轮泵在高速旋转时,不可避免对泵后管路系统产生多种频率成分的扰动,主要集中在转速倍频下的扰动。这些扰动可以在供应系统管路中激起明显的波

动,当管路谐振频率与泵出口扰动频率相近时,管路可能对波动产生放大效果,从而对燃气发生器产生大的液氧流量脉动,导致燃气发生器产生较大的压力扰动,不利于燃气发生器的可靠工作。为了分析氧泵出口扰动对燃气发生器的影响,需要建立传递函数模型。

氧泵和燃料泵作为供应系统的入口边界,近似为声学闭端,因此将泵出口的流量脉动作为扰动源。根据液氧喷嘴出口阻抗式(5-22),结合液氧供应系统传递矩阵式(5-15),可得氧泵出口阻抗为

$$\frac{\delta p_{\text{oi}}}{\delta q_{\text{oi}}} = \frac{Z_{\text{oe}} \boldsymbol{M}_{\text{o}(2,2)} - \boldsymbol{M}_{\text{o}(1,2)}}{\boldsymbol{M}_{\text{o}(1,1)} - Z_{\text{oe}} \boldsymbol{M}_{\text{o}(2,1)}} \qquad (5-26)$$

同理,燃料泵出口阻抗为

$$\frac{\delta p_{\text{fi}}}{\delta q_{\text{fi}}} = \frac{Z_{\text{fe}} \boldsymbol{M}_{\text{f}(2,2)} - \boldsymbol{M}_{\text{f}(1,2)}}{\boldsymbol{M}_{\text{f}(1,1)} - Z_{\text{fe}} \boldsymbol{M}_{\text{f}(2,1)}} \qquad (5-27)$$

根据液氧供应系统传递矩阵式(5-15),可得氧泵出口流量扰动引起发生器压力脉动的传递函数表示为

$$\frac{\delta p_{\text{g}}}{\delta q_{\text{oi}}} = \boldsymbol{M}_{\text{o}(1,1)} \frac{\delta p_{\text{oi}}}{\delta q_{\text{oi}}} + \boldsymbol{M}_{\text{o}(1,2)} \qquad (5-28)$$

同理,可得燃料泵出口流量扰动引起发生器压力脉动的传递函数表示为

$$\frac{\delta p_{\text{g}}}{\delta q_{\text{fi}}} = \boldsymbol{M}_{\text{f}(1,1)} \frac{\delta p_{\text{fi}}}{\delta q_{\text{fi}}} + \boldsymbol{M}_{\text{f}(1,2)} \qquad (5-29)$$

5.2.2 供应系统与声学耦合稳定性

在某次发动机整机试车中,燃气发生器中产生750Hz左右的振荡,初步计算燃料供应系统频率特性,发现燃料闭环系统是稳定的,因此重点分析液氧供应系统及其与燃气发生器形成的闭环系统的稳定性。

5.2.2.1 液氧供应系统频率特性

为了分析液氧供应系统的频率特性,利用式(5-16),计算了燃气发生器压力扰动下,液氧喷注器出口流量脉动的频率特性,即液氧供应系统出口导纳的频率特性。燃气发生器压力扰动下,液氧喷注器出口流量的频率特性如图5-8所示。在很宽的频率范围内,液氧供应系统出口导纳幅值都较高,随着扰动频率的增大,整体趋势是先增大后降低,同时流量响应的滞后相位角整体趋势上逐步增大。在100~1000Hz的中频范围内,液氧供应系统对燃气发生器的压力扰动都能形成较大的液氧流量响应。在管路的各阶谐振频率附近,在导纳的幅频曲线上形成局部向下的"褶皱",而且谐振频率的阶数越高,管路的影响越弱[36]。

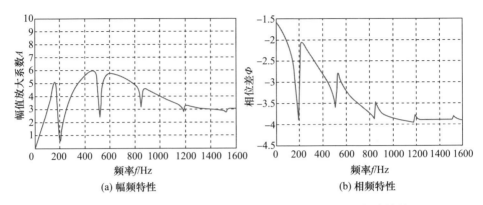

图 5-8　燃气发生器压力扰动下液氧喷注器出口流量的频率特性

在燃气发生器压力扰动下,计算出液氧头腔中压力的频率特性如图 5-9 所示。当扰动频率很低(小于 100Hz)时,液氧头腔的压力响应幅值较高,但随着扰动频率的增大,头腔的压力响应幅值整体上不断降低,同时头腔中压力响应的滞后相位角整体趋势上逐步增大。这是因为燃气发生器液氧头腔的容积较大,压缩性较强,降低了液氧头腔处的压力响应幅值,也改变了压力响应的相位角,而且频率越高,压缩性表现越明显,从而幅值越低,滞后相位角越大[36]。图 5-9(a)中液氧头腔压力幅频特性曲线的多个极小值对应的频率表征了液氧主管路的谐振频率,这是由于喷注面作为管路的声学开端,在管路谐振的情况下,液氧头腔中压力响应幅值反而达到局部极小[36]。

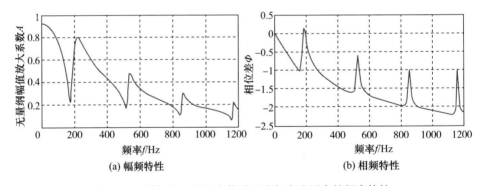

图 5-9　燃气发生器压力扰动下液氧头腔压力的频率特性

在燃气发生器压力扰动下,计算出液氧供应系统沿程压力响应的幅频特性如图 5-10 所示。其中,在液氧管路的前 3 阶谐振频率处(174Hz、516Hz、846Hz),液氧供应系统沿程压力响应的幅值见图 5-11。在管路谐振频率下,管路上整体压力响应幅值很高,特别是在压力波腹(压力最大值)位置,无量纲压力响应幅值是燃气发生器喷注面处压力响应幅值的数倍。而在扰动频率偏离管路各阶谐振频率的情况下,液氧供应系统沿程的压力响应幅值都很小。在一阶谐振频率下,管路呈1/4个波长,液氧头腔处压力响应幅值远低于喷注面处压力响应幅值,但该频率下整个管路上压力响应幅值都很高,在泵出口附近的压力波腹处更是远远超过了喷注面处的压力响应幅值。同样,在二、三阶谐振频率下,液氧头腔处的压力响应很小,而管路整体上的压力响应很高。这反映了该液氧管路谐振的特点[36]。

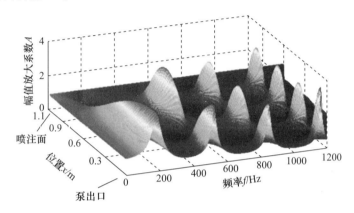

图5-10 燃气发生器压力扰动下液氧供应系统沿程压力响应的幅频特性(附彩页)

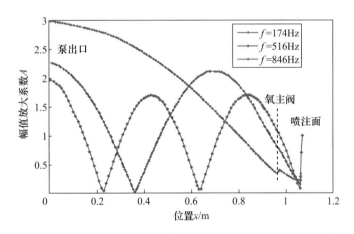

图5-11 管路谐振频率下液氧供应系统沿程压力响应幅值(附彩页)

某次试车中,出现了750Hz的振荡,为了分析液氧供应系统的响应特性,在750Hz频率下计算液氧供应系统沿程压力响应的幅值见图5-12。在该频率下,整个液氧供应系统的压力响应幅值都远低于喷注面处的压力响应幅值。试车中,液氧头腔处压力测点在750Hz的分频幅值为0.13MPa,氧管路上压力测点

(位置约 0.6m)的分频幅值为 0.08MPa,而喷注器压力测点的分频幅值为 0.53MPa,氧头腔和管路上测点的压力分频幅值远低于喷注器压力的分频幅值,这与理论计算一致,说明了液氧供应系统模型的合理性。

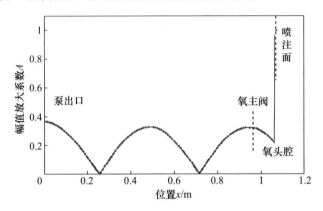

图 5 – 12　750Hz 下液氧供应系统沿程压力响应幅值

5.2.2.2　燃气发生器频率特性

为了分析燃气发生器的模型对其频率特性的影响,在固定的无量纲燃烧时滞 $\tau/\theta = 0.3$ 下,分别计算了燃料流量和液氧流量的扰动下,采用声学效应的分布参数模型与低频绝热流动模型的频率特性。θ 为燃气在燃气发生器流动区的停留时间。燃气发生器的额定混合比 $K_{ml} = 57.7$,无量纲参数 $\psi = -0.966$。燃料流量扰动下发生器室压的幅频特性如图 5 – 13 所示,液氧流量扰动下发生器室压的幅频特性如图 5 – 14 所示。其中考虑声学效应的模型分别取燃气发生器头部和中心两点处的压力响应幅值进行比较。

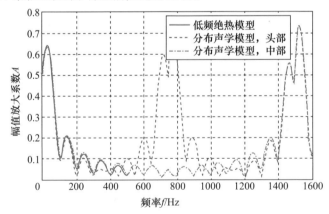

图 5 – 13　燃料流量扰动下发生器室压的幅频特性

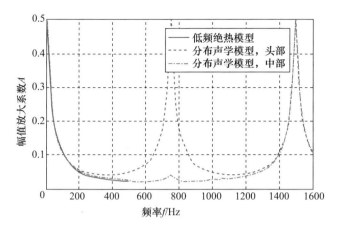

图 5-14　液氧流量扰动下发生器室压的幅频特性

由图 5-13 与图 5-14 可见，在低频部分考虑声学效应的分布参数模型与绝热流动模型的幅频特性是重合的，在 200Hz 以内绝热流动模型与分布参数模型差别不大，其精度足够。随着频率的提高，绝热模型的幅频曲线总体趋势上趋于零，与分布参数模型的差别逐步增大。在频率约 750Hz 时，分布参数模型计算出的燃气发生器头部处压力响应幅值达到峰值，而中心点处压力响应幅值很小，即说明该频率为燃气系统的一阶纵向固有声学频率。在 1500Hz 附近，分布参数模型计算出的燃气发生器头部处压力响应幅值与中心点处压力响应幅值基本重合，说明频率为燃气系统的二阶纵向固有声学频率[37]。

为了更直观地显示燃气发生器室压响应的声学效应，分别作出燃气发生器轴向各点处的压力相对燃料和液氧流量扰动的三维幅频特性图，如图 5-15 所示。由于考虑声学效应的分布参数模型同样基于绝热等熵假设，故图 5-13 和

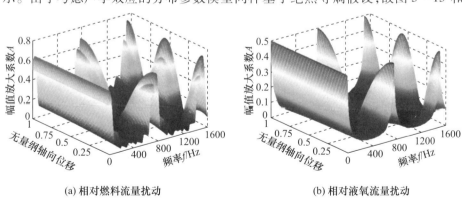

(a) 相对燃料流量扰动　　　　　　(b) 相对液氧流量扰动

图 5-15　燃气发生器轴向各点处的压力响应（附彩页）

图 5-15(a) 中幅频曲线、幅频曲面上叠加的特征波动体现了燃气发生器燃气流动的熵波特性[37]。但是图 5-14 和图 5-15(b) 显示在液氧流量扰动下,在很宽的频率范围内,幅频曲线和幅频曲面上叠加的特征波动都很小,比图 5-13 中的幅频曲线要光滑得多,说明在该计算条件下,液氧流量扰动对熵波幅值的影响很小[37]。

燃气温度和混合比关系的无量纲斜率 ψ 表征了混合比扰动引起燃烧产物温度脉动的大小,为了分析流量扰动导致的燃气温度脉动对燃气发生器动态特性的影响,在其他参数不变条件下,仿真计算了 ψ 为 $-0.966 \sim 0$ 时,燃气系统的频率特性。不同 ψ 值下,燃气发生器室压相对燃料流量、氧化剂流量扰动的幅频特性如图 5-16 和图 5-17 所示。

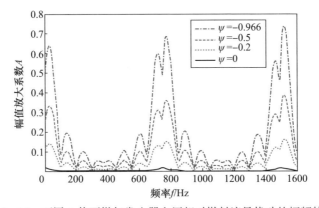

图 5-16 不同 ψ 值下燃气发生器室压相对燃料流量扰动的幅频特性

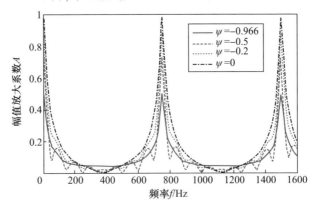

图 5-17 不同 ψ 值下燃气发生器室压相对液氧流量扰动的幅频特性

结果表明,随着 $|\psi|$ 的大幅降低,燃气发生器压力对燃料流量的响应幅值在整个频率区间上都迅速减小,熵波形成的特征波动也减弱,但对氧化剂流量的响

应幅值整体上不断增大。这是因为在富氧燃烧条件下 ψ 为负值，当某一瞬时氧流量增大时，使燃气质量增加，室压应增大，但由于燃烧区温度随液氧流量增大而降低，对室压的增大起到一个反方向的作用。而燃料流量的增大既能增大燃气质量从而又能增加燃烧区的温度，两方面的因素都会使室压响应幅值增大。当 $\psi=0$ 时，即假设混合比的脉动对燃烧温度没有影响，只有推进剂总流量的脉动对室压形成干扰，则推进剂流量扰动引起的压力脉动的幅值完全取决于推进剂的混合比，燃料流量扰动产生的谐振峰值只有 $1/(1+K_{ml})$，液氧流量扰动产生的谐振峰值为 $K_{ml}/(1+K_{ml})$，即液氧流量的影响远远大于燃料（说明 $|\psi|$ 接近 0 的情况下，哪一种组元的流量大，它对室压的影响就大）。

但对于富氧燃气发生器来说，在额定混合比下，$|\psi|$ 的值非常大，接近于 1，燃料流量的扰动引起燃烧区温度变化（即放热扰动）形成的声波分量凸显，使得在相同的无量纲扰动下，燃料流量扰动引起的室压幅值比较高，而液氧流量扰动引起的室压幅值稍低。但总地来说两路推进剂流量扰动对室压的影响基本相当。燃气发生器额定工况下，室压对推进剂流量扰动的幅频特性如图 5-18 所示，在额定工况下，两者的响应幅值整体上相近。这说明对于该燃气发生器的耦合稳定性来说，两路推进剂供应系统都有可能参与燃气发生器的耦合振荡。但燃料供应系统存在很多节流元件，对扰动的阻尼较大，与燃气发生器耦合的可能性较低。

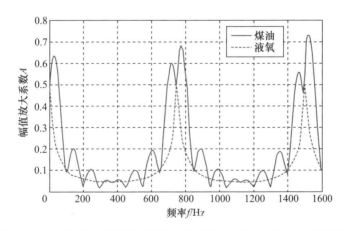

图 5-18 燃气发生器额定工况下室压对推进剂流量扰动的幅频特性

上述是采用固定燃烧时滞模型计算的结果，假设液体推进剂经过一个时滞 τ 后，瞬时转化为燃气，没有考虑燃烧在时间上的分布特性。这是对实际燃烧过程的一个近似，实际的燃烧过程存在一定的反应时间。可以用光滑的燃尽曲线来模拟实际燃烧过程在一定时间内的分布特性。几种不同的 S 形燃尽曲线如

图 5-19 所示,其形状由表达式(5-3)确定。d_τ 越小,曲线越陡峭。$d_\tau = 0$ 为极限情况,燃尽曲线为阶跃函数,退化为常时滞模型。

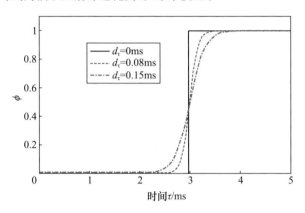

图 5-19　不同的 S 形燃尽曲线形状

为了分析不同燃尽曲线对燃气系统频率特性的影响,在其他参数不变时,计算了 d_τ 为 0~0.15ms 时,燃气发生器压力对流量扰动的频率特性。燃尽曲线形状对燃气发生器压力幅频特性的影响如图 5-20 所示。燃尽曲线的拉伸,即燃烧在一定时间内的分布,能降低高频部分的响应幅值,频率越高,幅值降低的比例越大。燃尽曲线拉伸得越长,响应幅值降低也越明显。说明燃气发生器的高阶不稳定振型与低阶不稳定振型相比更难被激发出来[37]。燃尽曲线的形状对 400Hz 以下的低频部分影响很小,表明在该频率范围内采用固定时滞的燃烧模型精度足够。

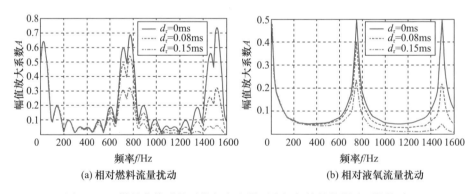

图 5-20　燃尽曲线形状对燃气发生器压力幅频特性的影响(附彩页)

5.2.2.3　供应系统与燃烧声学耦合特性

为了分析燃烧模型对液氧闭环系统的影响,在其他参数不变的情况下,计算

了 d_τ 为 0~0.15ms 时,氧闭环系统的频率特性。不同燃烧时滞模型下,液氧供应系统出口导纳和燃气系统入口导纳的幅频特性如图 5-21 所示。当燃尽曲线取阶跃函数形式,在一阶纵向声学频率附近,液氧供应系统出口导纳与燃气系统入口导纳的幅频特性曲线相交,表明燃气发生器一阶纵向声振与液氧系统都存在耦合的可能。但是阶跃函数形式的燃烧模型是燃烧过程的极端近似,实际中的燃烧过程存在一定的时间分布特性,而考虑燃烧过程的分布特性,将降低室压对推进剂流量的响应。当 S 形燃尽曲线中参数 d_τ 为 0.15ms 时,在燃气发生器纵向声学频率 750Hz 附近,液氧供应系统出口导纳与燃气系统入口导纳的幅频特性曲线相交。这说明液氧供应系统可能与燃气发生器的纵向声学振荡相互耦合,形成中频流量型不稳定。因此,可以认为该补燃发动机燃气发生器系统产生中频振荡的原因是燃气发生器一阶声学振荡与液氧供应系统相耦合。

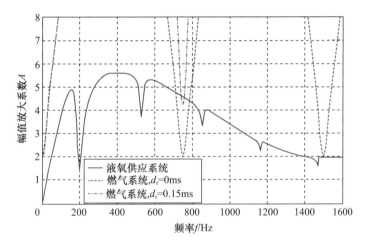

图 5-21 不同燃烧时滞模型下液氧供应系统出口导纳和燃气系统入口导纳的幅频特性

耦合不稳定还取决于燃气流量扰动与燃烧室压力脉动之间的相位关系。燃烧时滞 τ 直接决定了燃气发生器喷注面处燃气流量扰动与压力脉动之间的相位关系。由瑞利准则,若两者之间相位差绝对值小于 $\pi/2$,则会激起振荡,如果相位差在 $\pi/2 \sim \pi$ 之间,则振荡衰减。由于燃气发生器采用敞口型离心喷嘴,由 5.2.1.1 小节的分析知,敞口型离心喷嘴的出口流量相对压力扰动在较高的频率下能够产生较大的相位滞后。因此,燃气发生器内生成燃气流量振荡和室压振荡之间的相位滞后取决于喷嘴相位滞后和燃烧时滞的综合效果。令燃气发生器纵向声学频率 f 下喷嘴出口流量的滞后相位角为 φ,当平均的燃烧时滞满足 $2\pi\tau f + \varphi = 2n\pi, (n=1,2,3,\cdots)$,则生成燃气流量振荡与压力振荡满足同相关系,燃气发生器系统最不稳定。当燃烧时滞满足 $2\pi\tau f + \varphi = (2n+1)\pi, (n=1,$

2,3,…)时,则生成燃气流量振荡与压力振荡为反相关系,燃气发生器系统稳定。

由5.2.2.1小节的图5-8(b)可见,在该燃气发生器的一阶纵向频率750Hz下,液氧出口流量的滞后相位角$\varphi=3.609$,可以计算出燃烧时滞均τ在0.567ms、1.901ms、3.234ms、4.567ms等附近,就满足了耦合不稳定的相位条件。当燃烧时滞τ在1.234ms、2.567ms、3.901ms附近,燃气发生器压力脉动和燃气流量脉动就反相解耦,系统变为稳定。为了说明该现象,在其他参数不变的情况下,计算了燃烧时滞为1.234~4.567ms时,氧闭环系统的频率特性。不同燃烧时滞τ下,氧闭环系统的奈奎斯特曲线见图5-22。图5-22(a)中满足压力脉动和燃气流量脉动同相的燃烧时滞下,系统的奈奎斯特曲线包围了原点,说明氧闭环系统满足不稳定的充要条件,氧闭环系统不稳定。图5-22(b)中满足压力脉动和燃气流量脉动反相的燃烧时滞下,氧闭环系统的奈奎斯特曲线不能包围原点,说明在这些时滞下,氧闭环系统是稳定的。

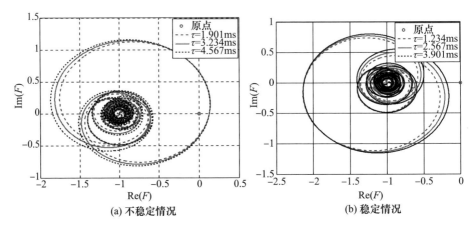

图5-22 不同燃烧时滞τ下氧闭环系统的奈奎斯特曲线(附彩页)

以上分析说明,对于流量型耦合振荡,改变燃烧过程使燃烧区内压力振荡与生成燃气流量振荡反相,可以消除系统的耦合不稳定。或者改变敞口型离心喷嘴的动力学特性,如轴向长度,以改变出口流量的滞后相位,也能使压力振荡与生成燃气流量振荡反相,消除系统的耦合不稳定[38]。

5.2.3 供应系统与燃烧声学耦合机理

为了分析燃烧时滞对氧闭环系统耦合稳定性的影响,其他参数不变,燃烧时滞为2.52~3.52ms时,计算了在0~1200Hz范围内系统的频率特性。在不同燃烧时滞下,燃气发生器喷注面压力相对于氧泵出口流量脉动的幅频特性如

图 5-23 所示。在 1000Hz 以内,燃气发生器的压力响应可以表现出多个响应峰值,180Hz、530Hz、858Hz 的响应峰(由于系统包含的环节较多,不同传递函数的响应峰值频率难以精确相等)表征了液氧主管路的声学频率,而 750Hz 附近的响应峰则表征了燃气发生器的一阶纵向声学频率,两个更低的频率则为燃气发生器和供应系统的低频耦合频率。

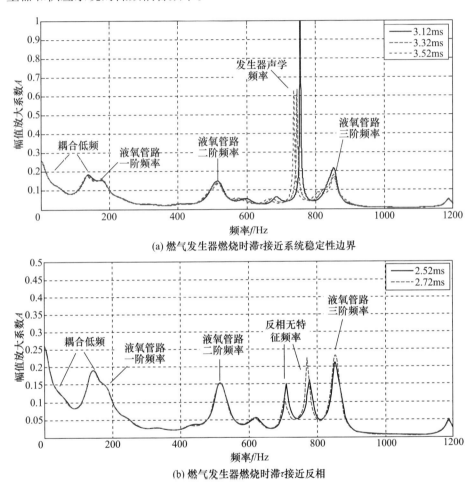

图 5-23 不同燃烧时滞 τ 下燃气发生器喷注面压力相对氧泵出口流量脉动的幅频特性

图 5-23 表明,燃烧时滞对燃气发生器纵向声学频率响应峰值影响很大,对其他特征频率响应峰值影响很小。这是由于燃烧时滞对燃气发生器一阶纵向声振下的耦合稳定性具有很大影响。若燃气发生器系统接近于稳定性边界,当氧

泵出口流量以燃气发生器纵向声学频率进行扰动时,燃气发生器内压力响应峰值很高。当燃烧时滞选取 3.12ms 时,管路系统流动和燃烧过程耦合处于稳定边界,此时系统输入能量和输出能量相互平衡,系统阻尼最低。通过线性系统理论分析得出,线性系统阻尼最低值对应的状态通常与非线性系统发生耦合时所处的状态一致,这也是线性系统理论分析稳定边界获得非线性系统振荡频率和稳定边界的理论基础之一。反之,在图 5-23(b) 中,若燃烧时滞使燃气发生器压力振荡和生成燃气流量振荡接近于反相,则该纵向声学频率下的响应幅值相对很小。

为了分析液氧主阀压降和液氧喷注压降对液氧闭环系统耦合稳定性的影响,燃气发生器时滞取 2.25ms,其他参数不变,分别将液氧主阀压降和液氧喷注压降增大 20%,计算了系统的频率特性。氧主阀压降和喷注压降对燃气发生器喷注面压力响应幅值的影响见图 5-24。改变喷注压降和氧主阀压降对谐振频率没有影响,对幅值尤其是谐振峰值影响显著。当提高液氧喷注压降后,燃气发生器纵向声学频率下的响应幅值明显降低。该现象表明,提高喷注压降对改善燃气发生器与液氧供应系统耦合的频率成分抑制作用较大,而提高液氧主阀压降对改善整个供应管路自身声学频率下的振荡作用明显。

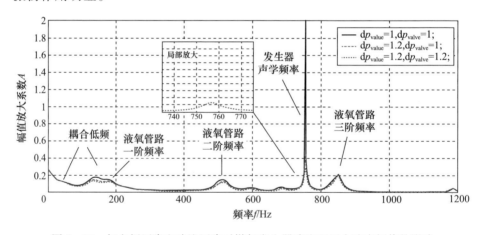

图 5-24 氧主阀压降和喷注压降对燃气发生器喷注面压力响应幅值的影响

5.2.4 敏感因素对系统耦合稳定性的影响

5.2.4.1 液氧喷注压降对稳定性的影响

为了研究发生器液氧喷注压降对系统稳定性的影响,仿真计算了无量纲液氧喷注压降为 0.85~1.2 时系统的频率特性。不同液氧喷注压降下,液氧供应系统出口导纳和燃气系统入口导纳的幅频特性如图5-25所示。液氧喷注压降的变化只影响液氧供应系统出口导纳,不影响燃气供应系统频率特性。当无量纲液氧喷注压降降低至0.85时,在燃气一阶纵向谐振频率处,液氧供应系统出口导纳和燃气系统入口导纳的幅频特性曲线相交,存在氧闭环系统振荡的可能性。当无量纲液氧喷注压降提高至1以上时,增加了液氧供应系统在流量波腹处的阻尼,液氧供应系统出口导纳的幅值明显降低。在燃气一阶纵向谐振频率处,液氧喷注导纳的幅值已经低于燃气发生器的导纳幅值,不再满足耦合不稳定的幅值条件,此时燃气发生器系统稳定。这表明对于流量型耦合振荡问题,适当提高其喷注压降是很好的解决措施。

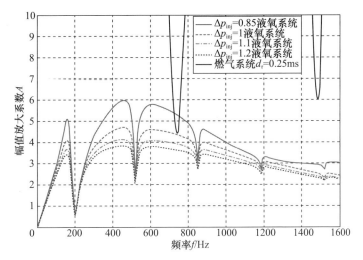

图5-25　不同液氧喷注压降下液氧供应系统出口导纳和
燃气系统入口导纳的幅频特性(附彩页)

为了验证理论分析的正确性,在试车中改变液氧喷注器压降,获得了不同参数的测量数据。对测量数据进行频谱分析,获得了燃气发生器纵向振动加速度、燃料喷前压力、液氧喷前压力在一阶纵向声学频率下的分频幅值。液氧喷注器不同压降下,典型参数的实测分频幅值对比见表5-1。无量纲液氧喷注压降为1时,燃气发生器纵向振动加速度、燃料喷前压力、液氧喷前压力在一阶纵向声学频率下的分频幅值明显低于无量纲液氧喷注压降为0.85时的数值。随着液氧喷注压降的不断提高,燃气发生器纵向声学频率下的分频幅值不断降低,直至工程上可以忽略的程度。增加液氧喷注压降是提高液氧闭环系统稳定性的有效措施。试验结果与理论分析结果一致,验证了理论分析的正确性。

表 5-1 液氧喷注器不同压降下典型参数的实测分频幅值对比

试车	A	B	C	D
液氧喷注压降相对值	0.85	1	1.1	1.2
燃气发生器纵向加速度	80g	3g	1g	0.4g
燃料喷前压力振荡	530kPa	15kPa	11kPa	2kPa
液氧喷前压力振荡	130kPa	5kPa	3kPa	0.4kPa

5.2.4.2 发动机推力工况对稳定性的影响

为了研究发动机推力工况对系统稳定性的影响,适当增加液氧路喷注压降后,仿真计算了额定推力和低推力工况下系统的频率特性。与额定推力工况相比,发动机低推力工况的液氧喷注压降和燃气温度更加偏低,导致液氧供应系统出口导纳幅值增大和燃气发生器纵向声学频率降低,液氧供应系统出口导纳和燃气系统入口导纳相交的可能性增加。不同推力工况下,液氧供应系统出口导纳和燃气系统入口导纳的幅频特性如图 5-26 所示。

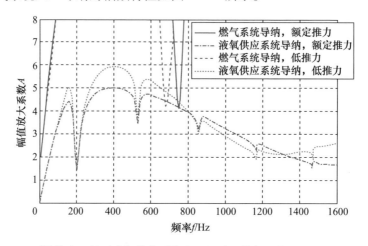

图 5-26 不同推力工况下液氧供应系统出口导纳和燃气系统入口导纳的幅频特性

从图 5-26 可见,额定工况下,液氧供应系统出口导纳的幅频特性接近燃气系统入口导纳的下边缘,两者在幅值响应上接近于耦合稳定性的边界。在低工况下,在 300~800Hz 范围内,液氧供应系统出口导纳的幅值明显增大。此外,低工况下,燃气发生器混合比进一步增加,导致燃气温度降低,燃气系统纵向声学频率也明显降低,约为 660Hz。在低工况下,液氧供应系统出口导纳和燃气系统入口导纳的幅频特性曲线明显相交,满足了耦合不稳定的幅值条件,氧闭环系统的稳定性裕度降低。

根据试车中燃气发生器前压力脉动的频谱分析得出,额定工况下在燃气发生器纵向声学频率753Hz下的振荡幅值很小,接近临近稳定,低工况下的压力振荡幅值明显大于额定工况下的振荡幅值,频率也降低至666Hz[38],与理论分析结果是一致的。

5.2.5 单向阀与燃气发生器耦合特性分析

5.2.5.1 系统组成与模型

蒸发器路作为液氧主管路的旁支,在单向阀出现自激振荡时,在分支点处流入蒸发器路的液氧流量将出现波动,从而对液氧主管路和燃气发生器产生干扰。因此可通过分析燃气发生器和液氧主管路上的脉动压力对蒸发器旁路流量扰动的响应来研究单向阀自激振荡对燃气发生器系统的影响。氧主泵后局部系统如图 5-27 所示。

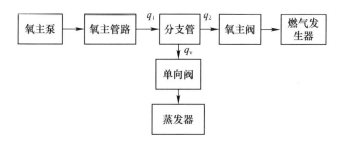

图 5-27 氧主泵后局部系统

对于图 5-27 中的分支管,在分支节点处,压力和流量脉动量满足以下关系,即

$$p_1' = p_2', q_1' = q_2' + q_v' \tag{5-30}$$

写成无量纲化脉动量传递矩阵表达式,即

$$\begin{bmatrix} \delta p_2 \\ \delta q_2 \end{bmatrix} = \boldsymbol{T}_v \begin{bmatrix} \delta p_1 \\ \delta q_1 \end{bmatrix} - \boldsymbol{D}_v \delta q_v \tag{5-31}$$

式中:传递矩阵 $\boldsymbol{T}_v = \begin{bmatrix} 1 & 0 \\ 0 & \overline{q_1}/\overline{q_2} \end{bmatrix}$;列向量 $\boldsymbol{D}_v = \begin{bmatrix} 0 \\ \overline{q_v}/\overline{q_2} \end{bmatrix}$。

分支点处脉动量与液氧供应系统进、出口边界上脉动量的传递矩阵关系为

$$\begin{bmatrix} \delta p_1 \\ \delta q_1 \end{bmatrix} = \boldsymbol{T}_1 \begin{bmatrix} \delta p_{oi} \\ \delta q_{oi} \end{bmatrix}, \begin{bmatrix} \delta p_g \\ \delta q_{mog} \end{bmatrix} = \boldsymbol{T}_2 \begin{bmatrix} \delta p_2 \\ \delta q_2 \end{bmatrix} \tag{5-32}$$

式中:$\boldsymbol{T}_1$ 为 1 点(分支管入口)与液氧供应系统进口边界之间的传递矩阵;$\boldsymbol{T}_2$ 为 2

点(分支管出口)与燃气发生器喷注面之间的传递矩阵。

根据式(5-31)和式(5-32),液氧主泵出口与燃气发生器喷注面处脉动量及扰动量之间满足以下关系,即

$$\begin{bmatrix} \delta p_g \\ \delta q_{mog} \end{bmatrix} = T \begin{bmatrix} \delta p_{oi} \\ \delta q_{oi} \end{bmatrix} - D \delta q_v \tag{5-33}$$

式中:矩阵 $T = T_2 T_v T_1$;列向量 $D = T_2 D_v$。

根据5.2.1.3小节中燃气系统传递矩阵,由式(5-22)可得液氧喷嘴出口的阻抗 $Z_{oe} = \delta p_g / \delta q_{mog} = -M_{pre(2)}/M_{pre(1)}$。液氧主泵作为液氧供应系统的入口边界,$\delta q_{oi} = 0$。

将液氧主泵出口条件和燃气发生器喷注面处的边界条件代入式(5-33),推导出蒸发器路流量脉动引起燃气发生器喷注面处压力扰动响应的传递函数为

$$\frac{\delta p_g}{\delta q_v} = \frac{T_{(1,1)} D_{(2)} - T_{(2,1)} D_{(1)}}{T_{(2,1)} - \frac{T_{(1,1)}}{Z_{oe}}} \tag{5-34}$$

同理,蒸发器路流量脉动引起液氧主泵出口处压力扰动响应的传递函数为

$$\frac{\delta p_{oi}}{\delta q_v} = \frac{D_{(1)} - Z_{oe} D_{(2)}}{T_{(1,1)} - Z_{oe} T_{(2,1)}} \tag{5-35}$$

还可以进一步推导出蒸发器路流量扰动引起燃气发生器及液氧供应系统沿程各点压力脉动的传递函数。

5.2.5.2 频率特性分析

由第4章4.2.2.2小节中单向阀自激振荡特性分析可知,在730Hz附近,单向阀容易发生自激振荡,从而对液氧供应系统形成持续的扰动激励。为了分析该激励作用下单向阀与燃气发生器的耦合特性,首先分析液氧供应系统和燃气系统单独的频率特性以及氧闭环系统的频率特性,然后分析单向阀自激振荡引起的蒸发器路液氧流量扰动下,液氧供应系统和燃气系统的频率特性。

按照5.2.3小节中的方法,在新的工作参数下,不考虑单向阀的自激振荡,计算液氧供应系统和燃气系统的频率特性。液氧供应系统出口导纳和燃气系统入口导纳的幅频特性见图5-28。在燃气发生器的一阶纵向声学频率740Hz附近,液氧供应系统出口导纳与燃气系统入口导纳的幅频曲线有部分相交,满足耦合不稳定的幅值条件。在合适的燃烧时滞下,当生成燃气流量脉动与压力脉动接近同相关系时,燃气发生器和液氧供应系统能够产生耦合不稳定。反之,当平均燃烧时滞使生成的燃气流量振荡与压力振荡不满足同相条件,氧闭环系统就是稳定的。

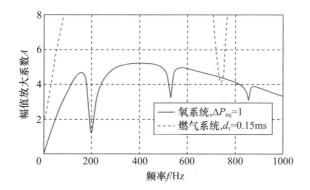

图 5-28　液氧供应系统出口导纳和燃气系统入口导纳的幅频特性

为了分析燃烧时滞对氧闭环系统频率特性的影响,其他参数不变,计算了燃烧时滞为 2～2.7ms 时,在 0～1000Hz 范围内氧闭环系统的频率特性。不同燃烧时滞下,氧闭环系统的奈奎斯特曲线如图 5-29 所示。不同的燃烧时滞下,燃

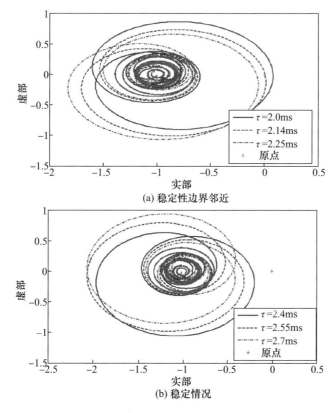

图 5-29　不同燃烧时滞下氧闭环系统的奈奎斯特曲线(附彩页)

气发生器和液氧供应系统表现出不同的耦合稳定性。在图 5-29(a)中,当燃烧时滞为 2~2.25ms 时,燃气发生器压力振荡和流量振荡接近于同相,氧闭环系统的奈奎斯特曲线刚好包围原点,表示系统处于稳定性边界邻近,而图 5-29(b)中,燃烧时滞增加到 2.4~2.7ms 时,燃气发生器压力振荡和流量振荡接近于反相,氧闭环系统的奈奎斯特曲线远离原点,氧闭环系统稳定。

为了分析单向阀引起的蒸发器路液氧流量扰动作用下,氧闭环系统的频率特性,根据式(5-34)计算了 0~1000Hz 范围内,燃气发生器喷注面压力对蒸发器路液氧流量扰动的频率特性。不同燃烧时滞下,燃气发生器喷注面压力相对蒸发器路流量扰动的幅频特性如图 5-30 所示。在 1000Hz 以内,燃气发生器喷注面压力的幅频特性曲线有多个响应峰值,175Hz、530Hz、855Hz 的响应峰表征了液氧主管路的声学频率,而 740Hz 附近的响应峰则表征了燃气发生器的一阶

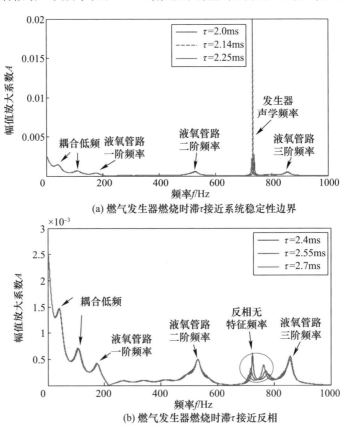

图 5-30 不同燃烧时滞下燃气发生器喷注面压力相对
蒸发器路流量扰动的幅频特性(附彩页)

纵向声学频率。与图 5-23 对比可见,燃烧时滞对燃气发生器一阶纵向声学频率下的响应幅值影响很大,对其他特征频率的响应幅值影响很小。与图 5-29 给出的无扰动下氧闭环系统自身稳定性的奈奎斯特图相比,图 5-30(a)表明,在原系统接近于稳定性边界时,在燃气发生器一阶纵向声学频率附近,燃气发生器内压力对蒸发器路流量的响应峰值很高,远高于其他特征频率。而在图 5-30(b)中,当平均燃烧时滞使燃气发生器压力振荡和生成燃气流量振荡接近反相时,燃气发生器一阶纵向声学频率下的响应峰分裂成左、右两个较低幅值的响应峰,在一阶纵向声学频率下的响应幅值相对很小。这是由于在燃气发生器一阶纵向声学频率下,燃气发生器内压力振荡和液氧供应系统中的流量振荡反相,起到扰动抑制作用。

液氧蒸发器路的单向阀产生自激振荡,在燃气发生器液氧供应系统的旁支中引入振荡源,产生扰动作用。图 5-30 的分析结果表明,当燃气发生器和液氧供应系统本身处于纵向耦合不稳定边界附近,若单向阀自激振荡的频率接近燃气发生器纵向声学频率(740Hz),则在扰动频率下,燃气发生器内压力产生很强的响应,若扰动频率远离燃气发生器纵向声学频率和液氧主管路的声学频率,则燃气发生器的压力响应很小。另外,若燃气发生器和液氧供应系统本身远离稳定性边界,稳定裕度较高时,即使单向阀振荡频率很接近燃气发生器纵向声学频率,燃气发生器内的压力响应也不大。

为了分析氧闭环系统接近稳定性边界时,氧闭环系统对蒸发器路单向阀引起的液氧流量扰动的响应特性,计算了燃气发生器燃烧时滞 $\tau=2.14\text{ms}$ 时,当蒸发器路流量以氧闭环系统谐振频率(734Hz)扰动时系统的频率特性。蒸发器路流量扰动下,液氧供应系统与燃气发生器沿程压力的幅值见图 5-31。燃气发

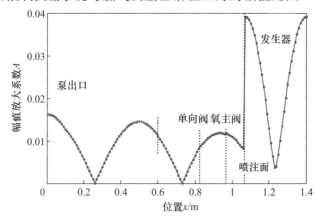

图 5-31 蒸发器路流量扰动下液氧供应系统与燃气发生器沿程压力的幅值

生器内压力的响应幅值整体很高,压力振幅的沿程分布符合一阶纵向声振型。而液氧管路上压力响应幅值相对较低,且液氧喷头腔中的压力幅值远低于燃气发生器喷注面处的压力幅值。

5.3 供应系统与燃烧组件熵波耦合振荡

在某发动机的低工况整机热试车中,富氧燃气发生器和燃料供应系统出现了 39~46 Hz 的低频振荡现象。由 5.2.2.3 小节中图 5-21 可知,液氧供应系统与燃气系统在 200 Hz 以内,幅频曲线不相交,是稳定的。因此,重点分析燃料供应系统与燃气系统的频率特性。

本节针对富氧燃气发生器与燃料供应系统,基于富氧燃气发生器燃烧时滞模型和低频熵波模型(绝热模型),开展流动与燃烧、熵波耦合特性研究,分析发动机组件结构参数和敏感参数对系统耦合稳定性的影响,探索这类问题的耦合振荡机理和稳定边界。

5.3.1 熵波耦合系统建模

发动机整机热试车状态下,富氧燃气发生器-燃料供应系统流路图如图 5-32 所示。燃料供应系统位于燃料二级泵和燃气发生器之间,主要组件包括单向阀、过滤器、流量调节器、点火导管、发生器燃料阀、发生器燃料喷嘴等。

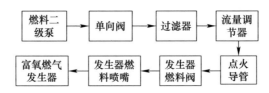

图 5-32 富氧燃气发生器-燃料供应系统流路图

对于图 5-32 所示的燃料供应系统,以燃料二级泵出口为入口边界,以富氧燃气发生器喷注器面为出口边界,利用串联系统传递矩阵关系,将各个组件的传递矩阵串联,形成燃料二级泵到富氧燃气发生器之间的燃料供应系统脉动参数的总关系式,即

$$\begin{bmatrix} \delta p_g \\ \delta q_g \\ \delta T_g \end{bmatrix} = \boldsymbol{M}_f \begin{bmatrix} \delta p_i \\ \delta q_i \end{bmatrix} \quad \boldsymbol{M}_f = \boldsymbol{M}_n \boldsymbol{M}_{n-1} \cdots \boldsymbol{M}_1 \quad (5-36)$$

式中:$\boldsymbol{M}_f$ 为燃料供应系统的总传递矩阵;$\boldsymbol{M}_1 \cdots \boldsymbol{M}_n$ 为燃料供应系统各组件的传递矩阵。燃气发生器喷注面处压力扰动引起燃料出口流量振荡的传递函数见

式(5-17),它是燃料供应系统的出口导纳。

根据5.2.2.2小节中燃气系统的传递函数式(5-22),可得相对于燃料供应路,燃气系统的入口导纳为

$$\frac{\delta q_{\mathrm{mfg}}}{\delta p_{\mathrm{g}}} = -\frac{\boldsymbol{M}_{\mathrm{pre}(1)}}{\boldsymbol{M}_{\mathrm{pre}(3)}} \qquad (5-37)$$

通过分析这些导纳的频率特性,可以研究燃料供应系统和燃气系统的动态特性。

5.3.2 熵波耦合特性研究

在液氧煤油补燃循环发动机中,富氧燃气发生器的喷注压降与其燃烧室压力相比较低。因此,在富氧燃气发生器中的压力波动会传递至推进剂供应系统,产生推进剂流量波动,其流量波动反过来对富氧燃气发生器的燃烧过程产生反馈作用。当两者相位合适时,可能会形成耦合的不稳定系统。在低工况整机试车过程中,出现了低频振荡现象,主要表现为燃料二级泵出口至富氧燃气发生器的压力参数波动。

为了研究这种低频振荡现象,根据整机低工况试车的各组件特性,计算了发动机燃气系统和燃料供应系统的频率特性。低工况下,燃料供应系统出口导纳和燃气系统入口导纳的幅频特性如图5-33所示,低工况下,燃料闭环系统奈奎斯特曲线图5-34所示。从图5-33可见,燃料供应系统出口导纳和燃气系统入口导纳在25~50Hz范围内相交,两者满足不稳定的幅值条件,表示两者可能会产生耦合不稳定。为了确定系统是否振荡,还要分析相位条件是否满足。从图5-34可见,燃料闭环系统的奈奎斯特曲线在47Hz附近开始包围原点,表明燃气发生器和燃料供应系统形成的耦合系统会产生低频耦合不稳定。

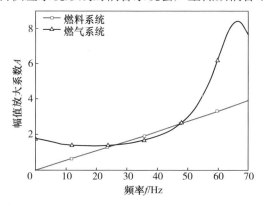

图5-33 低工况下燃料供应系统出口导纳和燃气系统入口导纳的幅频特性

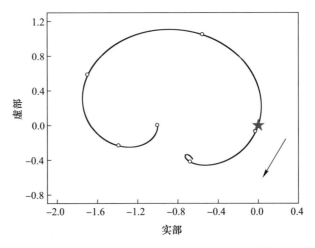

图 5-34　低工况下燃料闭环系统的奈奎斯特曲线

此外,根据系统的幅频特性,仿真得到的燃气发生器压力相对于二级泵出口流量扰动的幅频曲线如图 5-35 所示,在 47 Hz 处燃气发生器室压出现最大响应幅值,表明 47 Hz 为燃料供应系统和燃气系统的振荡频率。为了验证仿真计算的正确性,对试车过程中所测量的燃气发生器进行了频谱分析。实测燃气发生器压力色谱图见图 5-36,燃气发生器压力出现了约 47 Hz 的谐振频率,仿真计算所得的谐振频率与试验数据一致,表明所建立的模型和仿真方法较准确地反映了低频耦合振荡频率,揭示了低频振荡机理。

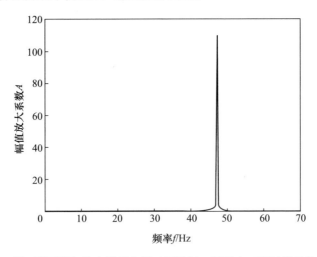

图 5-35　低工况下燃气发生器压力相对于燃料二级泵出口流量扰动的幅频曲线

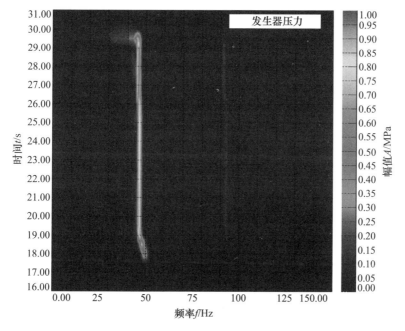

图 5-36 实测燃气发生器压力色谱图(附彩页)

5.3.3 敏感因素对系统耦合稳定性的影响

分析敏感因素变化对富氧燃气发生器和燃料供应系统闭环系统耦合稳定性的影响,对于发动机低工况振荡的机理认识和选择振荡抑制措施有着重要意义。通过分析燃气发生器相关气路参数、燃料供应系统敏感参数和结构参数对稳定性的影响,获得敏感因素对稳定性的影响规律,可为发动机低工况稳定性分析或其他发动机的稳定性改进指明方向。

5.3.3.1 燃烧时滞的影响

在图 5-33 中,燃料供应系统出口导纳在 50Hz 附近与燃气系统入口导纳曲线相交,表明燃料供应系统和燃气系统在幅值和频率上存在低频耦合的可能。但若出现低频耦合不稳定,还要满足相位条件,在低频下忽略燃料喷嘴的附加相位滞后,则 $\varphi \approx \pi$,当燃烧时滞 $\tau \approx \dfrac{2n-1}{2}\dfrac{1}{50}=10\text{ms},30\text{ms},\cdots$,燃气流量振荡与压力振荡满足完全同相条件。燃气发生器的燃气停留时间在 10ms 左右时,燃料闭环供应系统存在振荡,而在正常工作条件下,燃烧时滞不可能达到这么长时间。因此,额定工况下不存在燃料供应系统与燃气系统低频耦合不稳定的情况。当发动机处于低工况时,富氧燃气发生器混合比更高,化学反应温度降低,燃料液滴着火准备时间延长,燃烧时滞增加。当满足相位条件时,出现了约47Hz的低频振荡。

为了研究燃气发生器燃烧时滞对系统稳定性的影响,保持其他参数不变,仿真计算了燃烧时滞为5.4~11.5ms时系统的频率特性。不同燃烧时滞下,燃料供应系统出口导纳和燃气系统入口导纳的幅频特性如图5-37所示,不同燃烧时滞下,燃料闭环系统奈奎斯特曲线如图5-38所示。在不同的燃烧时滞下,所有的燃料供应系统出口导纳曲线重合,所有的燃气系统入口导纳曲线也重合,说明燃烧时滞不影响燃料供应系统和燃气系统的幅频特性,燃料供应系统出口导纳与燃气系统入口导纳曲线相交,它只影响导纳的相位。由图5-38可见,随着燃烧时滞的增大,燃料闭环系统奈奎斯特曲线从距离原点很远到包围原点,系统

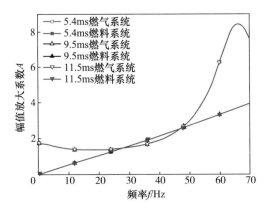

图5-37 不同燃烧时滞下燃料供应系统出口导纳和
燃气系统入口导纳的幅频特性(附彩页)

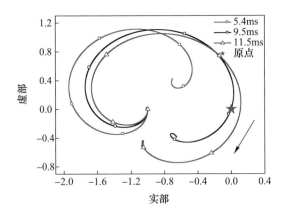

图5-38 不同燃烧时滞下燃料闭环系统奈奎斯特曲线

稳定性降低。燃烧时滞为9.5ms时,燃料供应系统出口导纳与燃气系统入口导纳曲线相交,燃料闭环系统奈奎斯特曲线过原点,系统处于稳定性边界上。当燃烧时滞大于9.5ms后,燃料供应系统出口导纳与燃气系统入口导纳曲线相交,且燃料闭环系统奈奎斯特曲线包围原点,系统不稳定。

5.3.3.2 燃气停留时间的影响

燃气停留时间为容积中燃气质量与容积出口流量的比值。它与系统参数相关,还受到燃气容积的影响。为了研究燃气发生器燃气停留时间对系统稳定性的影响,保持其他参数不变,仿真计算了燃烧时滞为12.3~18.8ms时系统的频率特性。不同燃气停留时间下,燃料供应系统出口导纳和燃气系统入口导纳的幅频特性如图5-39所示,不同燃气停留时间下,燃料闭环系统奈奎斯特曲线如图5-40所示。随着燃气停留时间的增大,燃气系统入口导纳曲线上移,燃料供

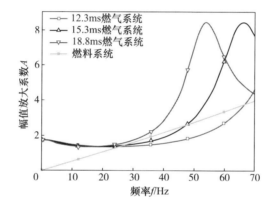

图5-39 不同燃气停留时间下燃料供应系统出口导纳和燃气系统入口导纳的幅频特性

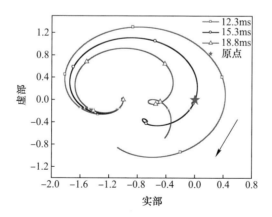

图5-40 不同燃气停留时间下燃料闭环系统奈奎斯特曲线

应系统出口导纳和燃气系统入口导纳曲线从相交变得不相交,系统的稳定裕度提高。当燃气停留时间小于 15.3ms 时,燃料供应系统出口导纳和燃气系统入口导纳曲线相交,燃料闭环系统的奈奎斯特曲线包围原点,系统不稳定。当燃气停留时间为 18.8ms 时,燃料供应系统出口和燃气系统入口导纳曲线不相交,燃料闭环系统的奈奎斯特曲线也不包围原点,系统处于稳定状态。

燃气发生器的容积越大,燃气停留时间越长;当容积越大时,燃气压缩性也越大。燃气压缩性变大,使燃气压力波动变小,在受到相同的燃料供应系统入口流量扰动时,燃气系统入口导纳幅值将变大,燃气系统入口导纳曲线向上移动,系统的稳定裕度提高。此外,燃气停留时间是熵波的特征时间,燃气停留时间变长,导致熵波频率降低,所以熵波引起的燃气系统入口导纳曲线的谐振峰值频率向低频方向移动,谐振峰值基本不变。燃气停留时间是燃气系统的特征参数之一,不影响燃料供应系统出口导纳的幅频特性。

5.3.3.3 熵波的影响

燃气发生器中的 ψ 值对燃气发生器内温度波动幅值影响很大,对熵波的影响也很大。因此,可通过燃气发生器 ψ 值来研究燃气发生器内熵波对于系统稳定性的影响。

为了研究熵波对系统稳定性的影响,保持其他参数不变,仿真计算了 ψ 为 $-1.3 \sim -0.9$ 时,系统的频率特性。不同熵波下,燃料供应系统出口导纳和燃气系统入口导纳的幅频特性如图 5 – 41 所示。不同熵波下,燃料闭环系统奈奎斯特曲线如图 5 – 42 所示。随着 $|\psi|$ 的增大,燃气路入口导纳曲线向下移动,燃气路入口导纳曲线和燃料供应系统出口导纳逐渐相交,燃料闭环系统的奈奎斯特曲线也逐渐包围原点,系统的稳定裕度降低,系统从稳定变得不稳定。当 $|\psi|>1.1$ 时,燃料供应系统出口导纳和燃气系统入口导纳曲线相交,燃料闭环

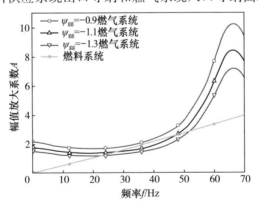

图 5 – 41 不同熵波下燃料供应系统出口导纳和燃气系统入口导纳的幅频特性

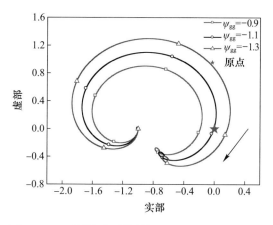

图 5-42　不同熵波下燃料闭环系统奈奎斯特曲线

系统的奈奎斯特曲线包围原点,系统不稳定。

5.3.3.4　燃料喷注压降的影响

为了研究发生器燃料喷注压降对系统稳定性的影响,保持其他参数不变,仿真计算了无量纲燃料喷注压降为 0.46~1.27 时系统的频率特性。不同喷注压降下发生器压力相对于二级泵出口流量扰动的幅频特性如图 5-43 所示,随着燃料喷注压降的升高,在相同的二级泵出口流量扰动下,发生器压力的响应幅值显著降低,抗扰动能力提高。不同喷注压降下,燃料供应系统出口导纳和燃气系统入口导纳的幅频特性如图 5-44 所示。随着燃料喷注压降的升高,燃料路出口导纳曲线向下移动,燃料路出口导纳和燃气路入口导纳相交范围减小甚至不相交,系统的稳定裕度提高。

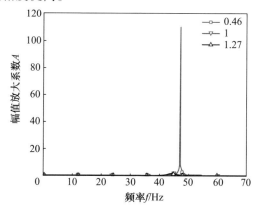

图 5-43　不同喷注压降下发生器压力相对于燃料二级泵出口
流量扰动的幅频特性(附彩页)

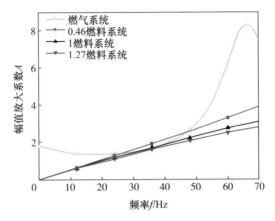

图 5-44 不同喷注压降下燃料供应系统出口导纳和燃气系统
入口导纳的幅频特性(附彩页)

为了确定燃料闭环系统是否振荡,还要分析相位条件是否满足。不同喷注压降下,燃料闭环系统奈奎斯特曲线如图 5-45 所示。当无量纲喷注压降为 0.46 时,奈奎斯特曲线过原点,燃料闭环系统不稳定。随着燃料喷注压降的提高,奈奎斯特曲线不包围原点,且离原点的距离增加,说明系统的稳定性裕度提高。增大燃料喷注压降其实是增大了燃料供应系统的阻尼,使燃料供应系统对扰动的耗散作用增强,增大了系统的稳定性。同时随着喷注压降的提高,燃料雾化的质量变好,雾化形成的燃料液滴直径变小,蒸发时间减少,发生器的燃烧时滞减少。但是当喷注压降高于一定值后,会增大供应系统的负担,导致泵的扬程和涡轮功率的提高。因此,不能无限制增加喷注压降。

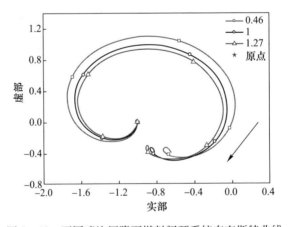

图 5-45 不同喷注压降下燃料闭环系统奈奎斯特曲线

另外,喷注压降过低会导致雾化质量恶化,使燃烧完善程度降低,并且对供应系统干扰的响应幅值增大,产生低频不稳定。因此,喷注压降直接影响燃气发生器的燃烧完善程度和燃烧稳定性。在抑制低工况耦合不稳定性时,根据系统的裕度,尽可能提高各工况下发生器燃料喷注压降。

5.3.3.5 燃料头腔容积的影响

为了研究发生器燃料头腔容积对系统稳定性的影响,保持其他参数不变,仿真计算了燃料头腔容积为 0.05~0.5L 时系统的频率特性。不同燃料头腔容积下,燃料供应系统出口导纳和燃气路入口导纳的幅频特性如图 5-46 所示。不同燃料头腔容积下,燃料闭环系统奈奎斯特曲线如图 5-47 所示。可见,随着燃料头腔容积的增大,燃料供应系统出口导纳曲线向上移动,燃料供

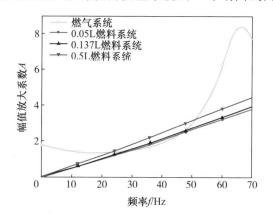

图 5-46 不同燃料头腔容积下燃料供应系统出口导纳和燃气系统入口导纳的幅频特性

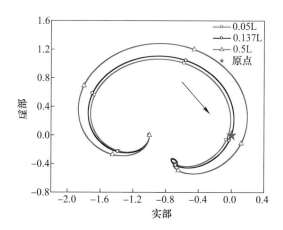

图 5-47 不同燃料头腔容积下燃料闭环系统奈奎斯特曲线

应系统出口导纳与燃气系统导纳相交的频率范围变大,燃料闭环系统的稳定裕度降低。为了确定系统是否振荡,还要分析振荡的相位条件是否满足。从 0.137L 开始,系统奈奎斯特曲线开始包围原点,系统变得不稳定。因此,在工程应用中,为了保证系统的稳定性,发生器燃料头腔容积不宜设计得过大。

5.3.3.6 泵后管路长度

为了研究泵后管路长度对系统稳定性的影响,保持其他参数不变,仿真计算了泵后管路长度为 0.8~3m 时系统的频率特性。不同泵后管路长度下,燃料供应系统出口导纳和燃气系统入口导纳的幅频特性如图 5-48 所示。不同泵后管路长度下,燃料闭环系统奈奎斯特曲线如图 5-49 所示。由图 5-48 可见,随着泵后管路长度增加,燃料路固有频率降低,更接近熵波频率;泵后管路长度为 3m 时,燃料供应系统出口导纳和燃气系统入口导纳在 45~80Hz 范围相交,满足振荡的幅值条件。燃料供应系统出口导纳和燃气系统入口导纳幅值虽然相交,但燃料闭环系统奈奎斯特曲线不包围原点,此时不满足振荡的相位条件,燃料闭环系统是稳定的。但泵后管路越长,奈奎斯特曲线距原点越近,燃料闭环系统的稳定裕度越低,所以泵后管路长度增加不利于燃气发生器的稳定工作。

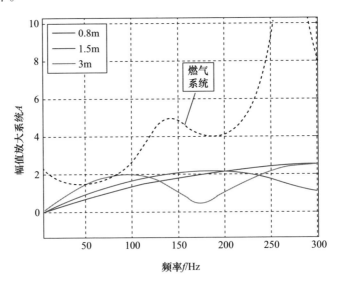

图 5-48 不同泵后管路长度下燃料供应系统出口导纳和燃气系统入口导纳的幅频特性(附彩页)

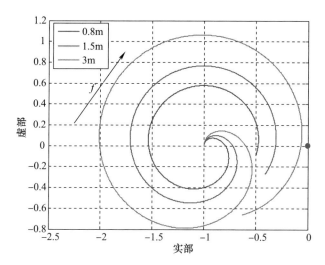

图 5-49 不同泵后管路长度下燃料闭环系统奈奎斯特曲线(附彩页)

参考文献

[1] CULICK F E C. Stability of three-dimensional motion in a combustion chamber[J]. Combustion Science and Technology,1975,10:109-124.

[2] CULICK F E C. Nolinear behavior of acoustic waves in combustion chambers[C]. 10th JANNAF Combustion Meeting,1973,3.

[3] FLANDRO G A. Approximate analysis of nonlinear instability with shock waves[R]. AIAA 82-1220.

[4] FLANDRO G A. Energy balance analysis of nonlinear combustion instability[J]. Journal of Propulsion and Power,1985,1(3):210-221.

[5] DUVVUR A. Numerical solution of convective droplet vaporization in an oscillatory gas flow: application to liquid propellant longitudinal mode combustion instability[D]. Doctoral dissertation,University of California,1992.

[6] DUVVUR A,CHIANG C H,SIRIGNANO W A. Oscillatory fuel droplet vaporization:driving mechanism for combustion instability[J]. Journal of Propulsion and Power,1996,12(2):358-365.

[7] HEIDMANN M F,WIEBER P R. Analysis of frequency response characteristics of propellant vaporization[R]. NASA TMX-52195,1966.

[8] 刘昆. 分级燃烧循环液氧液氢发动机系统分布参数模型与通用仿真研究[D]. 长沙:国防科技大学,1999.

[9] 程谋森. 液氢液氧发动机预冷与起动过程模型及PVM仿真研究[D]. 长沙:国防科技大学,2000.

[10] NATANZON M S. Combustion Instability[M]. AIAA,Inc.,1996.

[11] YANG V,ANDERSON W E. 液体火箭发动机燃烧不稳定[M]. 张宝炯,洪鑫,陈杰,译. 北京:科学出版社,2001.

[12] 刘昆,张育林. 液体火箭发动机燃烧室的一种分区模型[J]. 航空动力学报,2002,17(1):134-139.

[13] 汪洪波,王振国,孙明波. 预燃室低频不稳定燃烧仿真研究[J]. 火箭推进,2007,33(5):22-26.

[14] LORES M E,ZINN B T. Nonlinear longitudinal combustion instability in rocket motors[R]. AIAA 73-217.

[15] 黄玉辉. 液体火箭发动机燃烧稳定性理论、数值模拟和实验研究[D]. 长沙:国防科技大学,2001.

[16] 李磊,孙晓峰. 一种基于谱方法的三维热声不稳定模型[J]. 航空动力学报,2011,26(5):1017-1024.

[17] CASIANO M J. Extensions to the time lag models for practical application to rocket engine stability design[D]. Doctoral Dissertation,Pennsylvania State University,2010.

[18] YU Y,SISCO J,ANDERSON W E,et al. Examination of Spatial Mode Shapes and Resonant Frequencies Using Linearized Euler Solutions[R]. AIAA 2007-3999.

[19] PORTILLO J E,JAMES C S,YEN C Y,et al. Application of a generalized instability model to a longitudinal mode combustion instability[R]. AIAA 2007-5651.

[20] PIERINGER J,SATTELMAYER T,FASSL F. Simulation of combustion instabilities in liquid rocket engines with acoustic perturbation equations[J]. Journal of Propulsion and Power,2009,25(5):1020-1031.

[21] FREEBURN F D,HELSEL R H. Orbital maneuvering engine feed system coupled stability investigation[R]. NASA CR-144409,1975.

[22] BAZAROV V G,YANG V. Liquid-propellant rocket engine injector dynamics[J]. Journal of Propulsion and Power,1998,14(5):797-806.

[23] 刘上,刘红军,陈宏玉. 液体离心喷嘴动力学特性理论分析[J]. 火箭推进,2012,38(3):1-6.

[24] BAZAROV V G. Dynamics of Liquid Injector[M]. Moscow:Mashinostroenie,1979.

[25] ANDREEV A,BAZAROV V G,DUSHKIN A,et al. Dynamics of gas-liquid injector[M]. Moscow:Mashinostroenie,1991.

[26] BAZAROV V G. Design of injectors for self-sustaining of combustion chambers stability[R]. AIAA 2006-4722.

[27] 杨立军,富庆飞,王永涛,等. 多排切向通道敞口型离心喷嘴的动态特性研究[J]. 宇航学报,2006,27(5):865-870.

[28] 杨立军,张向阳,葛明和. 敞口型离心喷嘴动力学特性理论分析[J]. 推进技术,2006,27(6):497-501.

[29] 杨立军,张向阳,高芳,等. 液体喷嘴动态特性数值模拟[J]. 航空动力学报,2004,19(6):866-872.

[30] 杨立军,富庆飞. 喷嘴对供应系统到燃烧室压力振荡传递幅频特性的影响[J]. 航空动力学报,2008,23(2):305-310.

[31] 杨立军,富庆飞. 由喷嘴连接的燃烧室到供应系统压力振荡传递过程研究[J]. 航空动力学报,2009,24(5):1182-1186.

[32] YANG L J, FU Q F. Theoretical study of dynamic characteristic of open-end liquid swirl injector[C]. 57th International Astronautical Congress IAC-06-C4.P.3.09,2006.

[33] RICHARDSON R. Linear and Nonlinear Dynamics of Swirl Injectors[D]. West Lafayette:Purdue University,2007.

[34] RICHARDSON R, PARK H, CANINO J V, et al. Nonlinear dynamic response modeling of a swirl injector[R]. AIAA 2007-5454.

[35] KIM D, JEONG W, YOON Y. The characteristics of swirl coaxial injector under varying geometric and environmental conditions[R]. AIAA 2004-3521.

[36] 刘上,刘红军,王海燕. 富氧燃气发生器液氧供应系统频率特性分析[J]. 火箭推进,2013,39(2):12-18.

[37] 刘上,刘红军,陈宏玉. 富氧燃气发生器动态特性分析[J]. 航空动力学报,2013,28(1):226-232.

[38] 刘上,刘红军,陈建华,等. 富氧燃气发生器-供应系统耦合稳定性研究[J]. 推进技术,2013,34(11):1448-1458.

第 6 章
两相流体动力学过程耦合稳定性

液体火箭发动机工作过程中,一些推进剂供应系统中会存在气液两相流动过程,如补燃循环液氧煤油发动机中驱动预压涡轮后的富氧燃气与液氧冷凝的过程、离心泵内的气蚀过程等。大多数研究中,将这些复杂的两相流动过程简化为流体处于某一固定工况下的静态模型,认为在稳态工况下,流体中的气体含量在某一工况下是一个定值,并未考虑气体与液体相互之间的动态过程,因此在进行系统级动力学分析时不能准确地反映发动机动态特性[1]。

气液两相流和单相流比较,多出一个相和相界面[2]。以气液两相流为例,流体中包括气相、液相和气液相界面。其中,相界面对两相流的流动特性和传热特性有很大的影响,流场中相界面在数量上和分布上也经常变化。在可凝结(冷凝、空化溃灭)的气液两相流中,压力和传热特性变化影响着流体的流动特性和界面的分布特性,此时两相流动过程变得非常复杂。

对于两相流问题,主要研究其流动特性和传热特性。流动特性包括流速与流量、压力特性、相分布、空泡份额、流动稳定性及临界流动等问题,如离心泵和气蚀管的空化过程等。传热特性包括沸腾与冷凝、气泡动态规律、临界传热、平衡流与不平衡流传热等,如燃气与液氧掺混冷凝过程等。

在补燃循环液氧煤油发动机的试车过程中,发动机存在复杂的两相流体动力学耦合过程,并形成系统级的低频振荡现象,涉及两种两相流体动力学过程耦合稳定性问题,分别为冷凝自激振荡和气蚀自激振荡。

6.1 冷凝自激振荡

大推力液氧煤油补燃循环发动机采用富氧燃气驱动氧化剂预压涡轮泵方案以提高发动机性能,富氧燃气驱动涡轮后通入液氧主路掺混冷凝,这种强对流换热下的两相掺混冷凝过程对发动机系统动力学特性影响非常明显。在富氧燃气射流进入主路液氧时,混合流体在主泵前导管内形成复杂的两相流动,并伴随着剧烈的传热、相变和振荡过程，导致液氧饱和蒸气压升高，氧泵气蚀裕度降低，氧路流体柔性变大，从而改变发动机供应系统频率特性，并影响系统稳定性。当液氧供应管路系统与掺混动态特性发生耦合时，容易导致发动机供应系统失稳，形成低频不稳定脉动，影响整个发动机乃至火箭的工作可靠性。

目前，对富氧燃气射流冷凝过程很少有理论方面的研究，其困难在于：富氧燃气与液氧两者具有较大速度差、温度差和密度差，在相界面存在剧烈的换热传质过程，一方面涉及相变过程中氧在临界区的物性动态变化，另一方面燃气在液氧中的分布规律与换热传质特性息息相关。这两个因素都对发动机氧路系统产生较大的影响，使氧路系统建模更加复杂。

在气液两相流动中，由于气体压缩性和两相界面力作用，以及蒸发、冷凝等传热传质作用，极其容易诱发流动不稳定。蒸气射流冷凝过程的气液两相流动受到两相流量和压力、空泡份额的影响，导致系统发生不稳定振荡。在蒸发和冷凝的流体系统中，相界面力、热交换和流动相互作用使界面波传播、密度波传播和压力波传播，这些波传播机理可能是导致各种不稳定现象的本质机理。描述两相流体系统的流动和传热数学模型有很明显的非线性特征，流体流动、传热传质、两相压降、空泡反馈以及热力学不平衡因素与边界条件扰动构成了复杂的反馈机制，使研究两相流动不稳定性的普遍规律变得更加困难。

如富氧燃气注入液氧掺混冷凝的过程，蒸气注入流体管路时会发生直接接触冷凝过程中的压力振荡。由于高速蒸气射流与过冷液体相遇，会在出口周围形成气液相界面及相对运动，其特性与蒸气流量、压力和液体温度相关。在蒸气凝结过程中，会导致管内流体压力振荡[3]。在特定的边界条件下，当蒸气进入流体中无法平衡冷凝时（低凝结率状态），管内蒸气压力增大促使气泡进一步膨胀，并迅速随流体向下游运动，气泡膨胀过程中，冷凝效率迅速增大，流体流量减小。随着气泡运动，喷口下游的大量游离气泡加速冷凝，由于惯性作用使气泡内压力低于流体压力，气泡加速收缩破碎，管内流体流量增大。流体流量波动使管内压力发生波动，从而进一步诱导气泡界面力和冷凝效率发生波动，形成了反馈环节。当蒸气冷凝时间较长时，更容易形成正反馈导致系统失稳。通过对独立气泡直接接触冷凝特性的研究，以及对竖直管路气液自下向上流动中饱和气泡和过冷液体的相间冷凝换热的试验研究，可以获得气泡的冷凝换热关联式[4-6]。另外，利用CFD仿真给定初始直径的气泡在过冷液体中的流动冷凝动态过程[7-11]。

针对某型补燃循环液氧煤油发动机在氧路系统低频振荡问题，介绍富氧燃气与液氧掺混冷凝过程产生振荡的分析方法。相关的局部系统原理见图6-1，从主涡轮后引的富氧燃气驱动氧化剂预压涡轮后，与冷却轴承回流液氧预先掺混,然后再注入液氧主流路,在氧预压泵后形成一段气液两相流路。

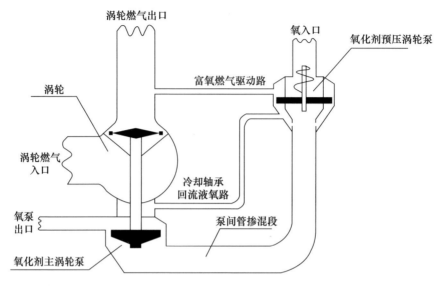

图 6-1 液氧煤油发动机燃气与液氧掺混冷凝系统

6.1.1 富氧燃气射流冷凝动力学过程模型

采用两流体热不平衡模型[9]模拟富氧燃气和液氧混合流动过程,其核心思想是通过独立研究各相流体的动力学过程,通过相界面的质量、动量和能量传递关系建立两相运动关系。基于两流体模型假设,将两相流体分别按照单相流守恒方程处理,并通过源项关系式传递相互作用关系。该模型包括以下几个方程。

1) 质量守恒方程

$$\frac{\partial}{\partial t}(\alpha_L \rho_L) + \frac{\partial}{\partial z}(\alpha_L \rho_L u_L) = \Gamma_L \quad (6-1)$$

$$\frac{\partial}{\partial t}(\alpha_g \rho_g) + \frac{\partial}{\partial z}(\alpha_g \rho_g u_g) = \Gamma_g \quad (6-2)$$

式中:α 为体积分数;ρ 为密度;u 为速度;Γ 为单位体积相变质量率;z 为管路的轴向位置。下标 L 表示液体;g 表示气体。其中,$\alpha_L + \alpha_g = 1$,$\Gamma_L + \Gamma_g = 0$。α_g 代表两相流动中气相的体积分数,通常称为空泡份额。

2) 动量守恒方程

$$\frac{\partial}{\partial t}(\alpha_L \rho_L u_L) + \frac{\partial}{\partial z}(\alpha_L \rho_L u_L^2) = -\frac{\partial \alpha_L p_L}{\partial z} - \alpha_L \rho_L g\sin\theta + F_L \quad (6-3)$$

$$\frac{\partial}{\partial t}(\alpha_g \rho_g u_g) + \frac{\partial}{\partial z}(\alpha_g \rho_g u_g^2) = -\frac{\partial \alpha_g p_g}{\partial z} - \alpha_g \rho_g g \sin\theta + F_g \quad (6-4)$$

式中:p 为静压;g 为重力加速度;θ 为管路流动方向与重力方向的夹角;F_L 和 F_g 分别为液、气相界面作用力合力源项,具体值由气液界面所受到的拖曳力和非曳力获得。

3) 能量守恒方程

$$\frac{\partial}{\partial t}(\alpha_L \rho_L h_L) + \frac{\partial}{\partial z}(\alpha_L \rho_L u_L h_L) = -\frac{\partial \alpha_L p_L u_L}{\partial t} + q_i + Q_L - \alpha_L \rho_L u_L g \sin\theta \quad (6-5)$$

$$\frac{\partial}{\partial t}(\alpha_g \rho_g h_g) + \frac{\partial}{\partial z}(\alpha_g \rho_g u_g h_g) = -\frac{\partial \alpha_g p_g u_g}{\partial t} + q_i + Q_g - \alpha_g \rho_g u_g g \sin\theta \quad (6-6)$$

式中:q_i 为外界对两相流的换热量,若模型中不考虑外界换热,则 $q_i = 0$;Q_L 和 Q_g 分别为液、气相界面的热量传递源项。

上述方程中源项关系式:Γ_l、Γ_g、F_l、F_g、Q_l、Q_g 分别与守恒方程中的相间作用关系,即相变、滑移和热力不平衡的结构特性相对应。为了使方程组闭合,采用经验或半经验的方式确定源项关系式。

6.1.1.1 作用力源项

作用力又称界面力,主要发生在两相界面或相壁面,包括拖曳力(F_D)和非曳力两种,而非曳力需要考虑湍流分散力(F_T)、升力(F_L)、壁面摩擦力(F_{wL})、虚拟质量力(F_{vm})和动量交换(F_{Li}、F_{ig})等。在一维管路两相问题中,重点考虑拖曳力、摩擦力和虚拟质量力,不考虑湍流分散力和升力。

拖曳力反映了流体黏性对离散分布的气泡的加速或减速作用。给出作用在单个气泡上平均拖曳力的计算模型,形式为

$$F_D = \frac{3}{4}\frac{C_{D(1-\alpha)}}{d_g}\alpha_g(1-\alpha_g)^3 \rho_L(u_g - u_L)|u_g - u_L| \quad (6-7)$$

式中:d_g 为气泡直径;C_D 为拖曳力系数,用于反映气泡周围流场的特性,对于拖曳力系数不同学者给出了不同的计算方法。采用稳定运动条件下的气泡拖曳力系数为

$$\begin{cases} C_D = \frac{24}{Re_b}(1 + 0.15 Re_b^{0.687}) & 0 < Re_b \leqslant 1000 \\ C_D = 0.44 & Re_b > 1000 \end{cases} \quad (6-8)$$

式中:Re_b 为气泡雷诺数,由下式给出,即

$$Re_b = \frac{\rho_L(u_g - u_L)(1 - \alpha_g)d_g}{\mu_L}$$

考虑到冷凝区域存在大量气泡,气泡间存在相互作用力[12],可采用空泡份额的修正公式 $C_{D(1-\alpha)} = C_D (1-\alpha)^{4.7}$。同时,只考虑液体和壁面间的摩擦力,通过定义两相摩擦乘子与单相液体压降的乘积表示壁面摩擦力,其表达式为

$$F_{wL} = \phi_{LO}^2 \left(\frac{dp}{dz}\right)_L \quad (6-9)$$

式中:ϕ_{LO}^2 和 $(dp/dz)_L$ 分别为两相摩擦乘子和单相液体压降。单相液体压降考虑单相流体在相同工况下流过管路时的压降,其表达式为

$$\left(\frac{dp}{dz}\right)_L = \frac{f}{D} \frac{[G(1-x)^2]}{2\rho_L} \quad (6-10)$$

式中:f 为单相液体摩擦系数;G 为两相流质量流量密度;x 为管路流体的干度;D 为管路直径。为了获得单相液体摩擦系数,需要根据流体雷诺数来确定。当流体超出层流范围时,采用经验关系式[13],即

$$f = \begin{cases} \dfrac{16}{Re_L} & Re_L \leqslant 2300 \\ \dfrac{4}{3.48 + 4\lg\left(\dfrac{Re_L}{45 \times 10^{-6}}\right)} & Re_L > 2300 \end{cases} \quad (6-11)$$

两相摩擦乘子 ϕ_{LO}^2 可以用拟合关系曲线表达[14],即

$$\phi_{LO}^2 = 1 + (\Omega^2 - 1)[Bx^{(2-n)/2} \cdot (1-x)^{(2-n)/2} + x^{2-n}] \quad (6-12)$$

式中:n 为管路粗糙度系数,数值取 $0.2 \sim 0.8$;Ω 和 B 为拟合系数。计算式与选取准则为

$$\Omega^2 = \frac{\left(\dfrac{\mu_g}{\mu_L}\right)^n}{\left(\dfrac{\rho_L}{\rho_g}\right)} \quad (6-13)$$

$$B = \begin{cases} \dfrac{55}{\sqrt{G}} & \Omega < 9.5 \\ \dfrac{520}{\Omega\sqrt{G}} & \Omega < 28 \\ \dfrac{15000}{\Omega^2\sqrt{G}} & \Omega > 28 \end{cases} \quad (6-14)$$

虚拟质量力反映了气泡加速流动过程中引起的附加阻力。虚拟质量力与气泡相对流体速度梯度直接相关,速度梯度越大,引起的附加阻力越大。虚拟质量

力的表达式为

$$F_{vm} = C_{vm}\rho_L u_g \alpha_g \frac{d(u_g - u_L)}{dz} \quad (6-15)$$

式中：C_{vm} 为虚拟质量力系数。对处于无黏流体中的球形颗粒,虚拟质量力等于颗粒所占据空间对应该流体质量的一半乘以颗粒质心的速度梯度,即 $C_{vm} = 0.5$。通常情况下,虚拟质量力系数与颗粒形状、浓度有关,取值范围为 $0.1 \sim 0.5$。对于小孔径蒸气射流问题,假定气泡为球形,则取 $C_{vm} = 0.5$。

动量交换指的是气体冷凝导致的质量变化引起的气液动量变换。气体冷凝时,其速度由 u_g 变成 u_L,这种速度变化引起的力可表示为

$$F_{Li} = (1 - \eta)(u_L - u_g)\Gamma_L \quad (6-16)$$

$$F_{gi} = \eta(u_g - u_L)\Gamma_g \quad (6-17)$$

式中：η 为两流体分布指数,根据经验取 $\eta = 0.5$。

6.1.1.2　热量质量交换源项

过热气氧和过冷液氧在接触过程中持续发生热量交换,导致气体温度降低,液体温度升高,当气体温度降至当地饱和温度时开始冷凝,液体温度升至饱和温度时开始蒸发。在气液两相流动和换热计算的基础上考虑气液相变导致的相间质量和热量交换。为了获得热量质量交换源项关系式,采用以下两种方法进行计算。

第一种方法,相变质量和能量方程采用成熟的准稳态相变模型[15],表达式为

$$\begin{cases} \Gamma = r_i \alpha_l \rho_L \dfrac{(T - T_{sat})}{T_{sat}} & T \geqslant T_{sat} \\ \Gamma = r_i \alpha_g \rho_g \dfrac{(T - T_{sat})}{T_{sat}} & T < T_{sat} \end{cases} \quad (6-18)$$

式中：T_{sat} 为当地压力下的饱和温度,若 $T \geqslant T_{sat}$,则进行由液相到气相的蒸发过程,液相质量源项为负,气相为正；若 $T < T_{sat}$,则进行由气相到液相的冷凝过程,液相质量源项为正,气相为负。能量方程的绝对值为相变质量与气化潜热的乘积,蒸发为负,冷凝为正。影响相变模型准确性的重要参数 r_i 表示为相变系数,通常相变系数取值在 $0.1 \sim 1000$ 之间。通过仿真研究发现,对于蒸发模型采用 $r_i = 0.1$ 已满足计算要求,而对于冷凝模型则需要采用 $r_i = 500 \sim 10000$ 才能满足要求,通常选取 $r_i = 5000$。

第二种方法,采用双阻力换热传质模型,根据热力学换热平衡关系,假设两相相变的温度相等,则两相与相界面的传热量表达式如下。

对于液相边界的传热量为

$$Q_L = H_L \frac{6\alpha_g}{d_g}(T_{sat} - T_L) \qquad (6-19)$$

式中:H_L 为液相到相界面的传热系数,按照液体球形绕流换热模型计算,表达式为

$$H_L = \frac{k_L Nu_L}{d_g} \qquad (6-20)$$

式中:k_L 为液氧热导率;Nu_L 为努塞尔数,其表达式为

$$Nu_L = \begin{cases} 2 + 0.6 Re^{0.5} Pr^{0.33} & 0 < Re \leq 776.06, 0 < Pr \leq 250 \\ 2 + 0.27 Re^{0.62} Pr^{0.33} & Re > 776.06, 0 < Pr \leq 250 \end{cases} \qquad (6-21)$$

式中:Re 为雷诺数;Pr 为普朗特数。雷诺数和普朗特数分别定义为

$$Re = \frac{\rho_L |u_g - u_L| d_g}{\mu_L} \qquad (6-22)$$

$$Pr = \frac{C_{pL} \mu_L}{k_L} \qquad (6-23)$$

式中:μ_L 为液氧动力黏度;C_{pL} 为液氧的定压比热容。

对于气相边界的传热量,表达式为

$$Q_g = H_g \frac{6\alpha_g}{d_g}(T_g - T_{sat}) \qquad (6-24)$$

式中:H_g 为气相到相界面的传热系数,按照一般蒸气与饱和液体传热经验系数选取为 $1 \times 10^4 \sim 2.5 \times 10^4 \text{kg/(m}^2 \cdot \text{K)}$。

将换热量与质量传递联系起来,根据能量平衡关系,换热总量不变,则气相传递能量、液相传递能量和气化潜热之间的关系式为

$$Q_\Sigma = Q_L - \Gamma h_L^{sat} = Q_g - \Gamma h_g^{sat} \qquad (6-25)$$

那么,传递质量关系式为

$$\Gamma = \frac{Q_L - Q_g}{h_L^{sat} - h_g^{sat}} \qquad (6-26)$$

双阻力模型的建模思路是通过将气液两相间的能量传递和质量传递相互联系起来,假设热量交换超出值可以通过气体转化为饱和液体贮存在相界面液膜中,反之则释放变为气体,能量质量传递关系如图 6-2 所示。

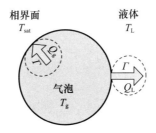

图 6-2 气相和液相的能量/质量传递关系示意图

6.1.1.3 富氧燃气射流冷凝自激振荡频域模型

液氧煤油补燃循环发动机氧路系统简图如图 6-3 所示。液氧从贮箱开始经过输送管路进入发动机预压泵,经过增压后进入泵间管。驱动氧化剂预压涡轮后的高温燃气从射流孔进入主路液氧中冷凝,这部分预混燃气与氧预压泵出来的全部液氧混合,在泵间管路内形成热不平衡两相流动。燃气完全冷凝后单相液氧进入氧主泵,经过氧主泵增压后,进入富氧燃气发生器形成富氧燃气驱动主涡轮,然后富氧燃气分为两路,绝大部分在燃烧室再次燃烧产生推力。

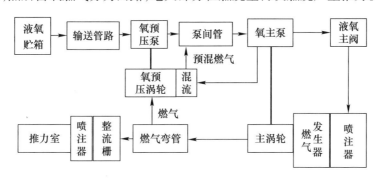

图 6-3 氧路系统简图

泵间管(氧预压泵至氧主泵之间管路)燃气射流在主流液氧中形成离散气泡,假设离散气泡为球形气泡,并不考虑气泡的聚合与破碎对射流冷凝过程的影响,气泡的动态过程可由气泡动力学的瑞利-普莱斯特方程表达[14],即

$$R\frac{\mathrm{d}^2 R}{\mathrm{d}t^2} + \frac{3}{2}\left(\frac{\mathrm{d}R}{\mathrm{d}t}\right)^2 + \frac{4v_L}{R}\frac{\mathrm{d}R}{\mathrm{d}t} = \frac{p_{g0}}{\rho_L}\left(\frac{R_0}{R}\right)^{3k} - \frac{2S}{\rho_L R} - \frac{p_L(t)}{\rho_L} \quad (6-27)$$

考虑整个计算域气泡核密度 N_0,将气泡半径 R 与气泡总体积 V_g 联系起来,则有 $\dfrac{\mathrm{d}V_g}{\mathrm{d}t} = N_0 4\pi R^2 V_\Sigma \dfrac{\mathrm{d}R}{\mathrm{d}t}$,并引入式(6-27),通过小偏差线性化得出泵间气泡总体积动力学方程为

$$m\frac{d^2\delta V_g}{dt^2} + b\frac{d\delta V_g}{dt} + \frac{1}{C_g}\delta V_g = -\frac{\delta p_L(t)}{\rho_L} \quad (6-28)$$

式中：$m = \sum_0^{i=N} \frac{dZ}{4\pi R_i L_N}$ 为气泡等效惯性质量；$b = \sum_0^{i=N} \frac{dZ}{L_N}\left(\frac{\nu_L}{\pi R_i^3} - \frac{|u_g - u_L|}{4\pi R_i^2}\right)$ 为线性阻尼；忽略表面张力后，$C_g = \rho_L \frac{V_g}{\gamma P_g}$ 为等效气泡柔度。

随着气泡冷凝过程，气泡半径 R_i 逐渐减小直至消失，采用特征气泡半径 R_i 计算方程中的等效惯性和线性阻尼。气泡冷凝过程既不是绝热过程，也不是等温过程，而是气泡与液氧之间的传质传热过程。C_g 与气泡温度相关，有 $C_g = \rho_L \frac{V_{g0}}{\gamma P_g} \frac{T_i}{T_0}$。

主路流体连续方程为

$$-\rho_L \frac{d\delta V_g}{dt} = \delta q_2 - \delta q_1 \quad (6-29)$$

联立式(6-28)和式(6-29)，通过拉普拉斯变换写成复数域传递函数的形式，并考虑液氧主流受气泡挤压，导致液氧的流动面积减小，得出泵间管传递函数为

$$\begin{bmatrix}\delta p_2 \\ \delta q_2\end{bmatrix} = \begin{bmatrix} 1 & 0 \\ -\dfrac{s}{s^2 m + sb + \dfrac{1}{C_g}} & 1 \end{bmatrix} \begin{bmatrix} \cosh\left(\dfrac{sl_x}{a}\right) & -\dfrac{Z_c}{(1-\alpha)} \cdot \sinh\left(\dfrac{sl_x}{a}\right) \\ -\dfrac{(1-\alpha)}{Z_c}\sinh\left(\dfrac{sl_x}{a}\right) & \cosh\left(\dfrac{sl_x}{a}\right) \end{bmatrix} \begin{bmatrix}\delta p_1 \\ \delta q_1\end{bmatrix}$$

$$(6-30)$$

式中：l_x 为燃气冷凝长度；a 为液体声速。

按照图6-3，根据第3章模型求解方法，将液氧供应系统进行传递矩阵模块划分，划分规则按照串联系统传递矩阵进行，得出液氧供应系统的总矩阵 $\boldsymbol{T}_o$。氧路出口变量和入口串联的传递关系为

$$\begin{bmatrix}\delta p_e \\ \delta q_e\end{bmatrix} = \boldsymbol{T}_o \cdot \begin{bmatrix}\delta p_i \\ \delta q_i\end{bmatrix} \quad (6-31)$$

式中：$\boldsymbol{T}_o$ 为贮箱到氧主泵氧路输送系统的总传递函数。

最后，通过在始端和终端确定边界条件，计算特定管路系统中的频率响应特性。如将贮箱出口设置为系统声学开端，即 $\delta p_i = 0$，近似为向下游产生的压力扰动波；将氧主泵设置为系统声学闭端，即 $\delta q_e = 0$，近似为向上游产生的流量扰动

波。对于声学开端,以入口压力作为主扰动源,入口压力扰动引起液氧出口流量脉动,得出管路系统出口阻抗为

$$Z_e = \frac{\delta p_e}{\delta q_e} = \frac{T_{o(1,2)}}{T_{o(2,2)}} \qquad (6-32)$$

对于声学闭端,以液氧出口流量作为主扰动源,出口流量扰动引起贮箱氧入口压力脉动,得出管路系统入口阻抗为

$$Z_i = \frac{\delta p_i}{\delta q_i} = -\frac{T_{o(2,2)}}{T_{o(2,1)}} \qquad (6-33)$$

在氧路输送管路系统中,对贮箱到氧主泵端的开闭管路系统的频率特性进行研究。首先需要分析液氧供应系统在贮箱端入口压力扰动下的频率响应特性。氧主泵为声学闭端,以入口压力作为扰动量,比较氧系统出口压力的响应幅值,则引起氧系统出口压力脉动的传递函数表示为

$$\frac{\delta p_e}{\delta p_i} = -\frac{T_o(2,1)}{T_o(2,2)} T_o(1,2) + T_o(1,1) \qquad (6-34)$$

其次,需要分析液氧供应系统在氧系统出口流量扰动下的频率响应特性。供应系统贮箱端近似为声学开端,以氧系统出口流量作为扰动量,比较系统入口压力的响应幅值,则引起氧系统出口压力脉动的传递函数表示为

$$\frac{\delta q_i}{\delta q_e} = \frac{1}{T_{o(2,2)}} \qquad (6-35)$$

此外,还可进一步计算出供应系统中各考察点处压力或流量响应的传递函数。采取上述不同的输入输出传递函数来研究供应系统的频率特性。将管路系统某处压力或流量响应的传递矩阵表示为

$$H_k = \left(\prod_{k=1}^{k} T_{n-k+1} \right) H_0 \qquad (6-36)$$

式中:记 $T_k = \prod_{k=1}^{k} T_{n-k+1}$,表示该处对应的传递函数关系式。那么,以入口压力作为扰动量,得出管路系统中该处压力的响应幅值,则引起该处压力脉动的传递函数为

$$\frac{\delta p_k}{\delta p_i} = -\frac{T_{o(2,1)}}{T_{o(2,2)}} T_{k(1,2)} + T_{k(1,1)} \qquad (6-37)$$

以氧系统出口流量作为扰动量时,计算流量扰动下的传递函数比较复杂,首先需要建立某处压力和流量到氧主泵出口的传递矩阵,有

$$H_e = \left(\prod_{s=1}^{s} T_{n-s+1}\right) H_s \qquad (6-38)$$

式中：记 $T_s = \prod\limits_{s=1}^{s} T_{n-s+1}$，表示该处对应的传递函数关系式。然后，通过正交变换得出管路系统中该处流量的响应幅值，则引起该处流量脉动的传递函数表示为

$$\frac{\delta q_s}{\delta q_e} = \frac{\left(\dfrac{T_{o(1,2)}}{T_{o(2,2)}} \dfrac{1}{T_{s(1,1)}} - \dfrac{1}{T_{s(2,1)}}\right)}{\left(\dfrac{T_{s(1,1)}}{T_{s(1,2)}} - \dfrac{T_{s(2,1)}}{T_{s(2,2)}}\right)} \qquad (6-39)$$

6.1.2 富氧燃气射流冷凝动力学瞬态过程

通过研究燃气射流冷凝的瞬态热力学过程，以掌握气液两相液氧管路系统的动态特性，认识气泡冷凝对主流液氧压力和流量的影响，并进一步获得气泡冷凝导致液氧管路系统低频振荡的内在机理和稳定条件。燃气射流冷凝过程是一个非常复杂的两相流动非稳态热力学过程，其研究的难点在于如何描述富氧燃气与液氧之间质量、动量和能量的传递关系，以及燃气在液氧中冷凝的物理机制。在气液两相流体宏观参数作用关系的范畴内，采用假设具有特定气泡核密度和特征半径的气泡来表示燃气在液氧中的存在状态，通过球形气泡与液氧的接触机理研究燃气射流冷凝过程以及两相间质量、动量和能量的传递关系，是较为合理的简化。

结合大推力液氧煤油补燃循环发动机氧预压泵燃气掺混结构和泵间管路结构，以及燃气和液氧的工况参数，利用一维管流瞬态特性仿真，研究燃气掺混冷凝过程。分别对两种掺混结构的燃气射流冷凝过程进行仿真，包括考虑预掺混和大孔径射流的结构，以及无预掺混和小孔径射流的结构。其中，考虑预掺混和大孔径射流的结构为发动机真实结构，预掺混结构如图 6-1 所示；无预掺混结构中不考虑回流液氧，并将大射流孔改为均匀分布的 64 个 $\phi 8mm$ 的小射流孔。

同样采用气氧单喷嘴射流冷凝过程仿真的研究方法和边界条件，研究燃气射流冷凝过程非稳态振荡现象，获得不同边界条件对燃气射流冷凝过程稳定性的影响，并研究燃气射流冷凝过程振荡机理。不同结构状态下的工况参数如表 6-1 所列，边界条件为将气体喷嘴设定为声速喷嘴边界。富氧燃气中 90% 以上都是氧，因此，富氧燃气的物性可简化为气氧物性。液体由供应源提供恒定流量边界，管路出口远离混流孔，定义出口边界为恒压边界。

表6-1 不同结构状态下的工况参数

结构状态	主路液氧			燃气(气氧)		射流孔	
	压力/MPa	温度/K	流量/(kg·s^{-1})	温度/K	流量/(kg·s^{-1})	流通面积/mm^2	射流孔径/mm
考虑预掺混和大孔径射流	1.4	92	288	220	11	6000	18
无预掺混和小孔径射流	1.4	92	288	550	5.23	3200	8

6.1.2.1 考虑预掺混和大孔径射流的燃气掺混冷凝过程

以额定工况和额定边界条件为输入参数,开展考虑预掺混和大孔径射流的燃气掺混冷凝过程的仿真研究,得出燃气射流各分布参数随时间的变化曲线,包括空泡份额、液氧压力和单位体积相间冷凝质量速率等。

图6-4给出了空泡份额轴向分布随时间变化的云图。由于存在预掺混过程,两相换热新生成大量低温燃气使燃气流量增大,并通过大孔径进行射流使燃气射流初速度低,气泡初始直径大,表现为冷凝过程缓慢,燃气射流冷凝过程加长,燃气的空泡份额在整个泵间管内较大,并在下游0.12~0.22m位置空泡份额达到最大,即0.48。空泡份额分布还随着压力波动出现周期性波动,同一个轴向位置空泡份额随时间也存在波动,这意味着气相的容积在管路半径方向上变化。因此,空泡份额存在径向和轴向上的大范围波动,0.18m位置空泡份额径向波动范围为0.37~0.5,轴向上波动长度范围为0.55~0.72m。燃气掺混冷凝

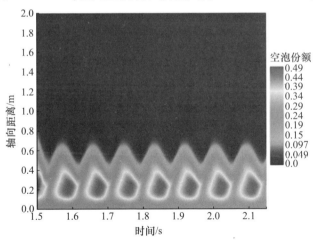

图6-4 空泡份额随时间变化的分布云图(附彩页)

瞬态过程波动范围能够覆盖稳态特性分布结果。从燃气的振荡特性来看,燃气射流维持特定频率下的等幅振荡,其振荡频率为11Hz。

图6-5给出了液氧压力轴向分布随时间变化的云图。边界上液氧压力为1.4MPa,由于设定入口边界为系统闭端,即为恒定流量边界,因此在系统入口出现压力振荡幅值的峰值,并影响整个气泡区域。当燃气射流完全冷凝后,压力振荡幅值开始逐渐变小。另外,入口压力振荡范围为1.0~2.15MPa,幅值达到0.55MPa,并表现出峰值压力为尖峰形,峰谷压力为缓平形。对比图6-4和图6-5可以得出,空泡份额与液氧压力相位相反,当空泡份额最大时,压力最小;当空泡份额最小时,压力最大。压力尖峰值存在时间较短,可以看出管路中燃气射流分布在一个振荡周期内大部分时间位于大空泡份额区。

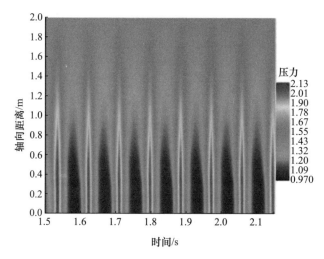

图6-5 液氧压力随时间变化的分布云图(附彩页)

图6-6给出了单位体积相间冷凝质量速率随时间变化的云图,展示泵间管内燃气与液氧在不同区域传热传质的速率,图中大部分区域单位体积相间冷凝质量速率都是在$-5000kg/(s \cdot m^3)$,在0.2~0.5m范围内,冷凝质量速率发生大范围波动,压力高时空泡份额最小,其冷凝速率降低,压力低时空泡份额最大,其冷凝速率最大,达到$-13000kg/(s \cdot m^3)$,该位置的冷凝质量流量为1.0kg/s。整个冷凝区域的冷凝质量流量范围为10~19kg/s。冷凝质量速率随时间变化特性比较复杂,在一个周期内,冷凝质量速率峰值曲线沿着轴向受压力影响向下游传播,使冷凝区域存在部分冷凝质量速率较小、部分冷凝质量速率较大的情况,并在振荡周期内交替变化。

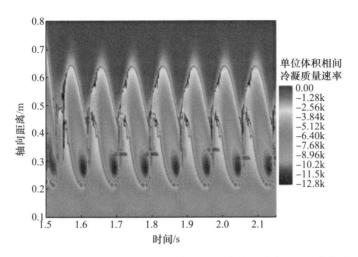

图6-6 单位体积相间冷凝质量速率随时间变化的分布云图(附彩页)

考虑预掺混和大孔径射流结构的燃气射流过程容易出现低频不稳定振荡现象,其产生过程与空泡份额、液体压力以及相间冷凝质量速率有关,从相位上看,三者存在确定的相位差,并且3个参数在时间和位移上都存在一定的相位差,如图6-7所示。液氧压力和空泡份额相位差180°,冷凝质量速率与液氧压力的相位比较复杂,在不同的位置存在不同的相位差。这些相位差构成了掺混冷凝过程低频振荡能量传递与反馈回路,使振荡能够持续进行。

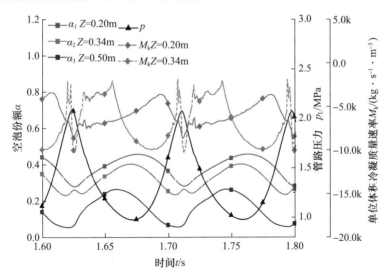

图6-7 不同位置空泡份额、液氧压力和冷凝质量速率随时间的变化曲线(附彩页)

综上分析，在液氧压力、射流空泡份额以及相间冷凝质量速率相互耦合作用下产生了冷凝自激振荡现象，振荡频率为 11Hz。一维管路瞬态特性仿真结果能够描述燃气射流两相掺混冷凝过程各状态参数的变化过程以及波动传递过程，并反映出燃气射流相界面在振荡周期内的变化。同时，展示了在特定边界条件下，特别是燃气射流流量大、射流气泡直径大时，将导致冷凝过程缓慢，能够激励管路系统并诱发低频振荡。

6.1.2.2 高温燃气小孔径射流掺混冷凝过程

预先掺混和大孔径射流结构的燃气射流易于形成燃气冷凝低频振荡。对预先掺混和大孔径射流结构进行改进，取消预先掺混，减小射流孔流通面积和改为小孔径射流，见表 6-1 中的工况参数。开展高温燃气小孔径射流的燃气掺混冷凝过程的仿真研究，以额定工况和额定边界条件为输入参数，得出燃气射流各分布参数随时间的变化曲线，包括空泡份额、液氧压力和单位体积相间冷凝质量速率等。

仿真结果表明，降低燃气流量和减小射流孔孔径能够抑制射流冷凝低频振荡，燃气空泡份额和液氧压力等参数在经过几个周期的波动后达到平衡，管路系统达到稳定状态。

图 6-8 展示了空泡份额轴向分布随时间变化的云图。去掉预先掺混过程后，温度为 550K，质量流量为 5.23kg/s 的高温燃气通过小孔径（8mm）进行射流掺混，燃气射流初速度从 75m/s 增加至 165m/s，气泡初始直径变小，表现为冷凝过程加快，燃气射流冷凝长度从 0.72m 减小至 0.34m，燃气的空泡份额在整个泵间管内大幅度降低，并在下游 0.12~0.15m 位置空泡份额达到最大，即 0.21。空泡份额参数经过两三个周期后，振荡迅速衰减并达到稳定。

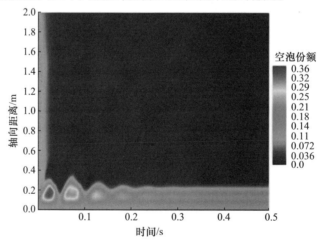

图 6-8 空泡份额随时间变化的分布云图（附彩页）

图 6-9 展示了液氧压力轴向分布随时间变化的云图。边界上液氧压力为 1.4MPa，0s 起动射流后，燃气射流流量突增形成阶跃信号，使液氧压力存在压力峰值，并迅速收敛至稳定。当达到平衡状态时，管路系统压力为 1.4MPa，入口处由于存在气相区域扩大，液氧加速过程使入口处液氧静压略微低于 1.4MPa。图 6-10 展示了单位体积相间冷凝质量速率云图，表明泵间管内燃气与液氧在不同区域的传热传质速率，同样在振荡几个周期后，冷凝质量速率达到稳定。

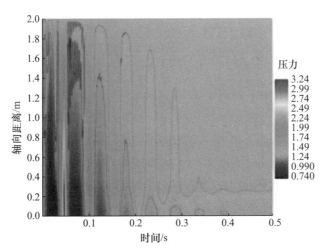

图 6-9　液氧压力随时间变化的分布云图（附彩页）

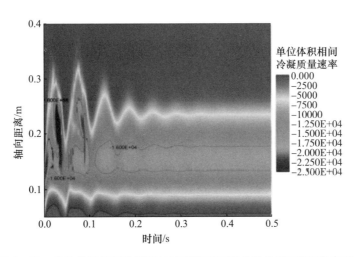

图 6-10　单位体积相间冷凝质量速率随时间变化的分布云图（附彩页）

6.1.2.3 富氧燃气掺混冷凝特性

比较不同泵间管入口压力和液氧温度对燃气射流冷凝过程的影响。图 6-11 展示了入口压力和液氧温度对燃气冷凝长度的影响。随着入口压力的升高时，燃气密度升高，射流速度降低，对应的气体饱和温度也升高，冷凝长度不断增长，入口压力 2.1MPa 对应的气氧冷凝长度比 1.2MPa 对应的冷凝长度长 0.15m。这说明随着压力升高，气泡变小导致表面积缩小，气体的换热面积减小，则其换热能力变差，导致高压下冷凝长度较低压下更长。仿真结果表明，在不同入口压力条件下，燃气都能在泵间管内完全冷凝，确保进入主泵时为单相液氧不会引起气蚀现象。对于液氧温度的影响，由于液氧过冷度与对流换热率直接相关，温度越低换热效率越高，则燃气冷凝速率越大冷凝越快。

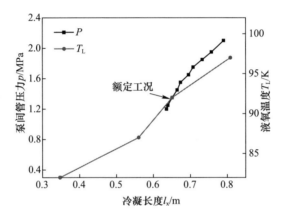

图 6-11 入口压力和液氧温度对冷凝长度 l_x 的影响

图 6-12 展示了入口压力和液氧温度对气泡柔度 C_g 的影响。C_g 是关于气

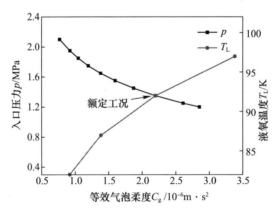

图 6-12 入口压力和液氧温度对气泡柔度 C_g 的影响

泡总体积和压力的函数,是影响泵间管传递函数的重要参数。燃气冷凝速率越快,气泡柔度就越低。仿真结果表明,高入口压力和过冷液氧都会使气泡柔度减小,且压力为 1.95MPa(对应贮箱压力 1.1MPa) 和 82K 的过冷液氧条件下,等效气泡柔度 C_g 相当。

对泵间管燃气射流冷凝过程沿管路分布特性进行仿真,获得了不同边界条件下液氧压力和温度对掺混过程静态特性的影响,获得的掺混冷凝气泡特征参数为氧路系统掺混段频域模型所对应的状态参数,可用于分析氧路系统低频振荡问题。

6.1.3 氧路系统频率特性和稳定性

6.1.3.1 氧路系统频率特性

基于串联系统流体网络理论将发动机氧路传递矩阵关系式联立求解,结合发动机试车台氧化剂输送系统,并设定贮箱为系统开端,氧路系统出口为系统闭端,考虑泵间管路燃气射流冷凝过程对氧路系统的影响。气泡冷凝过程的扰动为,在系统出口以流量扰动的形式对整个氧路系统产生影响,因此通过求解氧路系统各位置参数对出口流量扰动响应特性,可以得出氧路系统的频率特性。

1)单机发动机氧路系统频率特性

首先开展单机发动机氧路系统频率特性研究,发动机整个氧路系统包括液氧输送系统、发生器燃气系统和推力室燃气系统。下面主要研究贮箱至氧主泵的氧路系统,简图如图 6 – 13 所示。

图 6 – 13 氧路系统简图

基于泵间管燃气射流冷凝模型,富氧燃气与液氧掺混过程改变了氧路系统的整体气泡柔度,降低了氧路系统频率特性。受到液氧不同入口压力和温度等边界条件影响,燃气射流冷凝过程的特征参数发生变化,从而引起频率的改变。对比推力室压力和泵后压力在贮箱压力扰动下的响应特性,氧主泵前管路系统频率特性与整个发动机系统频率特性相近,如图 6 – 14所示。对比燃烧室压力相对发动机氧入口扰动幅频特性和氧泵出口压力相对发动机氧入口扰动幅频特性,发动机氧泵后的液氧路和燃气路对发动机入口扰动有抑制作用。

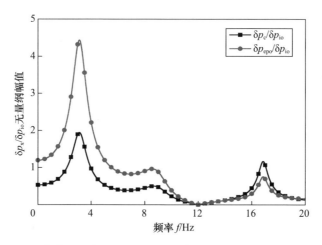

图6-14 推力室压力和泵后压力在贮箱压力扰动下的幅频响应特性

图6-15表示在额定工况下试验台与发动机组成的氧路输送系统频率特性仿真曲线,分别为贮箱出口流量响应和发动机掺混段泵间管入口流量响应特性,其一阶频率和二阶频率分别为3Hz和8.3Hz,仿真结果与试验数据分频值一致。

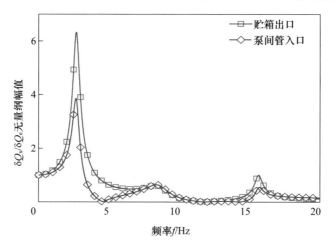

图6-15 额定工况下氧路系统频率特性

图6-16表示在高入口压力(1.2MPa)下氧路输送系统频率特性仿真曲线与试验压力脉动数据分频曲线的对比,频率特征较为一致,其中一阶频率略微升高,而二阶频率从8.3Hz提高至11Hz,说明高入口压力对泵间管燃气射流冷凝过程产生了较大影响,使系统频率升高。另外,二阶频率响应幅值迅速增大,表明氧路系统在这一频率下发生谐振,稳定性降低。

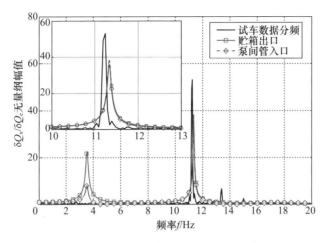

图 6-16 高入口压力条件下氧路系统频率特性

图 6-17 表示过冷液氧(82K)条件下氧路输送系统频率特性仿真曲线与试验压力脉动测点数据分频曲线的对比,同样二阶频率从 8.3Hz 提高至 11Hz,说明过冷液氧对泵间管燃气射流冷凝过程也产生了较大的影响,使频率升高。所不同的是,其二阶频率响应幅值并没有增大很多。在过冷液氧试验过程中也出现了 11Hz 的低频振荡频率,但其幅值要远小于高入口压力所对应频率的幅值。高入口压力和过冷液氧条件下,发动机氧系统频率表现出相同的二阶频率 11Hz,但高入口压力下系统表现的响应幅值要远远高于过冷液氧,这一现象也在试验过程中得到了验证。

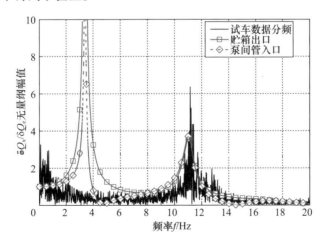

图 6-17 过冷液氧条件下氧路系统频率特性

2）双机并联发动机氧路系统频率特性

双机并联发动机模型系统指贮箱到发动机的液氧输送主路,包括发动机对接分叉管路、发动机对接管路、氧化剂预压泵、氧主泵和泵间燃气掺混管路等。考虑氧路系统的边界条件,假设贮箱为系统开端,两发动机氧主泵出口为系统闭端。

双机系统与单机系统建模方法不同,图6-18所示为双机状态示意图。流体从贮箱经过三叉管分别进入两台发动机。为了模拟一台发动机扰动下对另一台发动机响应特性,因此需要将Ⅰ分机泵闭端作为传递函数的起点,Ⅱ分机泵闭端作为传递函数终点,三叉口到贮箱段管路作为分支管,将分支管函数联入主传递函数中。为了实现Ⅰ分机的传递函数倒置,需要对Ⅰ分机模型进行重新架构,设定流动方向,得出双机系统传递函数为

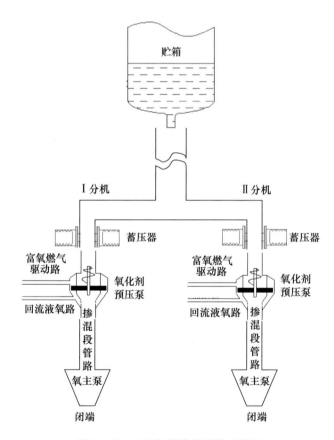

图6-18 双机氧路输送系统示意图

$$\begin{bmatrix} \delta p_2 \\ \delta q_2 \end{bmatrix} = T_{\mathrm{II}} T_{\mathrm{main}} T_{\mathrm{I}} \begin{bmatrix} \delta p_1 \\ \delta q_1 \end{bmatrix} \tag{6-40}$$

式中：$T_{\mathrm{main}} = \begin{bmatrix} 1 & 0 \\ -\dfrac{\bar{p}}{\bar{q}_{\mathrm{II}} Z_{\mathrm{main}}} & \dfrac{\bar{q}_0}{\bar{q}_{\mathrm{II}}} \end{bmatrix}$ 为主管路转化为分支管后的传递函数，两个分机传递函数存在关系 $T_{\mathrm{II}} = \dfrac{T_{\mathrm{I}}^{-1}}{|T_{\mathrm{I}}|}$。

对地面试验状态双机系统进行频率特性分析，得出幅频特性曲线如图 6-19 所示。在 20Hz 以内，双机系统存在 3 个频率，分别为 3.23Hz、7.85Hz 和 17.5Hz。为了研究这几个频率的对应关系，现将贮箱至分叉口的主管路长度分别设置为 10m、20m、40m、60m 进行仿真，其中 40m 为试验台管路长度，分析结果如图 6-20 所示。3.23Hz 与管路长度密切相关，说明这一频率为全系统一阶频率，而 7.85Hz 这一频率与试验台管路无关，只与发动机双机并联管路系统相关，这一频率是从Ⅰ分机氧主泵到Ⅱ分机氧主泵这段内部管路的特征频率。双机氧路系统自身存在频率 7.85Hz，与试验台管路系统无关，间接验证了双机发动机在试验台状态和飞行状态时频率相同，而单机发动机在试验台状态和飞行状态时频率不同这一特性。对双机发动机地面试验数据进行分析，如图 6-21 所示，通过对氧化剂预压泵转速数据进行分频处理，得出双机发动机各分机的氧路系统频率特性都为 7.8Hz，表明仿真结果与试验数据一致。

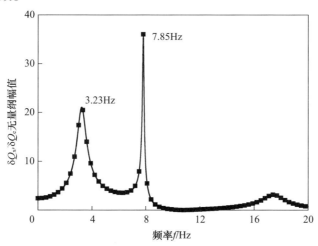

图 6-19　地面试验状态双机发动机氧路系统频率特性

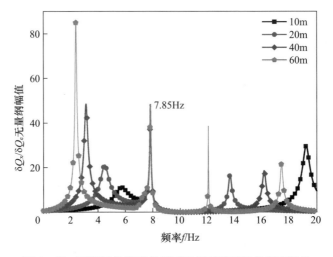

图 6-20　不同输送管路长度下双机氧路系统的频率特性

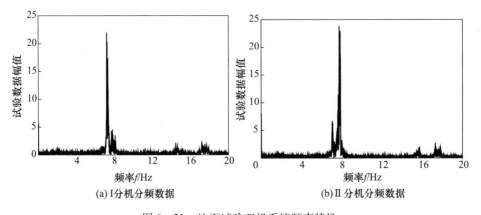

图 6-21　地面试验双机系统频率特性

为了进一步验证 7.8 Hz 为双机发动机内部管路系统耦合形成的特征频率，以 Ⅰ 分机氧主泵出口流量小扰动作为扰动源，对 Ⅰ、Ⅱ 分机分叉口以及 Ⅰ、Ⅱ 分机掺混段燃气区末段作为幅值响应观察点进行分析。两台发动机氧路系统在所建模型中具有流动方向性，因此采用响应特性参数来反映 Ⅰ、Ⅱ 分机对应位置受在 Ⅰ 分机氧主泵出口流量的扰动，如图 6-22 和图 6-23 所示。两台发动机在全系统一阶频率 3.23 Hz 处表现出响应幅值接近、相位相同，说明该频率为从贮箱至发动机的氧路输送系统的全系统频率。然而，7.85 Hz 频率下表现出幅值相同、相位相反的特性，说明该频率为双机内部管路系统相互耦合的频率，与试验表现的振荡现象和频率一致。

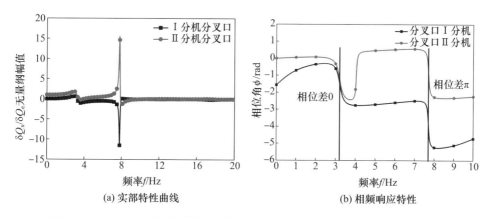

图6-22 在分叉口位置两端两分机受Ⅰ分机氧主泵出口流量扰动的响应特性

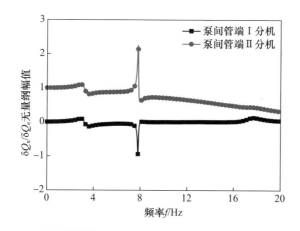

图6-23 两分机掺混段出口受Ⅰ分机氧主泵出口流量扰动的响应特性

图6-24所示为两分机氧路系统在特征频率7.85Hz下的沿程波形分布,展示了两台发动机氧路系统在7.85Hz频率下,Ⅰ、Ⅱ分机管路各位置受Ⅰ分机氧主泵出口流量小扰动下的流量响应曲线。可以得出在7.85Hz频率下,两台分机振荡相位相反,在发动机入口管到分叉口位置流量扰动的响应幅值最大,在靠近泵端位置的响应幅值最小。燃气掺混冷凝区域能够放大流量响应,并向上游传播,在分叉口位置达到最大。

6.1.3.2 氧路系统稳定性

通过上述两流体热不平衡模型可以较准确地获得燃气射流冷凝过程稳态分布参数,并通过计算得到气泡等效惯性质量和等效气泡柔度作为泵间管冷凝频域模型核心参数。泵间管冷凝频域模型具有二阶振荡特性,基于泵间管冷凝频

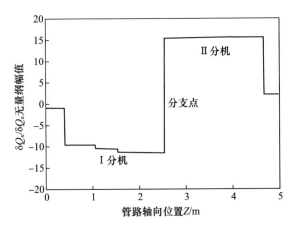

图 6-24 两分机氧路系统在特征频率下的波形分布

域模型的氧路系统频域模型能够反映其频率特性,并通过复频率计算分析管路系统的稳定性。

为了分析大孔径射流状态下的冷凝状态下氧路的频率特性,通过求解系统满足两端边界的复频率,以定量分析管路系统的稳定性。根据系统总的传递矩阵关系式(6-31),边界条件:入口边界条件为贮箱出口,为开端边界,则有 $\delta p_i = 0$;出口边界条件为氧主泵,为闭端边界,则有 $\delta q_e = 0$。系统固有复频率满足的特征方程为 $T_{o(2,2)}(s) = 0$。采用 Newton – Raphson 法求出系统的固有振荡频率 ω 以及对应的增长率 v。为了求解这两个未知数,对特征方程实部和虚部分别求解,使方程求解封闭,表达式为

$$\begin{cases} \mathrm{Re}(T_{o(2,2)}(s)) = 0 \\ \mathrm{Im}(T_{o(2,2)}(s)) = 0 \end{cases} \quad (6-41)$$

同样,以发动机地面试验结构参数和额定工况条件进行频域计算,令

$$s = v + \mathrm{j} \cdot \omega \quad (6-42)$$

代入到传递函数中,通过求解方程组(6-41)得出 v 和 ω,并通过提高氧入口压力和对应的燃气掺混气泡特征参数,得出图 6-25 所示的固有频率增长率 v 和频率之间的变化关系。根据复频率特性,当增长率 $v>0$ 时,系统不稳定。当系统频率大于 10.3Hz 时,氧路系统不稳定,且随着频率的升高,氧路系统稳定裕度变差。

图 6-26 所示为固有频率增长率随入口压力变化关系曲线,随着氧入口压力升高,氧路系统稳定性降低。氧入口压力在 0.9~1.3MPa 之间,氧路系统不稳定,其中氧路系统发生不稳定的开始时刻对应的氧入口压力为 0.9MPa,与发

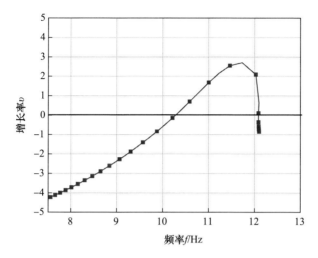

图 6-25 固有频率增长率与频率变化关系

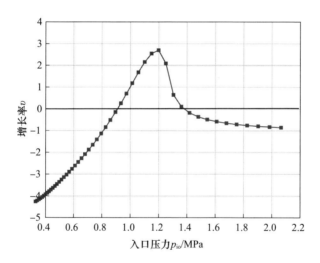

图 6-26 固有频率增长率与入口压力变化关系

动机试车出现振荡时的压力一致。

液氧压力的升高改变了气泡界面力和传热传质过程的平衡关系,使燃气冷凝效果变差,并使气泡冷凝时间增加,形成气液两相间的正反馈作用。因此,当等效气泡柔度降低至临界点时,整个管路系统阻抗较低,此时燃气射流冷凝产生的压力波动将导致管路系统失去稳定性。

6.1.3.3 提高稳定性的措施

为了改善发动机氧路系统低频振荡特性,对氧预压涡轮泵结构进行改进以优化气液掺混过程。结构改进主要包括:①减小射流孔孔径,加速富氧燃气射流速度;②取消富氧燃气和液氧的预掺混结构,将回流液氧路后移,改变混流孔两相流动状态。改进前氧预压泵预混腔结构见图6-27。改进后氧预压泵无预混腔结构见图6-28。改进前、后氧预压泵混流孔结构见图6-29和图6-30。通过以上两个措施,使燃气射流能够加快冷凝过程,缩短特征冷凝长度,减少两相流影响区域,从而提高氧路系统稳定性。改进后发动机氧路系统额定入口压力下二阶固有频率由8.3Hz提高至11.4Hz,如图6-31所示。

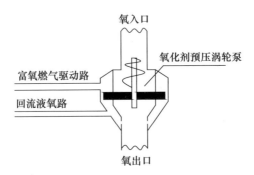

图6-27 改进前氧预压泵预混腔结构

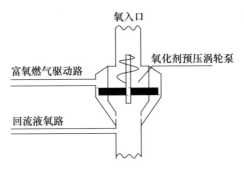

图6-28 改进后氧预压泵无预混腔结构

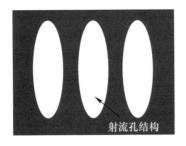

图6-29 改进前氧预压泵混流孔结构

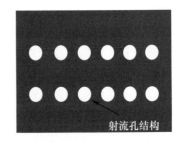

图6-30 改进后氧预压泵混流孔结构

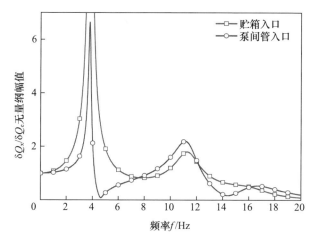

图 6-31 改进后发动机氧路频率特性

对比泵间管掺混段不同气泡柔度对氧路系统频率特性的影响,随着气泡柔度减小,氧路系统频率升高,如图 6-32 所示。改进前结构条件下富氧燃气与回流液氧存在预先掺混使气泡柔度较大,氧路系统低频振荡频率为 8.4Hz;改进后结构条件下无预先掺混,富氧燃气冷凝加速,气泡柔度大幅度降低,对应的氧路系统低频振荡频率为 11.4Hz。

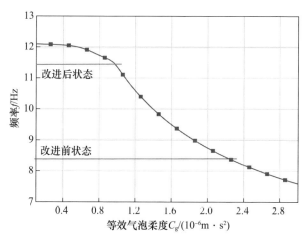

图 6-32 固有频率与气泡柔度变化关系曲线

研究改进结构条件下的发动机氧路系统稳定裕度,得出发动机氧路系统稳定裕度和气泡柔度随氧入口压力变化关系曲线,如图 6-33 所示。随着发动机氧入口压力升高,改进后结构的掺混气泡柔度减小,但减小幅度有限。氧入口压力升高也使固有频率增长率 v 趋于不稳定。随着发动机氧入口压力升高至 1.4MPa，气泡柔度降低至 $0.64 \times 10^{-6} \mathrm{m \cdot s^2}$，对应的氧路系统频率超过 11.8Hz，氧路系统将开始出现低频不稳定现象，但由于增长率 v 较小，氧系统处于临界稳定，不会出现较大幅度的不稳定振荡现象。对比改进前、后氧系统稳定裕度得出，改进后氧系统稳定裕度显著提高，出现不稳定的起始入口压力从 0.9MPa 提高至 1.4MPa。由于发动机在整个飞行剖面任务下出现的氧入口压力不会超过 1.4MPa，表明发动机在整个极限边界条件下都能保持稳定工作，改进措施有效。

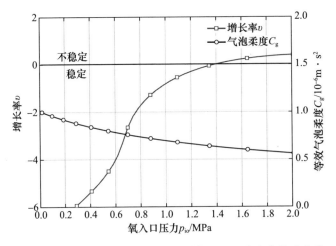

图 6-33 增长率和等效气泡柔度随氧入口压力变化关系曲线

6.2 气蚀自激振荡

在液体火箭发动机起动过程中，随着主涡轮泵转速的快速爬升，推进剂供应管路的流体惯性力会使泵入口压力降低。当压力低于一定值时，在泵流道内（如叶轮叶片进口稍后处）出现气泡，这些气泡随液流流至高于气化压力的地方时又迅速凝缩、溃灭，产生水力冲击，使泵的扬程降低、流量下降，这就是泵的气蚀过程和主要特征。对于带诱导轮的离心泵，随着入口压力降低，首先在诱导轮内形成气蚀现象。特别是在较低入口压力和入口流量边界条件下，气蚀现象还未进入主泵离心轮中，容易在诱导轮流道中发生气蚀振荡现象。这种受入口边界条件影响，主要发生在诱导轮流道内的振荡现象称为气蚀自激振荡。

随着液体火箭发动机性能不断提升，诱导轮离心泵的性能要求也不断提高，不但要考虑诱导轮静态性能和抗气蚀性能，更要考虑其动态特性。诱导轮诱发的气蚀动态过程会引起发动机管路系统不稳定振荡。诱导轮属于轴流式叶轮，在一定的气蚀状态下具有保持稳定的性能,但随着泵入口压力不断降低,诱导轮气蚀产生的系统振荡及结构振动会对诱导轮自身结构和液体火箭发动机系统的可靠性产生巨大危害。

1999年11月,日本H-Ⅱ火箭第8次发射失败,通过飞行数据与计算结果对比、发动机残骸微观分析和地面试验等研究认为发射失败的根本原因是[16]:LE-7发动机液氢涡轮泵诱导轮发生气蚀振荡,其诱发的流体脉动频率与泵前导流叶片固有频率耦合发生共振,使叶片疲劳断裂,导致转子失衡及摩擦,并最终致使发动机停机。欧洲阿里安5的火神发动机液氢涡轮泵诱导轮中发生了气蚀不稳定,转子承受较大的不平衡径向载荷,导致轴承磨损过大[17]。在美国27t推力的Fastrac火箭发动机高速液氧涡轮泵的研制中,发生了由于诱导轮严重气蚀而产生的复杂非定常流动和转子振动[18]。大量事实证明,各国在大、中型液体火箭发动机研制过程中几乎都曾遇到过诱导轮气蚀诱发的不稳定振荡现象。带诱导轮离心泵的工作失稳是叶轮机械理论研究中最复杂且研究最少的方向之一[19]。

涡轮泵非定常流动现象可以分成以下3类[19]:全局流动脉动(包括旋转气蚀、自激振荡和非定常超气蚀等)、局部流动脉动(叶片颤振等)和流体诱发转子动载荷。由于非定常流动的复杂性,还没有一套完善的分析理论能对诱导轮气蚀振荡本质给出准确解释。

某离心泵诱导轮在试验过程中发生了明显的气蚀振荡现象,诱导轮叶片断裂,经分析认为该故障与气蚀自激振荡密切相关。为了研究诱导轮离心泵气蚀自激振荡现象,进行了专门的诱导轮离心泵管路系统的水力试验,通过试验复现了在低入口压力条件下的气蚀自激振荡现象。本节将结合诱导轮离心泵管路系统水力试验开展时域和频域仿真研究,分析气蚀自激振荡产生、发展、消失的内在机理,提出解决气蚀自激振荡的方案。此外,建立诱导轮气蚀时域和频域模型,研究诱导轮离心泵动态参数的理论计算方法,并确定气蚀自激振荡机理和稳定边界。

6.2.1 诱导轮离心泵气蚀自激振荡模型

6.2.1.1 诱导轮离心泵管路系统时域模型

建立诱导轮离心泵管路试验系统的时域仿真模型,试验系统中组件包括压力贮箱、入口管、诱导轮、离心泵、出口管、阻尼孔板等。诱导轮离心泵管路试验系统如图6-34所示。

采用流体动力学模型,可以建立各个模块的集中参数微分方程,包括入口管不稳定流动方程、空泡动力学模型的时域方程、泵扬程特性方程、出口管不稳定

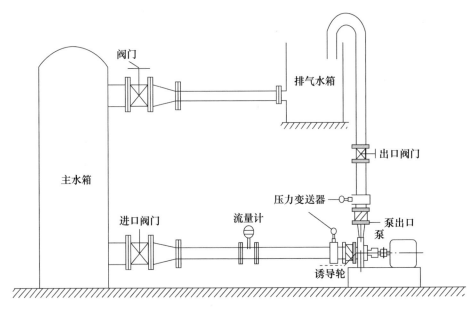

图 6-34 诱导轮离心泵管路试验系统

流动方程等。

入口管流体非稳态运动方程为

$$p_0 = p_1 + \alpha_1^* q_1^2 + L_1 \frac{dq_1}{dt} \tag{6-43}$$

式中：p_0 为贮箱压力；p_1 为泵入口压力；q_1 为泵入口流量；$\alpha_1^* = \xi/\rho$ 为入口管总阻尼系数；L_1 为入口管惯性。

通过建立 N-S 方程组，由质量守恒方程、动量守恒方程、能量守恒方程沿径向积分可得到空泡动力学模型。其中，空泡动力学模型的质量方程为

$$\rho \frac{d\tilde{V}_k}{dt} = q_2 - q_1 \tag{6-44}$$

式中：$\tilde{V}_k$ 为空泡容积；q_2 为泵出口质量流量。

空泡动力学模型轴流方向的动量方程为

$$-\frac{1}{2}\rho(w_{ydl.cp}\cos\bar{\delta}_{cp} + w_{2cp})\frac{d\tilde{V}_k}{dt} + L_{w_x} = p_1 F_{ydl} + (w_1\cos\alpha)_{cp} q_1 - p_{2cp}F_{ydl}(1-\tilde{h}_k) - w_{2cp}q_2 - p_{ydl}F_{ydl}\tilde{h}_k \tag{6-45}$$

式中:$w_{\text{ydl.cp}}$为空泡表面流体速度;$\cos\delta_{\text{cp}}$为空泡表面在轴流方向的投影;w_{2cp}为诱导轮出口型面的流体相对速度;L_{w_x}为诱导轮流道的惯性;F_{ydl}为诱导轮通流面积;p_{2cp}为诱导轮出口型面压力;$\tilde{h}_k$为空泡在诱导轮平面生长的垂直高度;下标"cp"为计算特征半径处。在求解过程中,要定义两个重要的无量纲系数:气蚀数 k 和工况系数 q,这两个系数包含了所给工况和结构参数的影响,将对气蚀自激振荡研究有重要作用。

气蚀数 k 是一个非常重要的参数,表征水利机械的气蚀阻力。$k = \dfrac{2(p_1 - p_s)}{\rho w_1^2}$,$p_s$ 为饱和蒸气压。分母动压头可以看作决定压力降幅的量,压差大小决定着空泡生成和增大。气蚀发生时的气蚀数越小,则气蚀发生前允许的压力降低越大。

工况系数 q 表征了泵的工况特性,其值等于当前流量与液体以零攻角进入诱导轮叶片时的流量之比。其表达式为(带诱导轮离心泵的形式)

$$q = \frac{\sin(\beta - \alpha)}{\sin\beta} = \frac{4q_1}{\pi s (D_H^2 - d_B^2)\rho n} \quad (6-46)$$

式中:α 为流体入射攻角;β 为诱导轮叶片安装角;s 为诱导轮螺距;D_H 为诱导轮叶片外径;d_B 为诱导轮轮毂直径。由此可见,工况系数 q 既包含了流量特性,也包括了诱导轮的结构特性。

进行联立求解,加入进口、出口伯努利方程就可以得到空泡高度 $\tilde{h}_k$ 与气蚀数 k、工况系数 q、攻角 α 和叶片安装角 β 之间的关系,即

$$h_k = \frac{\tilde{h}_k}{t\sin\beta} = 1 - \frac{k + 2q\cos\alpha + \sqrt{(k+2q\cos\alpha)^2 - 4q^2(k+1)}}{2(k+1)} \quad (6-47)$$

式中:t 为叶栅距;h_k 为无量纲化的空泡高度。

空泡动力学模型的能量方程为

$$-\left(p_{\text{ydl}} + \frac{\rho w_{\text{ydl.cp}}^2}{2}\right)\frac{d\tilde{V}_k}{dt} + L_w = \left(p_1 + \frac{\rho w_{\text{1cp}}^2}{2}\right)\frac{q_1}{\rho} - \left(p_2 + \frac{\rho w_{\text{2cp}}^2}{2}\right)\frac{q_2}{\rho} \quad (6-48)$$

由于仿真计算中泵转速恒定,也不考虑泵转速脉动对系统的影响,根据伯努利定理,在计算中将自动满足能量方程。

泵扬程特性方程为

$$p_2 = p_1 + pH(n, q_2) \quad (6-49)$$

式中:p_2 为泵出口处压力;$pH(n, q_2)$ 为扬程关系式,一般为二次拟合曲线。

出口管不稳定流动方程为

$$p_2 = p_0 + \alpha_2^* q_2^2 + L_2 \frac{\mathrm{d}q_2}{\mathrm{d}t} \quad (6-50)$$

式中：q_2 为泵出口质量流量；$\alpha_2^* = \xi/\rho$ 为出口管总阻尼系数；L_2 为出口管惯性。

为求解上述时域方程组，必须添加模型使计算完整。式(6-45)中诱导轮流道惯性 L_{w_x} 是未知的，所以可以将其写成为

$$L_{w_x} = \frac{h_k t_{cp}}{1-q} \frac{\mathrm{d}q_1}{\mathrm{d}t} \quad (6-51)$$

当发生非稳态射流的气蚀现象时，诱导轮流道惯性会对气蚀自激振荡流动特性产生影响，此时空泡容积变化会对流道内液体质量产生影响，认为诱导轮段流道被液体充满。

对于系统工况较低的情况，因管路流体的流量较小，诱导轮前会产生推进剂回流现象。回流在入口压力降低到一定程度后，会在回流处产生气蚀现象[20]，在时域模型中也必须考虑这段气蚀作用的影响。

目前，还没有一种可靠的模型来描述回流产生的气蚀，如图 6-35 所示。回流气蚀包括回流区、间隙回流、回流预旋。随着工况系数 q 变小，液体进入诱导轮的液流角变小，由于空泡的堵塞作用，液流很难进入，使诱导轮前产生回流区；回流涡旋使入口压力降低，形成压力梯度，造成间隙回流；同时，间隙回流具有切向速度，对主流产生预旋作用。

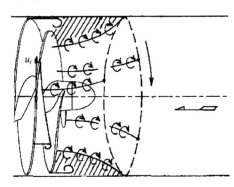

图 6-35 回流条件下诱导轮进口流场示意图

根据下列假设划分空泡总容积：在有强烈回流时，诱导轮前的空泡容积与主流、回流的流量之比成正比。对于这种假设，适用于接近气蚀断裂时的气蚀自激振荡研究，当振荡位于该区域时，认为回流空泡，流道内空泡都发展充分，并达到极限值，空泡容积划分和流量划分成比例关系，即

$$\tilde{V}_{k2} = \tilde{V}_k \frac{q_0}{q_1} \tag{6-52}$$

式中：$\tilde{V}_{k2}$、$\tilde{V}_k$ 分别为诱导轮前空泡容积、空泡总容积；q_0、q_1 分别为回流流量（流向为由诱导轮叶尖间隙流向泵进口）、正向流动流量（进入泵的液体）。

诱导轮流道内的空泡容积为

$$\tilde{V}_{k1} = \tilde{V}_k - \tilde{V}_{k2} = \tilde{V}_k \left(1 - \frac{q_0}{q_1}\right) \tag{6-53}$$

一般来说，影响泵气蚀特性的只有位于诱导轮通道内的空泡。当诱导轮在工况系数 $q < 0.5$ 时，在诱导轮通道和吸入管形成回流；当工况系数 $q \geqslant 0.5$ 时，则不会出现回流或者回流很小。有资料表明，诱导轮通道内的空泡体积随着工况系数 q 增大而线性增加，$q = 0.5$ 时达到最大值。假设回流区中空泡的体积正比于回流区自身体积，则 $q \geqslant 0.5$ 时，空泡全部位于诱导轮通道内；当 $q < 0.5$ 时，空泡既在诱导轮通道内存在，也在回流区内存在。因此，有

$$\frac{q_0}{q_1} = \begin{cases} 1 - 2q & q < 0.5 \\ 0 & q \geqslant 0.5 \end{cases} \tag{6-54}$$

将式(6-54)代入式(6-53)，可得

$$\tilde{V}_k = \frac{1}{2q} \tilde{V}_{k1} \quad q < 0.5 \tag{6-55}$$

需要指出的是，正如前面提到的，这一假设适用于接近气蚀断裂边界的情况，此时入口压力很小，气蚀数 k 小于某临界值。诱导轮前产生回流由工况系数 q 确定，回流是否产生气蚀又与气蚀数 k 有关，所以找到这一回流点的工况系数 q 和产生回流气蚀时的气蚀数 k 就成为研究回流气蚀的关键。定义回流工况系数为 $q_{0,T}$，产生回流气蚀的气蚀数为 k_0^*。

定义流量比 $\varphi = q/q_{0,T}$，则当 $\varphi < 1$ 时产生回流，无量纲气蚀总容积和流道空泡高度的关系为

$$V_k = \frac{\tilde{V}_k}{\tilde{V}_\omega} = \frac{1}{\varphi_k} \left(1 - \frac{\pi}{4.6z}\right) \frac{h_k^2}{1-q} \tag{6-56}$$

式中 $\varphi_k = \begin{cases} 1 & \varphi > 1 \\ \varphi & \varphi < 1, k \leqslant k_0^* \\ 1 & \varphi < 1, k \geqslant k_0^* \end{cases}$；$V_k$ 为无量纲气蚀总容积；$\tilde{V}_\omega$ 为诱导轮内流道总容积。

可以推导出无量纲空泡容积变化率与气蚀数 k 变化率、工况系数 q 变化率之间的关系,即将式(6-56)对 h_k 和 q 求全微分,有

$$\delta V_k = -\frac{2h_k^3\left(1-\dfrac{\pi}{4.6z}\right)}{(1-q)\left(1-2q+q^2\dfrac{1-2h_k}{(1-h_k)^2}\right)}\delta k - \frac{h_k^2\left(1-\dfrac{\pi}{4.6z}\right)}{(1-q)}\left[\frac{4\left(1-\dfrac{q}{1-h_k}\right)}{1-2q+q^2\dfrac{1-2h_k}{(1-h_k)^2}} - \frac{1}{1-q}\right]\delta q \quad (6-57)$$

式中:令 $B_1 = \dfrac{\partial \overline{V}_k}{\partial k} = -\dfrac{(1-q)\left(1-2q+q^2\dfrac{1-2h_k}{(1-h_k)^2}\right)}{2h_k^3\left(1-\dfrac{\pi}{4.6z}\right)}$,表示空泡容积相对气蚀数变化率,即气蚀弹性;$B_2 = -\dfrac{\partial \overline{V}_k}{\partial q} \Big/ \dfrac{\partial \overline{V}_k}{\partial k} = -\dfrac{2}{h_k}\left[1-\dfrac{q}{1-h_k} - \dfrac{1-2q+q^2\dfrac{1-2h_k}{(1-h_k)^2}}{4(1-q)}\right]$,表示负气蚀阻力。至此,得到无量纲化的气蚀弹性 B_1 和负气蚀阻力 B_2,可以用来分析气蚀自激振荡的动态特性,是诱导轮离心泵动态参数的重要指标。这种采用自由射流理论建立的准稳态空泡容积模型,是以流体流动特性为基础的。另外,计算得到的气蚀弹性和负气蚀阻力反映了流道内流体分布特性,是一种计算诱导轮离心泵动态参数的新方法。

当 $k \leq k_0^*$ 时,流道内容积仍然在单调递增,所以应该修正空泡容积划分方法。由于空泡容积比值与流量比值成比例关系,但比例系数并不等于 1,而与气蚀数相关,故近似认为其比值为 $\left(1-\dfrac{k^*}{k_0^*}\right)$,新的划分方法为

$$V_{k1} = \frac{1}{1-\varphi}\left(1 - \frac{k^*}{k_0^*}\right)V_k \quad (6-58)$$

建立该回流段主流内的流体运动方程来表征压力和流量的变化,不考虑回流中空泡容积与压力、流量的相互影响,可以建立回流区流体非稳态运动方程,即

$$p_{01} = p_1 + \frac{\xi(k,q)}{\rho}q_1^2 + L_{01}\frac{\mathrm{d}q_1}{\mathrm{d}t} \quad (6-59)$$

式中:p_{01} 为回流段前的压力;L_{01} 为回流段的惯性;$\xi(k,q)$ 为回流区流阻系数。回流阻尼系数与回流区空泡容积有关,空泡容积由该处的流量和压力确定,具体划分方法与回流空泡模型中所介绍的方法相同。

6.2.1.2 诱导轮离心泵管路系统频域模型

以诱导轮离心泵管路系统作为研究对象,进行气蚀自激振荡频域特性和稳定性分析。通常在进行离心泵水力试验时,泵由电机驱动,且认为转速不会发生变化。可以用空泡动力学模型式(6-57)表示,有

$$T_k \frac{\mathrm{d}\delta V_k}{\mathrm{d}t} + \delta V_k = \frac{\partial \overline{V}_k}{\partial k}\delta k + \overline{q}\frac{\partial \overline{V}_k}{\partial q}\delta q_1 + T_1 \frac{\mathrm{d}\delta q_1}{\mathrm{d}t} \quad (6-60)$$

式中:$T_k = -\theta_k \frac{q^2}{h_k B_1}\left(\frac{\sqrt{1+k}\cos\delta_{cp}}{q} - \frac{1}{1-\overline{h}_k}\right)$,为空泡容积时间常数;$\delta_{cp}$为空泡型面的切线与 x 轴的夹角;上标"$-$"表示为对应无量纲参数的均值;$T_1 = -\frac{2t_{cp}\overline{q}}{\overline{w}_{1cp}B_1(1-\overline{q})}$,表示为诱导轮叶片绕流不稳定工况的压力惯性时间常数;t_{cp}为计算平面处的叶栅距。

进口管(假设贮箱压力恒定)中不可压缩流体非稳态运动方程可写成以下无量纲形式,即

$$T_M \frac{\mathrm{d}\delta q_1}{\mathrm{d}t} + R_1 \delta q_1 + \delta k = 0 \quad (6-61)$$

出口管(不考虑压力惯性损失)中不可压缩流体运动方程可写成以下无量纲形式,即

$$\delta p_2 = R_2 \delta q_2 \quad (6-62)$$

考虑泵扬程偏差情况,可以写成以下无量纲形式,即

$$\delta p_2 = \delta k + s\delta q_2 + \varepsilon \delta V_k \quad (6-63)$$

式中:$s = \frac{\partial \overline{p}_H}{\partial \overline{q}_2}$;$\varepsilon = \frac{\partial \overline{p}_H}{\partial \overline{V}_k}$。

加入液体质量守恒方程,写成无量纲形式,即

$$\theta_k \frac{\mathrm{d}\delta V_k}{\mathrm{d}t} = \delta q_2 - \delta q_1 \quad (6-64)$$

运用阻抗法进行稳定性分析,在稳定边界上所有变量都发生谐振,将上述方程所含变量表示成振幅值与时间谐振函数 $\mathrm{e}^{\mathrm{j}\omega t}$ 的乘积,最后得到下列复振幅方程组,即

$$(R_1 + \mathrm{j}\omega T_M)\delta q_1 + \delta k = \delta p_0 \quad (6-65)$$

$$(1 + \mathrm{j}\omega T_k)\delta V_k = \frac{\partial \overline{V}_k}{\partial k}\delta k + \left(\overline{q}\frac{\partial \overline{V}_k}{\partial q} + \mathrm{j}\omega T_1\right)\delta q_1 \quad (6-66)$$

$$j\omega\theta_k \delta V_k = \delta q_2 - \delta q_1 \qquad (6-67)$$

$$\delta p_2 = \delta k + s\delta q_2 + \varepsilon \delta V_k \qquad (6-68)$$

$$\delta p_2 = R_2 \delta q_2 \qquad (6-69)$$

为建立从诱导轮入口到泵出口的四端网络传递矩阵,将式(6-67)、式(6-68)和式(6-69)联立,得

$$\frac{(1+j\omega T_k)}{j\omega\theta_k}(\delta q_2 - \delta q_1) = \frac{\partial V_k}{\partial k}\delta k + \left(\overline{q}\frac{\partial V_k}{\partial q} + j\omega T_1\right)\delta q_1 \qquad (6-70)$$

$$\delta p_2 = \delta k + s\delta q_2 + \frac{\varepsilon}{j\omega\theta_k}(\delta q_2 - \delta q_1) \qquad (6-71)$$

将式(6-70)和式(6-71)写成传递矩阵形式(由于 $\delta p_1 = \delta_k$),即

$$\begin{Bmatrix} \delta p_2 \\ \delta q_2 \end{Bmatrix} = \begin{bmatrix} 1 + \dfrac{1}{B}\left(s + \dfrac{\varepsilon}{j\omega\theta_k}\right) & \dfrac{A}{B}\left(s + \dfrac{\varepsilon}{j\omega\theta_k}\right) - \dfrac{\varepsilon}{j\omega\theta_k} \\ \dfrac{1}{B} & \dfrac{A}{B} \end{bmatrix} \begin{Bmatrix} \delta p_1 \\ \delta q_1 \end{Bmatrix} \qquad (6-72)$$

式中: $A = -B_2\overline{q} + j\omega T_1 B_1 + B$; $B = B_1\left(\dfrac{1+j\omega T_k}{j\omega\theta_k}\right)$; $\theta_k = \dfrac{\rho V_\omega}{\overline{q}_1}$,为诱导轮内液体流通时间常数。

6.2.2 诱导轮离心泵动态参数

推进剂输送管路中的流体谐振频率与发动机诱导轮离心泵动态特性参数有密切关系,获取泵动态特性参数是研究推进剂输送管路中的流体谐振特性的关键。诱导轮离心泵动态特性参数包括离心泵阻力、气蚀弹性 B_1、负气蚀阻力 B_2、泵动态增益 $m+1$,其中离心泵阻力可直接通过泵扬程特性曲线获得,本节不再详细讨论。下面结合某型发动机泵动态特性试验数据,对诱导轮离心泵动态特性参数进行研究。

6.2.2.1 气蚀弹性

气蚀弹性是由泵入口复杂气蚀过程所形成蒸气泡的压缩性和弹性产生的,表征了入口压力变化对空泡容积变化的影响程度。根据自由射流绕流理论计算得到泵气蚀弹性理论计算式(6-57),气蚀弹性由工况系数 q 和气蚀数 k 确定。无量纲气蚀弹性随气蚀数 k、工况系数 q 的变化规律如图6-36所示。在相同的流量下,随着入口压力增大,气蚀数 k 增加,气蚀弹性的绝对值 $|B_1|$ 增加。在相同的气蚀数下,随着入口流量增加,工况系数 q 增加,气蚀弹性的绝对值 $|B_1|$ 增加。

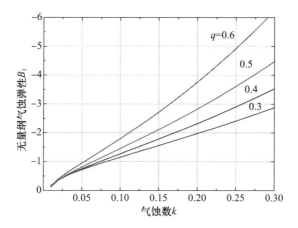

图 6-36　无量纲气蚀弹性随气蚀数 k、工况系数 q 变化曲线

在低工况系数下,诱导轮前会产生回流气蚀,回流空泡模型就是在诱导轮前出现回流气蚀的情况下适用的。重新计算后回流空泡模型的气蚀弹性如图 6-37 所示,包括无回流空泡模型对应的气蚀弹性仿真值、有回流模型对应的气蚀弹性仿真值,考虑回流空泡模型的气蚀弹性与试验结果[21-22]更加接近。

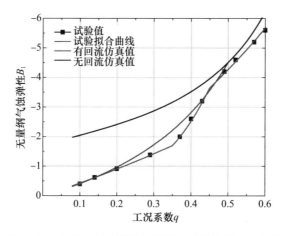

图 6-37　无量纲气蚀弹性仿真值与试验结果对比曲线

图 6-37 显示,在较高工况系数下($q>0.5$),理论算法和试验得出的经验公式计算出的气蚀柔度较接近,即理论公式在该工系数况范围内符合实际情况,能够反映气蚀自激振荡的动态特性。

工程上,把工况系数 $q>0.5$ 近似地认为是回流消失的工况点。对于 $q>0.5$ 的情况,诱导轮前无回流,气蚀现象全部发生在诱导轮流道内,采用自由射流绕流理论计算出的气蚀弹性 B_1 可以较准确地表征真实的气蚀弹性,同时也说明了采用自由射流绕流理论可以准确地仿真无回流状态下的气蚀自激振荡动态特性。

低工况系数下($q<0.5$),无回流模型与试验结果偏差较大,说明此时回流空泡开始产生,并对系统产生作用。然而,有回流气蚀模型则考虑了其影响,与试验参数非常接近。

对诱导轮离心泵管路试验系统进行正弦扫频激励试验,间接获得 5 个充压状态下的泵气蚀柔度,见图 6-38。可以看出,泵的气蚀柔度随泵入口压力的降低而急剧增大,数值仿真结果与试验获取的气蚀柔度基本一致。

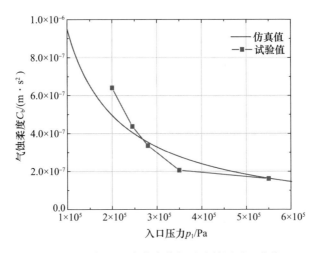

图 6-38 气蚀柔度仿真值与试验结果对比曲线

6.2.2.2 负气蚀阻力

负气蚀阻力只和气蚀自激振荡稳定性有关,而与系统振荡频率无关。根据稳定性判据可知,随着流量减少,负气蚀阻力绝对值增大,气蚀自激振荡稳定性变差,如图 6-39 所示。

由于负气蚀阻力直接影响气蚀自激振荡稳定性,准确地计算出负气蚀阻力对确定气蚀自激振荡稳定边界有重要的意义。可以通过试验修正方法修正负气蚀阻力,使所确定的气蚀自激振荡稳定边界更加可信。

负气蚀阻力的获取途径与泵质量流量增益 M_b 相似。对诱导轮离心泵管路试验系统进行正弦扫频激励试验,通过 M_b 与气蚀弹性、负气蚀阻力之间的关系,通过传递矩阵式得到 M_b 值。通过试验数据计算得到 0.245MPa、0.55MPa 压力状态下泵质量流量增益 M_b,并与数值结果进行比较,如图 6-40 所示,可以看出数值仿真结果与试验获取结果基本一致。

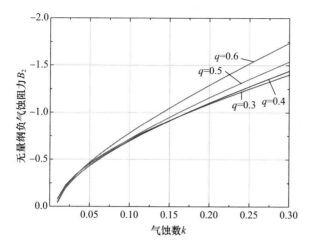

图 6-39　无量纲负气蚀阻力与气蚀数 k、工况系数 q 之间的关系（附彩页）

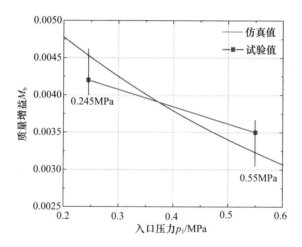

图 6-40　质量流量增益仿真值与试验结果对比曲线

6.2.2.3　泵动态增益

泵动态增益也称泵的压力动态放大系数，即 $m+1 = \delta p_2/\delta p_1$（泵出口压力和入口压力振幅之比）。

由式（6-72）可以推导得出压力放大系数，考虑到 $\delta q_2 \ll \delta q_1$，简化得

$$\frac{\delta p_2}{\delta p_1} = 1 + \frac{\varepsilon}{i\omega\theta_k \left[-B_2 q + i\omega T_1 B_1 + B_1 \left(\dfrac{1+i\omega T_k}{i\omega\theta_k} \right) \right]} \qquad (6-73)$$

当 $\omega = 0$ 时，稳态工况下泵的静态增益可由式（6-73）简化得到，即

$$\left.\frac{\delta p_2}{\delta p_1}\right|_{\omega=0} = 1 + \frac{\varepsilon}{B_1} \qquad (6-74)$$

分析泵的静态增益,由于 $\varepsilon = \partial p_H / \partial V_k$ 为负值,气蚀弹性 B_1 也为负值,则泵静态增益是大于1的值。当工况参数较高时(入口压力和流量较大),泵静态增益近似等于1。将文献[23]中参数代入模型进行数值计算,得到泵压力放大系数,并与试验结果进行比较,发现计算结果和试验值相吻合,如图 6-41 所示。随着气蚀数 k 的增大,动态增益明显减少;泵动态增益与振荡频率有关,当泵自身阻抗达到最低时,泵动态增益达到最大值。

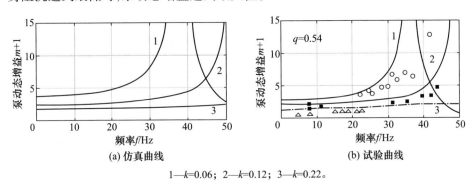

1—k=0.06;2—k=0.12;3—k=0.22。

图 6-41 泵动态增益 $m+1$ 频率特性曲线与试验对比

3个压力状态下泵动态增益的幅频特性曲线仿真结果与试验结果对比如图 6-42 所示。通过比较试验结果和仿真结果,可以得到在泵入口压力较低的情况下(图 6-42(a)和图 6-42(b)),泵动态增益较大,在较低频段试验结果和仿真结果数值一致,而高频段试验结果和仿真结果相差较大;泵入口压力较高的情况下(图 6-42(c)),泵动态增益接近1,说明在离心泵内发生的气蚀现象已经很微弱,对系统动态特性影响很小。以上结论也验证了气蚀作用对泵动态增

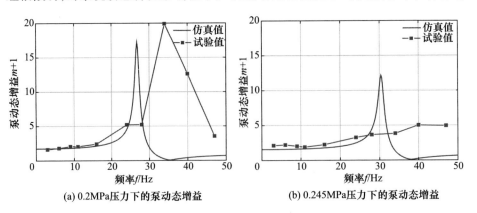

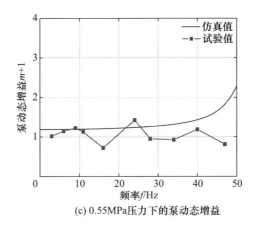

(c) 0.55MPa压力下的泵动态增益

图6-42　3个入口压力状态下泵动态增益曲线

益有明显的影响,气蚀现象越严重,泵动态增益越大,在频率达到泵自身复振幅阻抗最小时,泵动态增益达到极值,即图6-42(a)所示尖峰。

6.2.3　诱导轮离心泵管路系统动态过程

6.2.3.1　气蚀自激振荡现象的仿真结果

对诱导轮离心泵管路试验系统进行仿真分析,可得到在较低工况下系统发生气蚀自激振荡时流体参数的波动形式,如图6-43所示。

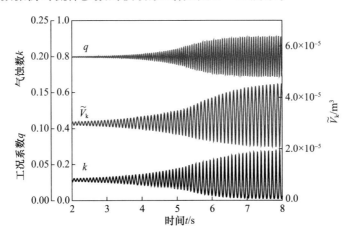

图6-43　低工况下气蚀自激振荡参数的时域曲线

图6-43表示在低工况下工作时,系统处于不稳定状态,气蚀数k、工况系数q、空泡容积$\tilde{V}_k$迅速发散达到极值,并随后进行等幅振荡,这一现象符合自激

振荡的特征。进一步分析气蚀自激振荡波形特点,将图6-43进行局部放大,如图6-44所示。

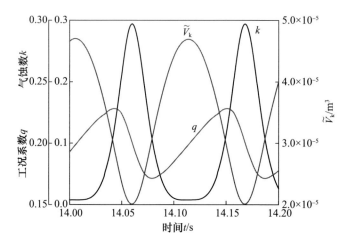

图6-44 气蚀自激振荡参数时域曲线

图6-44中3个参数的曲线都呈现出非线性的特性,气蚀数k有尖峰段和低平段的振荡特点;工况系数q有缓升急降的特点;空泡容积$\tilde{V}_k$在一个周期内长时间处于平衡值之上,气蚀数k和空泡容积$\tilde{V}_k$相位相反,工况系数q与气蚀数k和空泡容积$\tilde{V}_k$相位差为±90°。这些非线性特点说明了由气蚀引起的非稳态振荡具有非线性特性。因此,在研究其振荡特点时,必须采用非线性理论进行分析。

分析图6-44可得,可以将气蚀自激振荡在一个周期内分成两部分,即气蚀数k的尖峰段和低平段。在尖峰段时,各参数变化剧烈,诱导轮内流体发生剧烈的脉动现象;在低平段时,各参数变化平缓,此时诱导轮内被空泡充填,诱导轮内流体振荡不剧烈。这两部分的交替出现,使气蚀自激振荡形成了一定节奏的脉冲特性,类似水击现象,这种现象通常出现在泵发生扬程断裂前,称为断裂振荡,其对诱导轮叶片激振造成的危害是显著的,必须对这种具有断裂振荡现象的气蚀自激振荡进行深入研究。

因此,下面通过改变泵入口压力和流量的方式来研究气蚀自激振荡的波形特点,验证在低压力和低流量下发生断裂振荡现象的可能。通过改变贮箱压力来改变泵入口压力和通过改变泵后阀的开度(改变泵后管路阻尼系数)来改变泵入口流量这两种方法来研究气蚀自激振荡现象。

6.2.3.2 入口压力变化对系统参数的影响

只改变系统入口压力值($p_0 = 0.3\text{MPa}$、0.15MPa、0.1MPa),而其他系统参数保持不变,通过数值仿真得到 3 组关于气蚀数 k 的时域曲线,如图 6-45 所示。

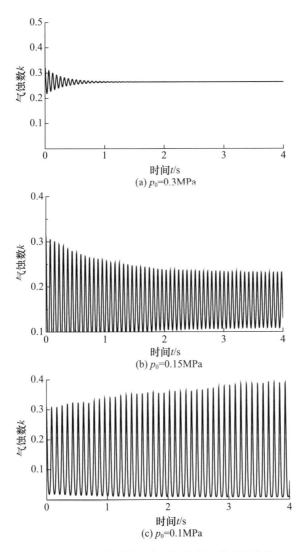

图 6-45 不同贮箱压力下气蚀数 k 的时域曲线

由图 6-45 可得,系统入口压力为 0.3MPa 时,此时系统处于稳定状态;入口压力为 0.15MPa 时,系统处于临界稳定状态,出现等幅振荡,此现象符合气蚀自激振荡的特点;入口压力为0.1MPa时,泵入口压力已经很低,此时系统首先发散至接近断裂工况,然后再进行等幅振荡,此时振荡幅度很大,属于断裂工况下的气蚀自激振荡。0.15MPa和0.1MPa两种状态代表了两种不同入口压力条件下的气蚀自激振荡现象,可以对这两种状态进行更加深入的研究。

通过图6-46所示的局部曲线研究$p_0=0.15\text{MPa}$、0.1MPa两种状态下的振荡波形。对于状态一($p_0=0.15\text{MPa}$),波形与简谐振荡近似,所以在高工况下振荡幅值较小,波形呈简谐形式,类似于线性系统的振荡,可以运用线性系统的方法研究高工况下的气蚀自激振荡现象。对于状态二($p_0=0.1\text{MPa}$),显示了波形呈严重的断裂振荡现象,出现尖峰段和低平直段,所以在低工况下的振荡幅值非常大;低平直段时泵入口压力接近饱和蒸气压,系统处于扬程断裂状态;尖峰段时泵入口压力非常高,系统又处于无气蚀状态,这就使诱导轮离心泵产生较大的冲击;强烈的流体脉动最终可能导致叶片结构的破坏;这种振荡与线性系统不同,需要用非线性系统的方法研究低工况下的气蚀自激振荡现象。从图6-46中还可以得到压力较高时,系统振荡频率高($f=14\text{Hz}$);压力较小时,系统振荡频率低($f=11\text{Hz}$),这与频域分析结果一致。

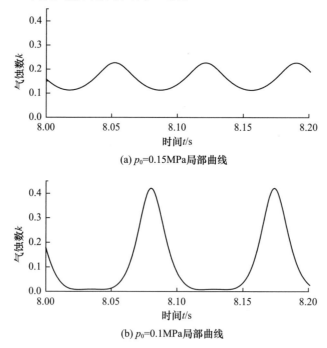

图6-46 两种临界状态下气蚀数振荡波形时域曲线(局部曲线)

6.2.3.3 流量变化对系统参数的影响

在管泵系统中,改变流量的方法通常有改变泵转速和改变泵出口管路流阻(通常节流阀装在出口管路)两种。通过改变出口管路流阻系数 α_2^* 的方式改变进口流量。以入口压力 $p_0 = 0.15\mathrm{MPa}$ 为压力边界条件,分别对出口流阻系数为 A: $\alpha_2^* = 0.1 \times 10^9 \mathrm{m}^{-4}$,B: $\alpha_2^* = 0.25 \times 10^9 \mathrm{m}^{-4}$,C: $\alpha_2^* = 0.5 \times 10^9 \mathrm{m}^{-4}$ 这 3 种状态进行数值仿真,结果如图 6-47 和图 6-48 所示。

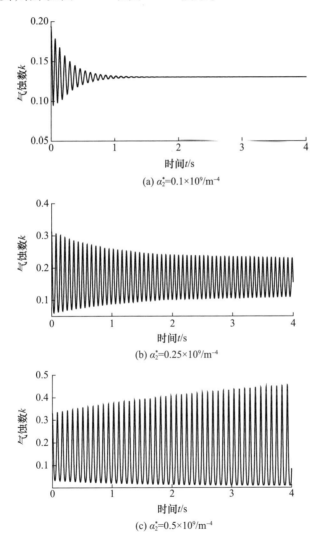

(a) $\alpha_2^* = 0.1 \times 10^9 / \mathrm{m}^{-4}$

(b) $\alpha_2^* = 0.25 \times 10^9 / \mathrm{m}^{-4}$

(c) $\alpha_2^* = 0.5 \times 10^9 / \mathrm{m}^{-4}$

图 6-47 不同出口流阻系数对应的气蚀数 k 的变化曲线

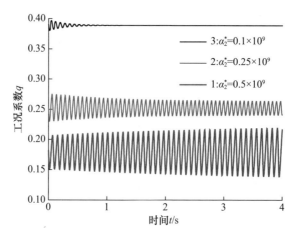

图 6-48 不同工况系数 q 的变化曲线（附彩页）

图 6-48 随着出口流阻的增大，工作流量在不断减小，系统稳定性在不断变差。当出口流阻系数达到一定程度，如 $\alpha_2^* = 0.5 \times 10^9 \mathrm{m}^{-4}$，气蚀自激振荡发散，系统处于不稳定状态。

图 6-49 为图 6-48 的局部放大曲线，可以研究流量降低过程中振荡波形的变化。流量越小，系统稳定性裕度越低，流量的脉动幅值越大，且不再是简谐振荡，而是流量缓慢增大、急速下降的过程。这一特点与实际情况是符合的，因为流量上升段处于入口低压段，此时气蚀程度严重，气蚀柔度大，变化缓慢，那么流量也就变化缓慢；流量急速下降段对应的是压力的尖峰段，此时空泡体积剧烈减小，流量必然急剧变化。还可以发现，气蚀自激振荡具有明显的非线性特点，即自激振荡的非单值特性。

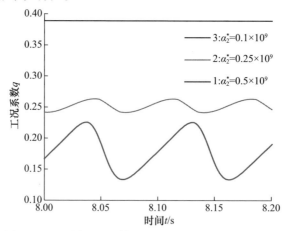

图 6-49 不同工况系数 q 的时域曲线放大图（附彩页）

6.2.3.4 极限环特征

自激振荡处于等幅振荡情况时,其相平面形成封闭相轨迹,这种相轨迹被称为极限环。自激振荡是与极限环相对应的周期运动。小幅振荡时为负阻尼,大幅振荡时为正阻尼,因此在小幅振荡发散过程和大幅振荡收敛过程中必定存在一个稳定的极限环[24-25]。气蚀自激振荡系统在特定条件下达到临界稳定状态,即在极限环上振荡,这是研究和分析气蚀不稳定特性的关键。

给出两种边界条件下的极限环:①边界条件 $p_0 = 0.15\text{MPa}, \alpha_2^* = 0.25 \times 10^9 \text{m}^{-4}$;②边界条件 $p_0 = 0.1\text{MPa}, \alpha_2^* = 0.25 \times 10^9 \text{m}^{-4}$。分析结果如图 6-50 和图 6-51 所示。

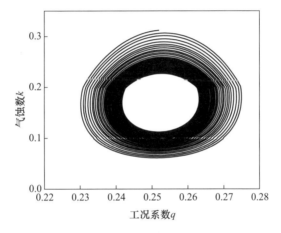

图 6-50 边界条件 1 的极限环

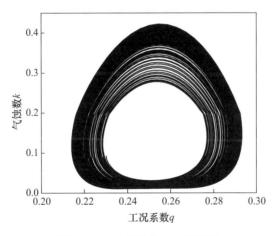

图 6-51 边界条件 2 的极限环

可采用试验的方法[26]得到诱导轮离心泵内振荡参数的非单值关系,这里采用数值仿真的方法分析这些非单值关系。下面列出了诱导轮扬程与入口压力关系曲线(图6-52)以及泵扬程和入口压力的非单值关系曲线(图6-53),该曲线又可以称为泵的气蚀特性曲线。该曲线处于泵气蚀特性曲线的非稳态气蚀射流区。诱导轮扬程断裂时,扬程接近于0;泵扬程断裂时,扬程下降了不到10%,仿真结果与实际情况是符合的。由于存在非单值关系,扬程下降段与上升段并不重合,下降段位于上升段上方,说明扬程下降过程急促,上升过程平缓,这是以往气蚀试验中没有注意到的现象。扬程与入口压力呈非单值关系可能与空泡形成和消失过程有密切的联系,从侧面说明了空泡的产生和溃灭变化过程不一致。

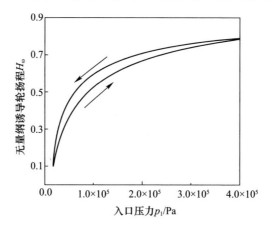

图6-52 诱导轮扬程与入口压力关系曲线

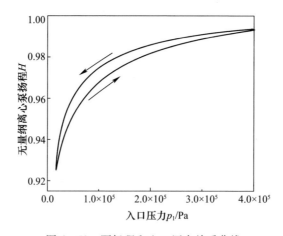

图6-53 泵扬程和入口压力关系曲线

图 6-54 表示入口流量 q_1、出口流量 q_2 与空泡容积的关系。出口流量脉动远小于入口流量脉动,说明离心泵有阻隔入口脉动的作用。流量脉动对空泡容积变化影响很大。在空泡容积较小的区域,流量变化迅速;在空泡容积较大的区域,流量变化平缓,这两个区域与压力脉动曲线的尖峰段和低平段相对应。入口流量脉动和空泡容积的相互影响,是导致气蚀自激振荡表现出非线性特征的关键因素。

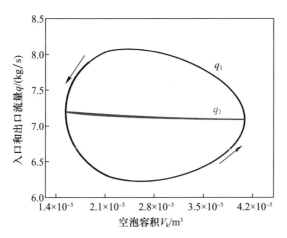

图 6-54 入口流量、出口流量与空泡容积的关系曲线(附彩页)

6.2.3.5 频率特性与稳定边界

根据稳定性准则,在系统开端边界的阻抗 $Z(0,j\omega)$ 实部和虚部都等于零时,即可得到系统稳定性边界。

联立式(6-65)~式(6-69),消除 δp_0、δq_1 之外的所有变量,得

$$Z(0,j\omega) = \frac{\delta p_0}{\delta q_1} = R_1 + j\omega T_M - \frac{1 + j\omega T_k + \left(\bar{q}\frac{\partial \overline{V}_k}{\partial \bar{k}} + j\omega T_1\right)\left(j\omega\theta_k - \frac{\varepsilon}{R_2 - s}\right)}{\frac{\partial \overline{V}_k}{\partial \bar{k}}\left(j\omega\theta_k - \frac{\varepsilon}{R_2 - s}\right) - \frac{1 + j\omega T_k}{R_2 - s}}$$

(6-75)

变换式(6-75)得到阻抗的实部和虚部表达式:

$$\mathrm{Re} Z(0,j\omega) = qB_2 + R_1 - B_1\frac{T_k}{\theta_k} - \frac{B_1 T_M}{\theta_k(R_2 - s)}\left[1 + \frac{\varepsilon}{B_1} + R_1\frac{T_k}{T_M} - \varepsilon\frac{T_1}{T_M}\right]$$

(6-76)

$$\mathrm{Im} Z(0,j\omega) = \omega^2\left(T_M\theta_k\frac{\partial \overline{V}_k}{\partial \bar{k}} - T_1\theta_k - \frac{T_M T_k}{R_2 - s}\right) + 1 + \frac{R_2}{R_2 - s}\left(1 + \frac{\varepsilon}{B_1}\right) + \frac{\varepsilon \bar{q} R_2}{B_1(R_2 - s)}$$

(6-77)

由阻抗稳定性分析方法可知,系统入口边界 $\mathrm{Re}Z(0,\mathrm{j}\omega)<0$、$\mathrm{Im}Z(0,\mathrm{j}\omega)=0$ 时,系统处于不稳定状态[23]。对式(6-76)进行数值计算,得出系统在工作范围内的系统稳定边界曲线,如图 6-55 所示。稳定边界呈半岛型,由上边界和下边界组成,上边界为气蚀裕量较大边界,下边界为气蚀断裂边界,这也反映了气蚀自激振荡不会发生在气蚀断裂区域。在上边界和下边界交点处(工况系数 q 极大点)为气蚀自激振荡临界稳定危险点,在设计高速诱导轮时,为了追求最大抗气蚀性能,往往会把额定工况选择在该区域附近,这有可能导致诱导轮在使用工况下发生气蚀自激振荡现象。将稳定边界曲线作为参考依据,可指导诱导轮初始设计与诱导轮离心泵工况选择。

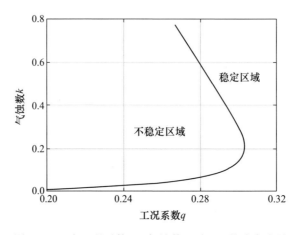

图 6-55 在工况系数 q-气蚀数 k 平面上的稳定边界

系统临界稳定工况下的频率由 $\mathrm{Im}Z(0,\mathrm{j}\omega)=0$ 计算得到,并可得出气蚀振荡频率与气蚀数 k、工况系数 q 及转速 n 之间的关系,如图 6-56 和图 6-57 所

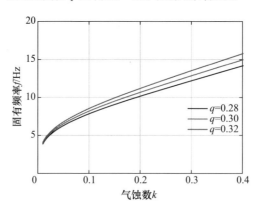

图 6-56 不同工况系数下气蚀振荡频率随气蚀数变化曲线(附彩页)

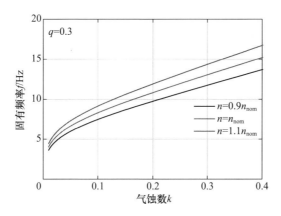

图 6-57 不同转速下气蚀振荡频率随气蚀数变化曲线(附彩页)

示。在气蚀自激振荡不稳定工作区域内($k=0.05\sim0.3$),振荡频率与气蚀数成线性关系,这是区别其他振荡的典型特征。随着工况系数的降低,振荡频率也在降低;随着转速降低,振荡频率也在降低,转速和振荡频率成正比关系。

对诱导轮离心泵管路试验系统进行正弦扫频激励试验,可以得到不同入口压力条件下的管路系统一阶固有频率,经过分析得到系统管路一阶固有频率如表6-2所列。

表6-2 试验一阶固有频率

充压状态/MPa	0.2	0.245	0.28	0.35	0.55
一阶频率/Hz	12	14.1	13.6	16	18.2

将试验工况参数值输入到频域分析模型中,得到频率随入口压力的变化曲线,并将计算、试验一阶固有频率进行比较,如图6-58所示。

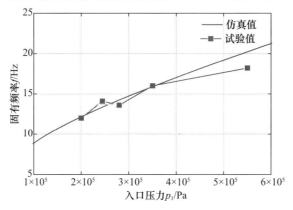

图 6-58 固有频率随入口压力变化曲线

试验曲线与仿真曲线非常接近,特别是在低入口压力情况下(0.2～0.4MPa),说明这种算法在计算低工况下的低频动态特性时准确度较高。

6.2.4 诱导轮外型对稳定性的影响

6.2.4.1 诱导轮开槽对稳定性的影响

图 6-59 所示为诱导轮开槽状态下流体流动示意图。开槽改变了诱导轮内的主流流场(即流体只在两诱导轮叶片间流动),使其在开槽段产生了旁路流动;将叶片压力面的高压流体引入叶片低压面上,破坏了该处空泡尾迹的漩涡流动。由于该端面的高压作用,空泡在该处提前破裂,相当于形成了一道压力梯度墙,阻隔了空泡尾部破裂时产生的脉动作用。诱导轮开槽,实质上破坏了气蚀自激振荡激励源,抑制了由空泡与流体相互作用引起的系统低频脉动。

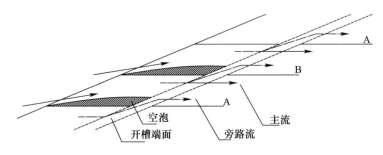

图 6-59 诱导轮开槽流体流动示意图

开槽将诱导轮从原先 2 个叶片变成 4 个半叶片结构,开槽使流体在流道内重新分布,压力脉动状态也重新形成,最终在入口处压力脉动出现明显的 4 倍频,该 4 倍频正是由这 4 个半叶片结构引起的。诱导轮开槽可以有效抑制交替气蚀或非对称气蚀脉动现象。

6.2.4.2 诱导轮壳体扩径对稳定性的影响

图 6-60 为诱导轮壳体扩径的示意图。壳体扩径改变了诱导轮前的主流流场,即回流区充满壳体大直径,使主流可以顺利进入诱导轮。当泵入口压力较高时,回流区并不影响主流流场,使进入诱导轮内的流体较多,较之原状态诱导轮,工况系数有明显提高,从而使系统内气蚀不稳定脉动大幅降低。随着入口压力继续降低,诱导轮内空泡充满整个流道,系统接近断裂气蚀,低频脉动现象消失。此时诱导轮处压力脉动降到最低,而回流区沿壳体迅速向泵前管路传播,此时回流区的脉动占主导,使泵前压力脉动下降滞后,表现出泵入口压力脉动高于诱导轮入口的现象。

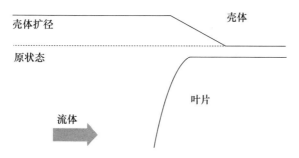

图 6-60　诱导轮壳体扩径的示意图

图 6-61 为针对 LE-7 诱导轮回流开展的试验[26]，图中较好地展示了诱导轮入口处的回流现象。

(a) 壳体开槽　　　　　　　　(b) 壳体扩径

图 6-61　诱导轮入口回流试验(附彩页)

参考文献

[1] MA L M, YIN X Y, SHANG L L, et al. Modelling of two-phase closed thermosyphon based on SINDA/FLUINT[J]. Applied Thermal Engineering, 2018, 130:375-383.

[2] WALLIS G B. Critical Two-phase Flow[J]. Multiphase Flow, 1980, (86):96-112.

[3] SAHA P. Review of two-phase steam-water critical flow models with emphasis on thermal nonequilibrium[R]. NUREG/CR-0417, Brookhaven National Lab, 1977.

[4] ISBIN H S. Some observation on the status of two-phase critical flow models[J]. Multiphase Flow, 1980, (6):131-138.

[5] HEALZER J, JASSEN J. Critical flow data review and analysis[R]. EPRI Report-2192, 1982.

[6] CHEN Y M,MA Y F. Measurement of heat transfer at the phase interface of condensing bubbles[J]. International Journal of Multiphase Flow,1992,18(6):877 – 890.

[7] ZEITOUN O,SHOUKRI M,CHATOORGOON V. Interfacial heat transfer between steam bubbles and subcooled water in vertical upward flow[J]. Journal of heat transfer,1995,117(2):402 – 407.

[8] 袁德文,潘良明,陈德奇,等. 窄通道中过冷沸腾汽－液界面凝结换热系数[J]. 核动力工程,2009,30(5):30 – 34.

[9] 徐进良,陈听宽. 两相临界流的两流体不平衡模型研究[J]. 核科学与工程,1995,15(1):16 – 26.

[10] 宋纪元,陈听宽. 汽液两相临界流动的热力学非平衡两流体模型[J]. 核科学与工程,1997,17(3):193 – 201.

[11] LEE H,KHARANGATE C R,MASCARENHAS N,et al. Experimental and computational investigation of vertical downflow condensation[J]. International Journal of Heat and Mass Transfer,2015,85:865 – 879.

[12] 徐济鋆. 沸腾传热和气液两相流[M]. 北京:原子能出版社,2000.

[13] KIM S J,GOON C P. Interfacial heat transfer of condensing bubble in subcooled boiling flow at low pressure [J]. International Journal of Heat and Mass Transfer,2011,54(13):2962 – 2974.

[14] PAN L M. Numerical investigation of vapor bubble condensation characteristics of subcooled flow boiling in vertical rectangular channel[J]. Nuclear Engineering and Design,2012,248:126 – 136.

[15] SAMKHANIANI N,ANSARI M R. Numerical simulation of bubble condensation using CF - VOF [J]. Progress in Nuclear Energy,2016,89:120 – 131.

[16] SEKITA R,KUBOTA I,YAMADA H,et al. Flow analyses and test results for the H – IIA first stage LH2 feedline[R]. AIAA 2002 – 3844.

[17] GOIRAND B. Experimental investigations of radial loads induced by partial cavitation with a liquid hydrogen inducer[J]. IMechE,1992,453:263 – 269.

[18] ZOLADZ T. Observations on rotating cavitation and cavitation surge from the development of the fastrac engine turbopump[R]. AIAA 2000 – 3403.

[19] BRENNEN C. Hydrodynamics of pumps[M]. Cambridge City:Cambridge University Press,1994.

[20] BRAISTED D M. Cavitation induced instabilities associated with turbo – machines [D]. Doctoral Dissertation,California Institute of Technology,1980.

[21] КАРЕЛИН В Я. 离心泵和轴流泵中的气蚀现象[M]. 吴达人,文培仁,译. 北京:机械工业出版社,1985.

[22] 刘延柱,陈立群. 非线性振动[M]. 北京:高等教育出版社,2001.

[23] ПИЛИПЕНКО В В,ЗАДОНЦЕВ В А,НАТАНЗОН М С. 气蚀自激振荡[M]. 西安航天动力研究所,译. 西安:西安航天动力研究所,2008.

[24] BRENNEN C,ACOSTA A J. The dynamic transfer function for a cavitating inducer [J]. Jour-

nal of Fluids Engineering,1976,98(2):182-191.

[25] COUTIER D O,COURTOT Y,JOUSSELLIN F. Numerical simulation of the unsteady cavitation behavior of an inducer blade cascade [J]. AIAA Journal,2004,42(3):560-569.

[26] KIMURA T,YOSHIDA Y,HASHIMOTO T,et al. Numerical simulation for vortex structure in a turbopump inducer:close relationship with appearance of cavitation instabilities[J]. Journal of Fluids Engineering,2008,130:051104.

第 7 章
发动机系统低频频率特性

解决运载火箭纵向耦合振动(POGO 振动)问题是大推力液体运载火箭研制过程中关键技术之一,POGO 振动问题的分析模型包括箭体结构模型及推进系统模型,发动机系统低频频率特性是推进系统模型研究中的重要组成部分。因此,研究液体火箭发动机系统低频频率特性既是对发动机系统研究的关键步骤,又是进行运载火箭 POGO 振动分析和判别的必要工作。为确保液体火箭发动机及航天运载器的正常工作及其可靠性,均需对发动机系统低频频率特性予以充分重视。

POGO 闭环系统中的重要环节就是发动机推力脉动相对于发动机入口干扰的响应特性。此外,发动机系统低频频率特性还包括发动机内部状态参数相对于入口干扰、各路控制阀门干扰的频率特性,用于表征发动机系统在不同频率下对不同干扰的响应,通过分析系统频率特性的关键敏感参数,为系统特性的优化提供依据。

目前,大推力液体火箭发动机一般采用双组元推进剂系统,对发动机推力脉动影响较大的一路一般为阻尼较小的推进剂流路。以液氧煤油富氧补燃循环发动机为例,发动机氧系统主要由泵、液体管路、燃烧组件、气体管路、涡轮等组成,不含大流阻的阻尼元件,因此内部参数对氧入口干扰响应更大;而燃料系统中含有节流阀、流量调节器、推力室冷却套等大流阻的阻尼元件,对燃料入口干扰起到较大的衰减作用。因此,发动机推力脉动主要受发动机氧系统的特性及氧入口干扰影响,需要重点关注发动机的氧系统[1-2]。

本章介绍了发动机氧路串联系统和发动机全系统的频率特性研究方法,并以液氧煤油富氧补燃循环发动机系统为例,分析了发动机频率特性及主要的敏感因素。另外,还给出了自反馈式流量调节器对发动机频率特性及稳定性的影响。最后,研究了发动机与试车台供应系统的频率特性。为了直观地反映发动机内部状态变量相对于干扰的响应特性,在未特殊说明的情况下,本

第 7 章 发动机系统低频频率特性

章中的仿真曲线均为有量纲的曲线;为了在一张图中对比不同类型的状态变量相对某一干扰的响应特性,需要采用无量纲化的曲线,这种情况会在书中特别说明。

典型的液氧煤油富氧补燃循环发动机系统简图见图 7-1(a)。该发动机采用液氧、煤油为推进剂,单个富氧燃气发生器产生的高压高温富氧燃气驱动涡轮后进入推力室再次燃烧。发动机主泵前设置预压涡轮泵,由涡轮后燃气导管引出的富氧燃气驱动氧预压涡轮,然后富氧燃气掺混到氧预压泵后的液氧主流内;燃料预压涡轮为液涡轮,由燃料一级泵后的高压煤油驱动。发动机燃料泵设计为两级,一级燃料泵向推力室供应大流量高压煤油,二级燃料泵向发生器供应小流量而压力更高的煤油。

从发动机系统图中抽象出其流路图,如图 7-1(b)所示。其中,气路为红色,液氧路为蓝色,燃料路为浅灰色。

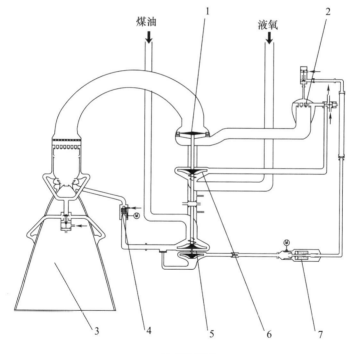

(a) 系统简图

1—涡轮;2—燃气发生器;3—推力室;4—混合比调节器;
5—燃料泵;6—氧泵;7—流量调节器。

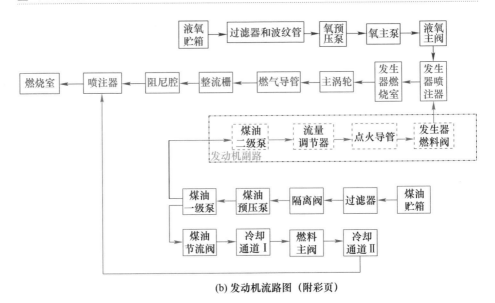

(b) 发动机流路图（附彩页）

图 7-1 液氧煤油富氧补燃发动机系统示意图

7.1 氧系统低频频率特性

7.1.1 串联系统仿真方法

液体火箭发动机氧路低频频率特性研究主要是获取推力室压力（决定着推力）对发动机入口压力和流量脉动的响应特性。因此，采用了基于自动控制理论的传递矩阵法计算推进剂供应系统的频率特性[3-4]。

利用第 3 章中各组件的传递矩阵模型形成系统矩阵。依据分段原则，将输送系统分段，每个分段两端均可以用该分段出入口的状态变量表示，而前一个分段出口的变量即为下一个分段入口参数，因此，对于串联系统，通过传递矩阵的相乘即可建立整个推进剂输送系统的流体网络模型，见图 7-2。

p_i, Q_i　　p_1, Q_1　p_2, Q_2　　　　　　p_{n-1}, Q_{n-1}　p_n, Q_n　p_{n+1}, Q_{n+1}
入口　　　　1　　　　2　　……　　　　　　 $n-1$　　　　 n　　　　出口

图 7-2 系统矩阵的形成

依据液路子系统的入口状态矢量和出口状态矢量的传递关系，有

$$\begin{Bmatrix} P_{i+1} \\ Q_{i+1} \end{Bmatrix} = \boldsymbol{T}_i \begin{Bmatrix} P_i \\ Q_i \end{Bmatrix} \tag{7-1}$$

式中：T_i 为输送系统的传递矩阵(算子矩阵)。

将各子系统的传递矩阵耦合为整个发动机氧路的总传递矩阵。通过变量传递,形成流体网络的匹配与耦合。根据整个推进系统输入、输出参数之间的关系,可得传递链式综合方程为

$$\begin{Bmatrix} P_{n+1} \\ Q_{n+1} \\ T_{n+1} \end{Bmatrix} = T \begin{Bmatrix} P_1 \\ Q_1 \end{Bmatrix} \quad (7-2)$$

整个推进系统的出口边界为推力室喷管喉部,即 $P_{n+1} = P_c$, $Q_{n+1} = Q_c$, $T_{n+1} = T_c$。推力室喷管喉部燃气处于临界压降下,即式(3-208)中的 $\varepsilon = 0$,因此有

$$Q_c = P_c - 0.5 T_c \quad (7-3)$$

根据式(7-2)和式(7-3)即可求得发动机各组件处压力脉动相对发动机入口压力脉动的传递关系。计算流程如图 7-3 所示。

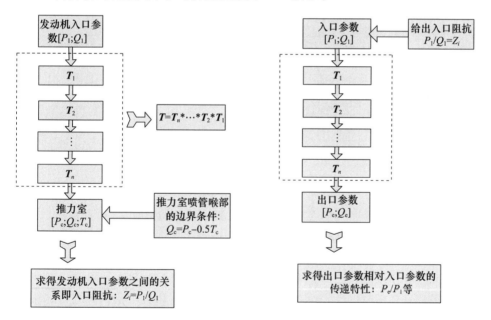

图 7-3 程序流程图

7.1.2 绝热条件下氧系统低频频率特性

以液氧煤油富氧补燃循环发动机系统为例,计算得到发动机系统参数(燃

烧室脉动压力 δP_c、燃气发生器脉动压力 δP_{gg})随发动机氧化剂入口压力脉动 δP_{io} 变化的幅相频特性曲线,如图 7-4 所示。从幅频图上可见系统的一阶谐振频率约为 13Hz,在谐振频率点的幅值放大系数为静态放大系数的 1.5 倍左右,在 30~50Hz 之间的幅值放大系数趋于 0。由相频图上可以看出,随着频率的增大,燃烧室压力脉动相位滞后比燃气发生器的快很多,这是由于熵波是与燃气流速相关的参数,燃气在气路分段中有很长的停留时间,熵波引起相位滞后很大,而熵与燃气温度和压力相关联,由此导致燃烧室压力相位的快速滞后[1]。

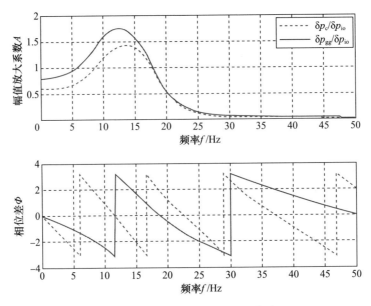

图 7-4 发动机氧路频率特性曲线

1) 氧预压泵后燃气穿透长度对发动机频率特性的影响

氧预压涡轮泵对主路液氧预增压,从而确保主泵入口液氧压力足够高而不会发生严重气蚀。氧预压涡轮泵由来自主涡轮后燃气导管的少量富氧燃气驱动。同时,氧预压涡轮出口处少量富氧燃气经集合器通过管壁小孔注入液氧主路,进而使氧预压泵后的管路有一段为气液两相流。这段气液两相流会增加流体的柔性,从而影响系统频率特性。燃料预压泵为液涡轮驱动,因此不存在这类问题。为了防止气体进入氧主泵,必须保证驱动氧预压涡轮泵后进入液氧主路的富氧燃气在进入主泵前全部溶解。燃气穿透长度就是指从氧预压泵到燃气全部溶解处的流路长度。

为了研究燃气穿透长度对氧系统频率特性的影响规律,当燃气穿透长度从

0.27~1.05m 变化时,计算发动机氧路的不同频率特性,获得燃烧室压力对氧入口压力扰动的响应特性。燃气穿透长度对频率特性的影响如图 7-5 所示。从图中可以看出,随着穿透长度的增大,系统谐振频率下降,脉动幅值放大系数也下降。这是因为随着穿透长度增加,燃气掺混段含气量增大,流体的柔度增大,从而降低了系统的谐振频率;同时,流体中均匀分布的气泡具有降幅的作用,含气量越大,降幅作用越大,脉动幅值放大系数也越小。

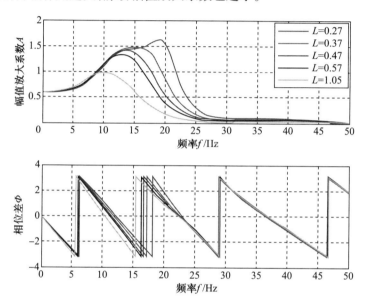

图 7-5 燃气穿透长度对频率特性的影响(附彩页)

2)泵气蚀柔度对发动机频率特性的影响

为了研究泵气蚀柔度对氧系统频率特性的影响规律,计算了泵气蚀柔度从 0~2.2×10^{-6}m·s^{-2} 变化时氧系统的频率特性,泵气蚀柔度对频率特性的影响如图 7-6 所示。随着泵柔性的增大,系统谐振频率相应降低。由图中可以看出,在 C_b 值小于 10^{-7} 量级时,泵气蚀柔度对系统动特性几乎没有影响。当 C_b 值在大于 10^{-7} 量级的范围变化时,泵气蚀柔度对系统动特性影响相当大,因此,准确获取氧主泵气蚀柔度值对发动机低频频率特性的研究相当重要,该参数一般通过流场仿真结合试验修正获得。

3)泵质量流量增益对发动机频率特性的影响

为了研究泵质量流量增益对氧系统频率特性的影响规律,计算泵质量流量增益从 0~0.03 变化时氧系统的频率特性。通过改变泵质量流量增益 M_b,可以得到发动机氧路的不同频率曲线,泵质量流量增益对系统频率特性的影响如

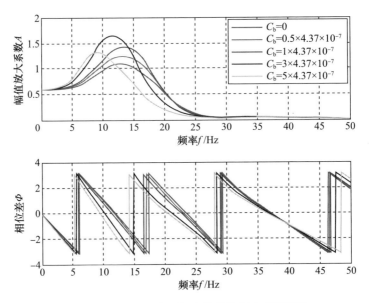

图 7-6 泵气蚀柔度对频率特性的影响(附彩页)

图 7-7 所示。由图中可以看出,系统的谐振频率几乎不受 M_b 的影响,在谐振频率点上,脉动压力放大系数随 M_b 的增大而增大。

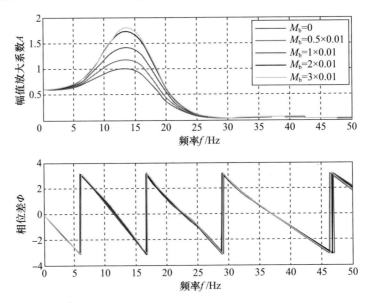

图 7-7 泵质量流量增益对系统频率特性的影响(附彩页)

4) 泵动态增益对发动机频率特性的影响

为了研究泵动态增益对氧系统频率特性的影响规律,计算泵动态增益从 1~2.5 变化时氧系统的频率特性。通过变化泵动态增益,可得到发动机氧路的不同频率曲线,泵动态增益 $m+1$ 对频率特性的影响见图 7-8。泵动态增益系数值的计算公式为

$$m+1 = \frac{P_2}{P_1} - sC_b(R_p + sL_p) + (R_p + sL_p)(1 - sM_b)\frac{Q_1}{P_1} \quad (7-4)$$

从幅频特性曲线可以看出,随着 $m+1$ 的增大,系统的谐振频率基本没有变化,整个幅频特性曲线呈现往上平移的趋势,泵的动态增益对脉动放大系数有明显影响。因此,确定泵动态增益值可为准确计算发动机系统频率特性做准备工作。

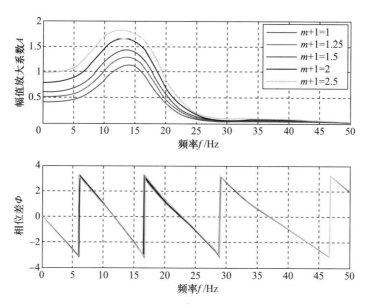

图 7-8 泵动态增益 $m+1$ 对频率特性的影响(附彩页)

5) 燃气停留时间对发动机频率特性的影响

气路系统中,涡轮至推力室之间的燃气导管长度、容积较大,燃气在此分段内停留时间最长。为了研究燃气停留时间对氧系统频率特性的影响规律,计算燃气停留时间从 27~47ms 变化时氧系统的频率特性。燃气管路停留时间对氧路频率特性曲线的影响见图 7-9。随着燃气停留时间增大,系统一阶频率及谐振点幅值放大系数明显降低,此为标准的柔性环节特性,具有降频减幅的作用。

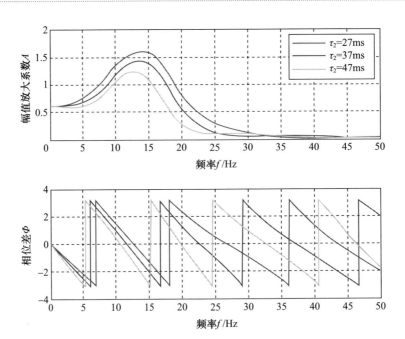

图 7-9 燃气管路停留时间的影响（附彩页）

7.1.3 瞬时混合条件下氧路低频频率特性

瞬时混合过程是指最新形成的这股燃气与气路中其余的所有燃气瞬时地进行热量交换和质量交换，瞬间达到温度平衡和燃烧产物的组分平衡的过程。结果是除了在该瞬间由液体组元或由气体和液体组元形成的那股燃气外，沿气路分段长度上各部分燃气的温度瞬时值和燃烧产物的组分都是相同的。这种假设相当于不考虑熵波对气路动特性的影响[1]。

利用瞬时混合模型计算发动机氧路频率特性曲线见图 7-10。由于不考虑熵波的影响，发生器中的压力脉动放大系数被削弱，而燃烧室中压力脉动的谐振峰被掩盖掉，随着频率增大，放大系数趋于零。由于没有熵波的影响，气路参数没有"流"特性，燃气温度波带来的相位滞后均未考虑，因此推力室参数相位滞后较少。

发动机系统的绝热过程曲线和瞬时混合过程曲线有很大差别，如图 7-11 和图 7-12 所示。在绝热过程的幅频特性曲线上出现特征波，这与流路内气体的动态过程中熵波特性有关。随着频率的增大，瞬时混合模型计算得出的幅值放大系数逐渐趋于 0，幅频曲线上没有出现谐振峰。可以看出，在低频范围内，熵波对系统频率特性有明显影响。

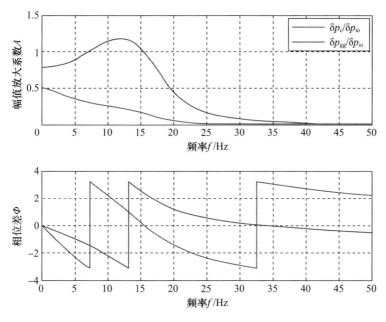

图 7-10 瞬时混合假设下系统频率特性(附彩页)

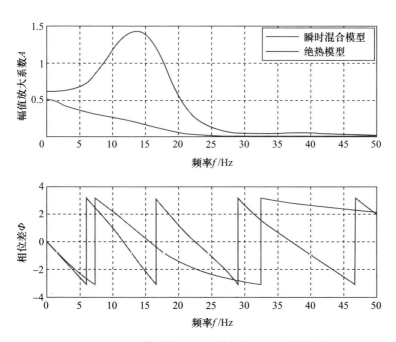

图 7-11 两种模型的发动机频率特性对比(附彩页)

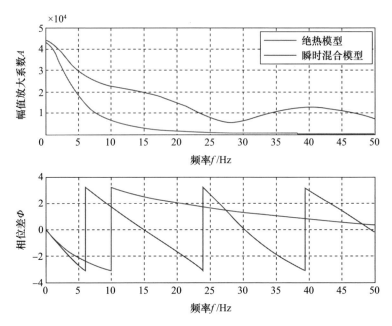

图 7-12 两种模型的燃烧室压力脉动相对于发生器流量脉动响应特性(附彩页)

7.1.4 发动机入口阻抗和推进系统频率特性

在火箭上,一般由箭体的一段推进剂输送管路把发动机和推进剂贮箱连接起来,推进系统的实际动态特性与发动机、输送管路、贮箱组成的整个流体系统有关。贮箱是大流容组件,形成了"开边界",即压力脉动为 0 的边界;推进系统的另一端自然边界为发动机燃烧室喉部。分析箭上推进系统一般有两种方法:一是以箭上推进剂输送管路系统为研究对象,贮箱为入口边界,输送管路与发动机对接口为出口边界,这个出口边界并不是物理上自然形成的边界,需要结合发动机喉部边界和发动机系统模型计算出该位置的阻抗作为边界;二是直接把箭体输送管路和发动机联合在一起的推进系统作为整体的研究对象,这样贮箱出口和燃烧室喉部都是自然边界,可以直接进行整个系统的频率特性分析。

以箭体输送管路为分析对象时,输送管路与发动机的接口处可视为其出口边界,而发动机入口阻抗 Z_{io} 则为其出口边界条件。Z_{io} 根据发动机出口边界条件(推力室喉部)以及发动机系统传递矩阵反推得到,因此它包含了发动机系统的所有信息。该参数可以作为火箭总体对推进系统进行整体分析的基础数据。发动机氧入口阻抗见图 7-13。

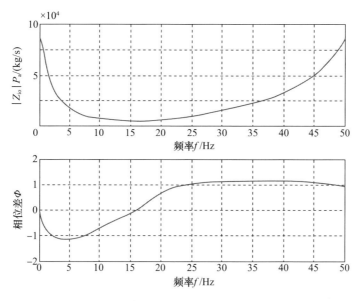

图 7-13 发动机氧入口阻抗

把箭体输送管路和发动机联合在一起的推进系统作为整体计算时,在发动机的入口再串联一段箭体管路模型,以贮箱出口的压力脉动作为入口干扰量,计算整个推进系统的频率特性就能代表发动机在火箭状态工作时真实特性。发动机燃烧室脉动压力相对于箭体氧入口干扰的频率特性见图 7-14,

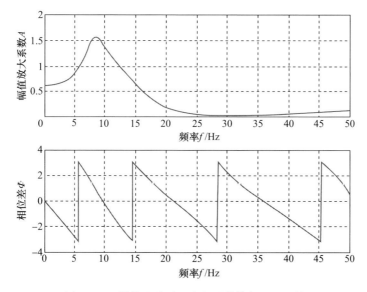

图 7-14 燃烧室脉动压力相对箭体氧入口干扰

· 251 ·

计算了箭体氧贮箱出口至发动机推力室喷管喉部的流体系统频率特性,由于增加了一段较长的入口管路,整个系统的一阶频率相对发动机本身的频率有明显降低。

从图 7-15 中可以看出沿推进剂流路的脉动压力幅值在谐振频率点的变化情况,其中 δp_{zo} 为箭体氧储箱出口脉动。发动机氧主泵入口压力脉动 δp_{ipo} 相对于干扰的放大系数为 2;由于氧主泵的放大作用,主泵后的脉动幅值(δp_{epo})有所增大;由于氧主阀、氧喷注器的流阻作用,发生器压力脉动(δp_{gg})减小;经过气路的传递,受到涡轮流阻的影响,涡轮出口脉动(δp_{et})又有较明显的减小;富氧燃气进入燃烧室,其流量脉动引起燃烧室的压力脉动 δp_c,由于气路整流栅、喷嘴等局部流阻的作用,δp_c 略小于 δp_{gg}。

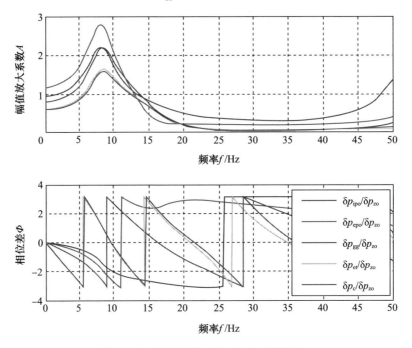

图 7-15　发动机各处脉动对比(附彩页)

7.1.5　出口边界温度影响

为了对比分析推力室喷管喉部温度对系统频率特性的影响,将描述出口边界公式 $Q_c = P_c - 0.5 T_c$ 中的温度变化量前的系数设置为 0,从而忽略温度的影响。由图 7-16 可以看出,在边界条件公式中,是否考虑 T_c 对系统频率特性影响很小,为了简化计算,可以不考虑出口边界温度的影响。

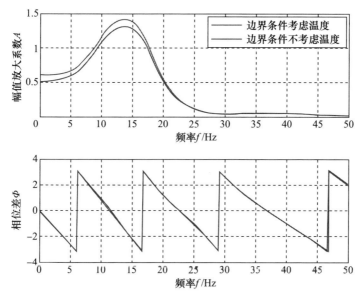

图 7-16 边界温度对系统频率曲线的影响（附彩页）

7.2 发动机全系统频率特性

7.2.1 发动机全系统频率特性仿真方法

根据各组件传递矩阵之间的关系，建立了发动机系统的数学模型，它由 n 个方程组成，含有 n 个状态变量。

整理后，发动机数学模型为一组含有 n 个方程的方程组，方程均为带有复数系数的线性代数方程。按照 2.2.2.1 小节中介绍的频率特性分析方法，可将线性代数方程整理为矩阵方程形式，即

$$W(\omega)\delta x = d\delta y \qquad (7-5)$$

在振幅为 δy_j 的第 j 个干扰的影响下，求发动机第 i 个参数振幅 δx_i 的解，利用以下关系式，即

$$\frac{\delta x_i}{\delta y_j} = \frac{\Delta_{ij}}{\Delta} \qquad (7-6)$$

7.2.2 不同干扰因素影响下的发动机频率特性

发动机工作过程中，受到来自火箭供应系统的外部干扰，也受到来自发动

机内部推力和混合比调节系统的控制作用。研究不同干扰和控制作用下,发动机的响应特性,对于提高系统稳定性、设计发动机的调节方案、控制策略至关重要。

通过发动机全系统频率特性仿真,可以计算出整个发动机系统中任一状态变量相对于任一干扰量的频率特性。在发动机氧入口压力扰动下,系统的无量纲频率响应特性见图 7-17。从图 7-17 中可以看出,发动机各主要参数相对于氧入口压力干扰的幅频曲线在 13Hz 处产生谐振,燃烧室压力 $\delta p_c/\delta p_{io}$ 的谐振幅值放大系数比其静态放大系数(频率为 0 对应的幅值)大很多,这种低频响应对于箭体纵向振动问题的分析尤为重要。在氧入口压力扰动下,在谐振频率处,发生器氧流量和发生器温度的谐振峰值最大,燃烧室压力的谐振峰值次之,发生器燃料流量和涡轮泵转速的谐振峰值较小。

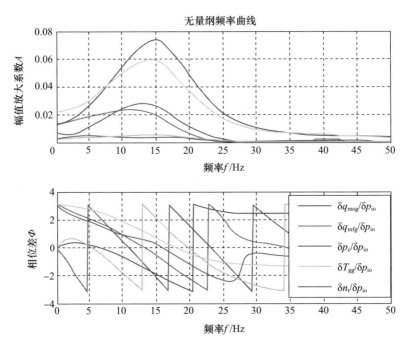

图 7-17 相对于发动机氧入口压力干扰的无量纲频率特性(附彩页)

在发动机燃料入口压力扰动下,系统的无量纲频率响应特性见图 7-18,在 38Hz 频率下发生器燃料流量脉动与发生器温度脉动幅值较大,而燃烧室压力脉动 $\delta p_c/\delta p_{if}$ 在 0~50Hz 的动态放大系数均小于静态放大系数,无谐振峰。可见,燃料入口干扰对发动机内部参数有一定影响,而对燃烧室压力脉动影响较小。

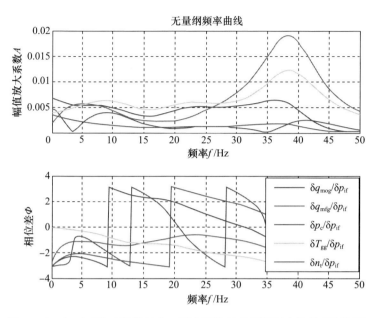

图 7-18 相对于发动机燃料入口压力干扰的无量纲频率特性(附彩页)

在氧入口压力和燃料入口压力扰动下,燃烧室压力的脉动幅值响应特性对比见图 7-19。对比氧系统和燃料系统的频率特性曲线,可以发现氧系统的谐

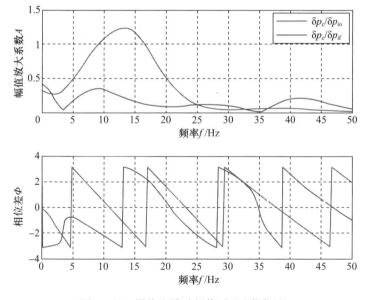

图 7-19 燃烧室脉动幅值对比(附彩页)

振频率比燃料路低很多。在氧系统中,存在氧化剂预压泵后燃气掺混段的两相流、氧主泵入口较大的气蚀以及富氧燃气路等柔性环节,这些环节大大降低了氧系统的谐振频率;而燃料系统主要是从发动机燃料入口至燃烧室的燃料主路,燃料副系统流量很小,对燃料系统谐振频率影响不大,降低系统柔度的因素很少,同时煤油本身声速比液氧高很多,因此燃料系统的一阶谐振频率较高。

同时,氧路的幅值放大系数比燃料路大很多,主要是因为液氧供应路集中阻力较小,而煤油供应路中燃料节流阀、推力室冷却通道等阻力较大,对压力脉动具有很大的衰减作用。

综合以上两点,在进行箭体POGO振动分析时,应着重分析发动机氧系统的特性。

从图7-17和图7-18中可以看出,发动机涡轮泵转速对入口干扰响应不敏感,氧路与燃料路相互影响很小,因此,可以进行单独分析。分析结果表明,氧系统单独仿真结果与全系统仿真结果基本一致。

对于液氧煤油富氧补燃循环发动机,如RD-120和RD-170,主要是通过改变流量调节器的节流窗口面积来调节进入发生器的燃料流量进而控制推力,通过改变推力室燃料主路中的燃料节流阀流通面积来调节混合比。为了研究调节作用下发动机的响应特性,计算在流量调节器和节流阀流通面积扰动下,发动机的频率响应特性。发动机相对于发生器燃料路流量调节器流通面积干扰的无量纲频率特性见图7-20。发动机相对于节流阀流通面积干扰的无量纲频率特性见图7-21。对比图7-20与图7-21所示的幅频特性曲线可以看出,当发生

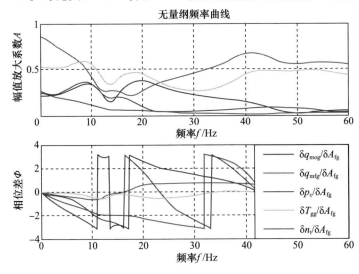

图7-20 相对于发生器流量调节器节流口流通面积干扰的无量纲频率特性(附彩页)

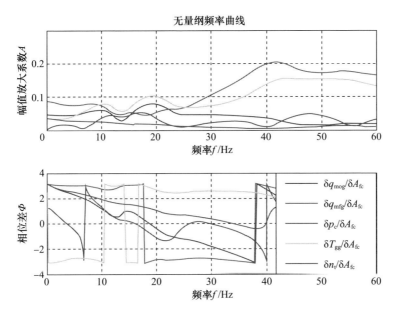

图7-21 相对于燃料主路节流阀流通面积干扰的无量纲频率特性(附彩页)

器燃料路流量调节器和节流阀流通面积变化时,流经发生器的燃料流量变化量、燃气发生器温度变化量有最大的静态放大系数,这样在燃气发生器燃料路设置发动机工况调节器,可以有效地调节燃气发生器的温度,从而控制涡轮泵的功率,进而调节发动机的工况。在图7-21中,燃料主路利用燃料节流阀流通面积进行干扰后,燃气发生器的温度变化量的静态放大系数很小,由此可以说明燃料节流阀在调节燃烧室混合比时,对发动机工况影响甚小。

7.2.3 熵波影响分析

对于补燃循环发动机,发生器产生的燃气驱动涡轮后进入燃烧室进行补燃,因此向发生器供应推进剂的液路系统的干扰会经过燃气路进入燃烧室。同时燃气路自身的动态特性又会与干扰信号互相作用,对干扰信号产生较大的影响。因此,富氧燃气路对发动机系统频率特性有重要影响。

燃气发生器中的ψ值(燃烧产物温度随推进剂组元混合比变化曲线的无量纲斜率)对燃气发生器内温度波动幅值的影响很大,因而对熵波的影响也很大。ψ的绝对值越大,熵波的幅值越大。对于富氧燃气发生器(混合比$k_m > 15$),$\psi \leqslant -0.8$。液氧煤油发动机的富氧燃气发生器混合比为55.8,$\psi = -0.83$,在额定工况下,混合比变化范围不大,因此ψ值变化也不大。为了便于分析熵波幅值对系统频率特性的影响,可以人为变化ψ值获得不同的系统频率特性。图 7-22 展示了 ψ 为 -0.73、-0.83 和 -0.93 时，推力室压力对发生器氧入口压力扰动的频率特性，以此表征熵波对氧路频率特性的影响。由图 7-22 可以看出，在一阶谐振频率附近很大范围内，燃烧室压力脉动幅值随熵波幅值的增大均呈增大趋势，而且增大的幅度较大。由此可见，熵波对发动机的频率特性有较大的影响，因此在进行系统频率特性分析时，熵波是必须考虑的因素[2]。

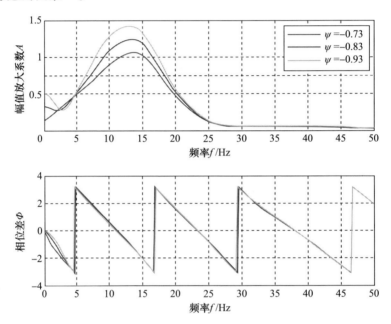

图 7-22 熵波对氧路频率特性的影响（附彩页）

7.2.4 其他影响因素

氧预压泵后燃气穿透长度、氧主泵动态参数及气路参数等因素对氧系统频率特性有影响，对全系统特性也有一定的影响。为了分析这些因素对全系统频率特性的影响规律，计算不同氧预压泵后燃气穿透长度、泵气蚀柔度、氧主泵质量流量增益、氧主泵动态增益、燃气停留时间下，全系统的频率特性。这些影响因素的变化范围与本章 7.2.2 小节中一致。氧预压泵后燃气穿透长度、泵气蚀柔度、氧主泵质量流量增益、氧主泵动态增益、燃气停留时间对氧系统频率特性的影响分别见图 7-23 至图 7-27。从图 7-23 至图 7-27 中可见，这些因素对全系统频率特性的影响规律以及影响程度与本章 7.2.2 小节中氧系统单独分析结果一致。

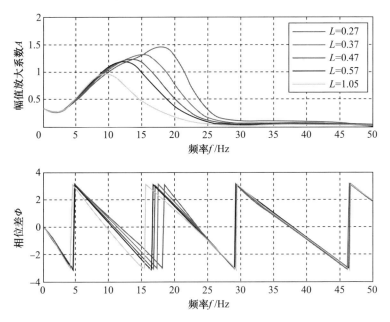

图 7-23 燃气穿透长度对氧系统频率特性影响(附彩页)

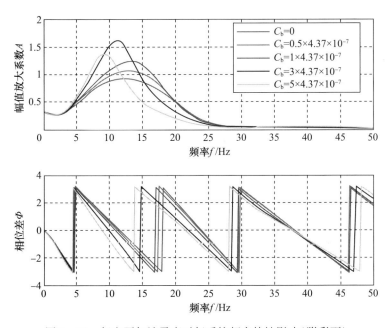

图 7-24 氧主泵气蚀柔度对氧系统频率特性影响(附彩页)

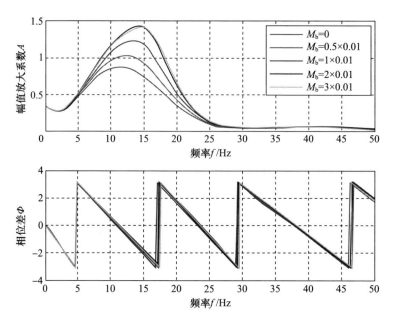

图7-25 氧主泵质量流量增益对氧系统频率特性影响(附彩页)

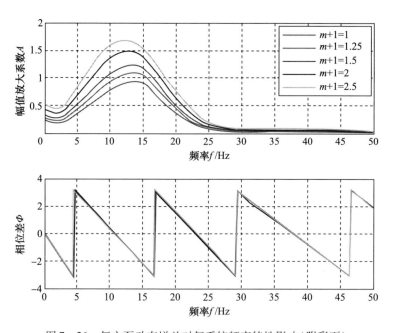

图7-26 氧主泵动态增益对氧系统频率特性影响(附彩页)

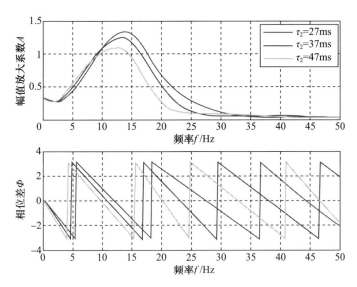

图 7-27 燃气停留时间对氧系统频率特性影响(附彩页)

7.2.5 氧系统单独分析结果与全系统分析对比

分析氧系统自身频率特性与全系统频率特性的差异,应在相同的扰动作用下,分别计算氧系统单独的频率特性与全系统的频率特性。在氧入口压力扰动下,两种模型频率特性对比见图 7-28,两种模型的氧入口阻抗对比见图 7-29。

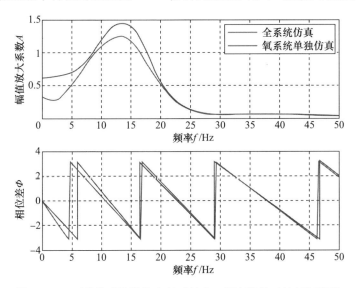

图 7-28 两种模型的燃烧室相对氧入口频率特性对比(附彩页)

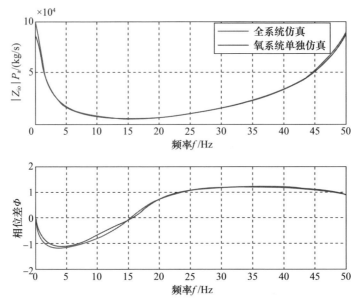

图 7-29 两种模型氧入口阻抗对比（附彩页）

由图 7-28 和图 7-29 可以看出，采用两种方法获得的燃烧室压力相对氧入口干扰的频率特性基本一致。主要原因是涡轮泵转速对发动机入口压力干扰不敏感，即燃料路有干扰时，涡轮泵转速响应小，对氧系统的影响也就较小。因此，氧系统单独仿真和全系统仿真结果较为一致。在进行箭体结构与氧化剂流体系统频率特性分析时，可以采用氧系统单独仿真的方法代替复杂的全系统仿真。

7.3 流量调节器-发动机回路系统的稳定性及频率特性

流量调节器是现代高压补燃液体火箭发动机推力调节系统中经常采用的一种自动调节装置，一般装在燃气发生器的小流量推进剂供应管路中，用于推力的调节和维持。流量调节器是调节和稳定发动机推力的关键部件，其静、动态性能的好坏直接影响发动机的工作稳定性和性能。因此，对流量调节器的静、动态性能进行研究就显得尤为重要，通常采用试验、数值模拟、理论研究的方法。单纯依靠试验的研究方法成本高、周期长，而且不利于参数调整。故需要建立一种可靠、合理的仿真模型对其动态特性进行全面研究。

当流量调节器的静特性和动特性与发动机的特性不协调时，在发动机内部将产生新的耦合，从而引起发动机-流量调节器回路的振荡，甚至引起系统的失稳。发动机-流量调节器回路的振荡也具有低频的特点。为保证系统具有尽可能宽的工作范围和闭环稳定性,需对发动机-流量调节器回路的稳定性及频率特性进行分析。

7.3.1 稳定性边界确定方法

7.2 节分析了不考虑流量调节器反馈影响的发动机动态特性,这是用于分析调节系统稳定性的原始数据。调节系统包括被控对象(发动机)和执行机构(流量调节器)。分析调节系统稳定性时,假设被控对象和流量调节器各自都是稳定的,两者的组合之所以可能产生不稳定是因为引入流量调节器后,发动机内出现了新的耦合。在流量调节器性能参数的某些组合下,发动机-流量调节器系统就有可能失去稳定性,说明该流量调节器不适合该发动机。

对复杂的发动机系统进行稳定性分析,采用 D 分域法[5]较为方便。该方法的明显优势在于,不仅可以分析系统是否稳定,还可以做出稳定边界。

由发动机数学模型可得

$$\frac{\delta x}{\delta A_H} = G(\omega) = \text{Re}(\omega) + j\text{Im}(\omega) \tag{7-7}$$

式中:δx 为发动机参数变化量;δA_H 为调节器滑阀口流通面积变化量;$G(\omega)$ 为发动机频率传递函数;$\text{Re}(\omega)$、$\text{Im}(\omega)$ 分别为发动机传递函数的实部和虚部。

代入变量的周期解后,流量调节器方程可写为

$$(v - \omega^2 \theta_2^2 + j\omega\theta_1)\delta A_H = -\delta x \tag{7-8}$$

式中:$v = 1/k_p$ 为流量调节器差率;$\theta_1 = T_1/k_p$、$\theta_2 = T_2/\sqrt{k_p}$ 均为流量调节器的时间常数。

带流量调节器的发动机是一封闭的动态系统。由式(7-7)和式(7-8)可以得到其特征方程为

$$v - \omega^2 \theta_2^2 + \text{Re}(\omega) + j(\omega\theta_1 + \text{Im}(\omega)) = 0 \tag{7-9}$$

令特征方程式(7-9)中实部和虚部都等于零,可以得到以流量调节器特性参数表示的、用于建立发动机-流量调节器系统稳定性边界关系的参数方程,即

$$\theta_1 = -\frac{\text{Im}(\omega)}{\omega}; \theta_2 = \frac{\sqrt{v + \text{Re}(\omega)}}{\omega} \tag{7-10}$$

根据 2.2.2.2 小节中描述的两个可变参数的 D 分域法,研究流量调节器的时间常数对稳定性的影响。由式(7-10)建立稳定性边界时,可以将调节器参数平面分为若干区,这些区有一定数量的特征根,有些根有正实部。如果从一个方向穿越边界,正实部的根数会增加两个,则在穿越前的那一面打上方向标记。边界上标记的方向由特征方程实部和虚部等于零得到的方程组的行列式符号确

定。根据式(2-45)计算雅克比行列式,可得 $\Delta = \begin{vmatrix} 0 & -\omega^2 \\ \omega & 0 \end{vmatrix} = \omega^3$。当角频率 $\omega>0$ 时,行列式 $\Delta = \omega^3$ 总是大于零。若以 θ_1 为横坐标,θ_2 为纵坐标,则沿边界向 ω 增大的方向延伸时,稳定性边界标记在左边。在坐标系中,自非标记的那一区进入标记的那一区,正实部的根数减少两个,因此标记的那一区可能是稳定区。但是 D-划分法不能直接确定该区是否为稳定区。为解决此问题,必须利用某一准则或该区某一点的稳定性来标定(如奈奎斯特判据),若该点上系统是稳定的,则被标出的区便是稳定区。

利用无流量调节器的发动机幅频特性曲线和稳定性边界公式,可以对调节系统稳定性进行定性分析。当差率 $v \approx 0$ 时,发动机的幅频特性曲线 $\mathrm{Re}(\omega)>0$、$\mathrm{Im}(\omega)<0$ 的那一部分会反映在以 θ_1 - θ_2 参数表示的稳定性边界上。若 v 足够大,则 $\mathrm{Re}(\omega)<0$、$\mathrm{Im}(\omega)<0$ 的发动机幅频特性曲线部分必然会反映到 θ_1 - θ_2 参数空间内,即反映在稳定区的平面内。

上述特征可使我们能够按幅频特性曲线的类型来确定在调节器参数相应的平面内可否得到稳定性边界,而如果可得到这些边界,即可得到这些边界的频率范围。

7.3.2 稳定性边界分析

首先计算频率传递函数 $\delta q_{\mathrm{mfg}}/A_{\mathrm{fg}}$ 在 0~50Hz 范围内的实部和虚部,找出 $\mathrm{Re}(\omega)>0$、$\mathrm{Im}(\omega)<0$ 的频率范围,即发动机幅频特性曲线反映到 θ_1 - θ_2 参数空间内的频率范围。发动机传递函数的实部与虚部见图7-30。从图7-30上可以看出 0~16.5Hz 范围内符合条件,也就是说,当调节器的特性和发动机配合不合适时,系统有可能在这个频率范围内失稳。

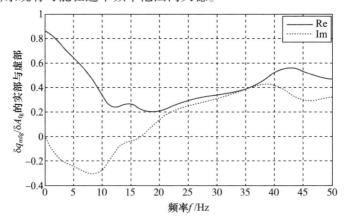

图7-30 传递函数的实部与虚部

然后即可确定在 0～16Hz 范围内由流量调节器参数 $\theta_2 - \theta_1$ 表示的发动机的稳定性边界。稳定性边界见图 7-31。从图 7-31 中的曲线 1 可以看出,流量调节器参数 θ_1 的值越大,系统的稳定裕度越高,θ_2 的值越小,系统的稳定裕度越高。

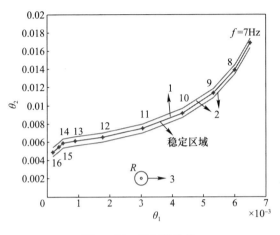

图 7-31　稳定性边界

事实上,同一批发动机的单个组件在工艺上都存在一定的公差,使组件的特性具有一定的散布性,所以每台发动机都有其自身的固有特性,也就是有其固有的频率特性和固有的稳定性边界。因此,实际上每一型号发动机的稳定性边界是某一平均曲线 1,而许多单台发动机的曲线便组成稳定性边界散布区,其宽度取决于发动机各组件参数的公差控制情况。散布区边界 2 取决于发动机动态特性的分散度。同样地,流量调节器自身的参数也有一定的散布,可用计算点 R 附近的曲线 3 定性描述。在选用流量调节器参数时要保证足够的稳定裕度,即点 R 离稳定性边界曲线 1 要有足够的距离,才能确保发动机－流量调节器系统稳定工作。

7.3.3　流量调节器对发动机频率特性的影响

在发动机系统中采用流量调节器会破坏一些内部耦合并出现另一些新的耦合,其结果是发动机的静态、动态特性都会改变。

经计算,本书中所研究的发动机流量调节器参数 (θ_1, θ_2) 为 $(0.005, 0.0023)$,系统处于稳定区域,而且远离稳定性边界,可认为此流量调节器与发动机匹配较好,且对发动机的特性影响较小。为了进一步分析流量调节器对发动机动特性的影响,假设发动机所用流量调节器参数在稳定区域内,且在稳定边界附近处,如图 7-32 中的 A 点。将 A 点对应的流量调节器参数 $(0.0005, 0.004)$ 代入流量调节器方程,计算发动机－流量调节器系统的频率特性。为了便于对比扰动量对发动机-流量调节器系统中不同参数的影响程度,采用无量纲频率特性。在发生器燃料阀流通面积、燃料主路节流阀流通面积、发生器氧主阀流通面积、氧入口压力和燃料入口压力扰动下,计算发生器氧流量、发生器压力、燃烧室压力、涡轮泵转速的无量纲频率特性。在这些扰动作用下,发动机的无量纲频率特性见图7-33至图7-37,幅频特性曲线在16.5Hz处出现一个明显的谐振峰,且从稳定性边界图可以看出,A点距稳定性边界16.5Hz最近。在无流量调节器的发动机频率特性曲线上没有相应频率的谐振峰,这说明采用流量调节器是产生谐振的原因。

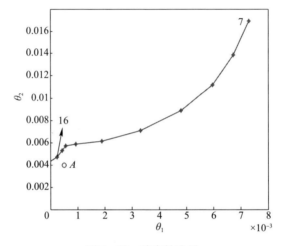

图7-32 稳定性边界

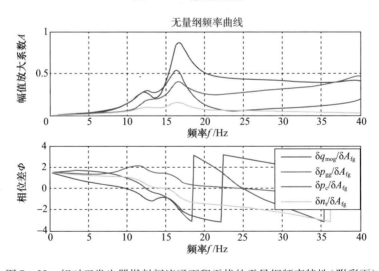

图7-33 相对于发生器燃料阀流通面积干扰的无量纲频率特性(附彩页)

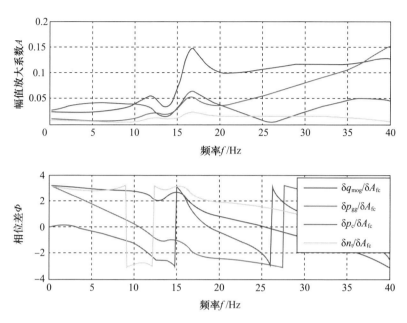

图7-34 相对于燃料主路节流阀流通面积干扰的无量纲频率特性(附彩页)

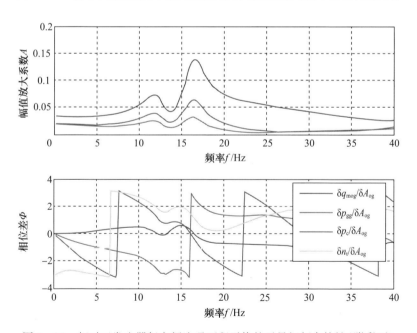

图7-35 相对于发生器氧主阀流通面积干扰的无量纲频率特性(附彩页)

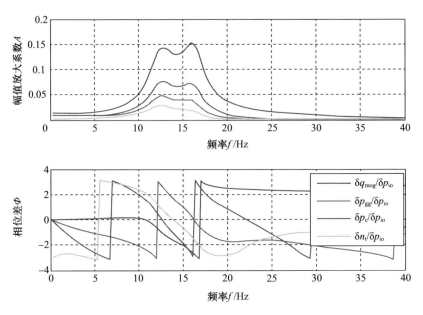

图 7-36 相对于发动机氧入口压力干扰的无量纲频率特性(附彩页)

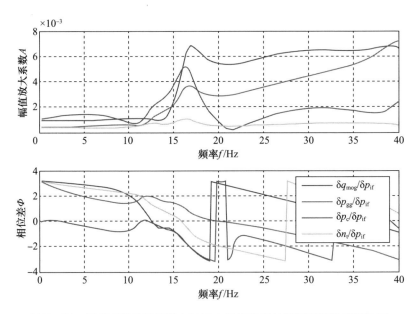

图 7-37 相对于发动机燃料入口压力干扰的无量纲频率特性(附彩页)

可以看出,带流量调节器的发动机系统静态放大系数大大降低,这正是流量调节器稳流所起的作用,可以保证发动机维持在某一额定工况。谐振频率处的幅值放大系数比静态放大系数大很多,但由于流量调节器对静态放大系数的降幅,才使谐振频率处的幅值放大系数看起来相对较大。对比5.1节中的频率曲线,图7-33至图7-35和图7-37中16.5Hz处的幅值放大系数只是略微增大,且只有图7-36发动机氧入口干扰时发动机频率特性曲线受影响最大,在原来的13.5Hz谐振保留的情况下,16.5Hz处也有较大谐振,并使13.5Hz处幅值放大系数有所增大。在考虑和箭体纵向振动相关的发动机频率特性问题时,要特别关注对氧化剂系统的分析。

从图7-32中可以看出,使用A点$(0.0005,0.004)$对应参数的流量调节器,可以使发动机-流量调节器系统有一定的稳定裕度。这能保证发动机受到干扰时系统参数不会发散;在振荡幅度很大时,对于发动机本身来说,如果结构可以承受这个振荡冲击,发动机依然可以正常工作。但是,对于整个火箭来说,就要考虑发动机系统与箭体之间的耦合作用,特别是箭体的纵向稳定性问题。从图7-33～图7-37中可以看出,谐振频率处的燃烧室压力幅值是静态值的10倍,这对于箭体纵向振动(POGO振动)来说,会大大影响稳定性边界。特别强调的是,若箭体结构频率同发动机谐振频率重合或相近时,就会产生强烈的耦合作用,导致箭体在发动机谐振频率附近失去稳定性。

7.4 发动机与试车台系统频率特性

7.4.1 发动机试车台试验系统简介

发动机整机热试车是获得发动机性能指标的唯一方法和最终手段,是发动机研制工作的主要内容和环节。由试车台输送管路与发动机组成的系统称为发动机与试车台供应系统,设计良好的地面试车台输送系统对考核发动机工作状态可靠性至关重要。

为了适应发动机长程试车需求,试车台配置较大容积的贮箱,另外考虑到研制试车台的防爆需求,通常将贮箱远离发动机,使发动机推进剂输送管路长度远远超过箭体输送管路。这使发动机起动过程中流量增量较大时,在长管路惯性影响下,很难保证起动时发动机的推进剂入口压力。因此,在主贮箱输送管路靠近发动机的位置,设置旁路起动贮箱,起动时由起动贮箱保证发动机所需要的推进剂入口压力。长程试车台试验系统如图7-38所示。当发动机达到额定工况并稳定后,关闭起动贮箱流路,切换为主贮箱工作。发动机起动贮箱工作状态和主贮箱工作状态下对应的频率特性表现不同。主贮箱工作状态下,由于输送管路较长(液氧输送管路超过40m),发动机和输送管路系统一阶频率较低,通常在1～5Hz内,管路系统阻力元件多,一般情况下都能保持供应系统稳定;起动贮箱工作状态下,由于输送管路较短,发动机和输送管路系统一阶频率较高,通常在 5~10Hz 内,起动贮箱至发动机之间几乎没有阻力元件,可能会出现供应系统不稳定,导致发动机推进剂供应流量和压力出现振荡,影响发动机工作可靠性。

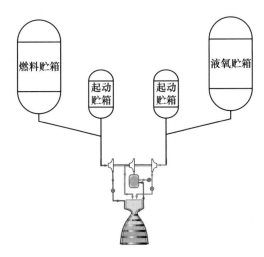

图 7-38　发动机与试车台输送系统简图(附彩页)

为了满足大批量的火箭发射任务,一般建立专门的验收试车台。专用的验收试车台为简化试验系统,试车台输送管路模拟火箭输送管路流体惯性,贮箱至发动机输送管路长度较短,也不设置起动贮箱,如图 7-39 所示。发动机从起动到额定工况工作时,推进剂输送管路系统保持不变,对应的管路系统频率特性不

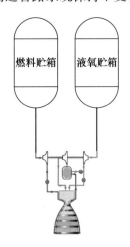

图 7-39　发动机与工艺验收试车台输送系统简图(附彩页)

变。由于输送管路较短,发动机和管路系统一阶频率较高,且简化试验系统后,贮箱至发动机之间阻力元件较少,在系统阻尼较低的情况下,容易出现输送管路低频振荡。

7.4.2 频率特性

以液氧/煤油富氧补燃循环发动机为例,7.2.5小节已得出氧路系统频率特性与发动机全系统频率特性接近,能够代表发动机全系统频率特性。因此,结合发动机氧路系统动态特性分析方法,研究发动机氧路系统与试车台氧化剂输送管路系统的频率特性。

7.4.2.1 长程试车台频率特性

基于长程试车台输送管路特征,研究整个氧路系统,包括试车台液氧输送管路系统和发动机氧路系统。试车台输送管路中,包含输送管路、过滤网、流量计、截止阀、具有预冷排放功能的旁通管路以及起动贮箱分支等。将这些组件模型通过串联系统仿真建模方法联立,建立氧路系统频率特性传递矩阵。在额定工况下,对试验台主贮箱输送管路与发动机组成的氧路输送系统频率特性仿真计算,获得频率特性。主贮箱供应下的氧路系统频率特性见图7-40,主贮箱输送管路和发动机氧系统的一阶频率和二阶频率分别为3Hz和8.3Hz。

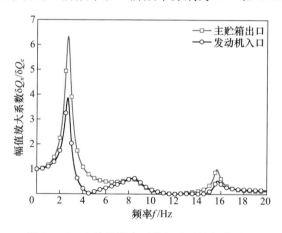

图7-40 主贮箱供应下的氧路系统频率特性

分析发动机起动贮箱供应状态下发动机氧路系统频率特性。发动机起动贮箱开启状态下,起动贮箱类似于隔离贮箱,将主贮箱到分叉口管路全部隔离。开展地面试验状态单机发动机氧路系统频率特性研究,将起动贮箱模型加入至主模型中,得出起动贮箱和主贮箱同时供应情况下,试验台氧路系统和发动机氧主泵前管路系统的频率特性。图7-41所示为氧泵出口流量扰动下主贮箱出口

(分支管路前)流量和发动机入口流量响应的幅值曲线。可以得出起动贮箱在管路系统中形成了开端,隔离了主贮箱管路,表现为6Hz。而10.84Hz是主贮箱和起动贮箱之间管路在开边界条件下管路的频率特性。

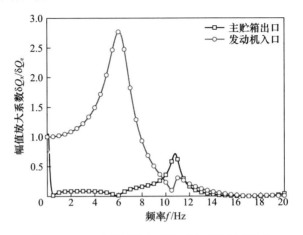

图 7-41 起动贮箱供应下的氧路系统频率特性

7.4.2.2 验收试车台频率特性

基于验收试验台氧路输送系统,在额定工况下试验台贮箱输送管路与发动机组成的氧路输送系统频率特性仿真曲线如图 7-42 所示。氧路系统一阶频率为 6.5Hz,整个管路系统都表现为 6.5Hz 的频率(氧入口压力对应 0.4MPa),且响应幅值较大。对比图 7-42 和图 7-41 可见,由于验收试车台氧路系统和长程试车台起动贮箱下氧路系统结构特征近似,对应的频率也接近,响应幅值相当。

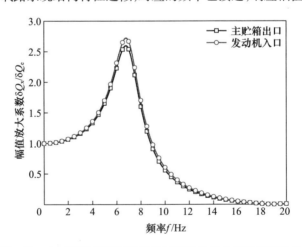

图 7-42 出口流量扰动下贮箱出口和发动机入口响应特性曲线

考虑到发动机需要适应高入口压力工作要求,分析高入口压力对频率特性的影响。在氧入口压力从 0.4MPa 提高至 0.6MPa 时,发动机的幅频特性曲线如图 7-43 所示。当氧入口压力提高时,氧路系统频率从 6.5Hz 提高至 7.4Hz,响应幅值也进一步增大,系统稳定性呈降低趋势,这与 6.1 节分析结果相同。

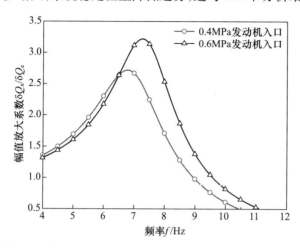

图 7-43　不同入口压力条件下出口流量扰动下输送管路和发动机入口响应特性曲线

7.4.3　抑制措施

对于这种输送管路较短的试验系统,在发动机工作过程产生的强扰动源下,容易在发动机输送管路系统中激发出特征频率,引起输送管路系统低频振荡现象。对于这种低频振荡特性,提出针对试验台系统改进的抑制措施,主要有两种方案:①在靠近贮箱出口设置节流装置(过滤器、节流圈、阀门等);②在发动机入口适当位置增加蓄压器。

1) 贮箱出口设置节流装置

根据输送管路振荡特征,可以在流量脉动最大的位置即贮箱出口位置设置节流圈,能够迅速耗散流量脉动,从而起到抑制氧路系统低频振荡的作用。考虑到试车台系统贮箱增压能力强,在管路中设置节流装置的方案具有可行性。分析了在输送管路主贮箱出口增加不同流阻的节流装置,对氧路系统响应幅值的抑制作用。氧贮箱出口增加节流装置的幅频特性如图 7-44 所示,随着流阻增大,氧路系统响应幅值明显减小。根据试验台氧路系统原流阻 R 的情况,分别在贮箱出口设置等效氧系统流阻 $3R$ 和 $6R$ 两种状态的节流装置,得出 $3R$ 流阻下,氧路系统响应幅值降低 50%,$6R$ 流阻下,氧路系统响应幅值降低 75%。对于实际的情况,需要综合考虑试验台增压能力、系统安全性、振荡特性,来确定试验台输送系统的流阻特性。

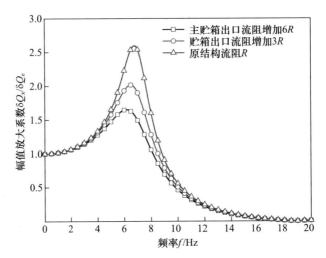

图7-44 氧贮箱出口增加节流装置的幅频特性曲线

2）发动机入口设置蓄压器

另一种方案是在发动机入口设置蓄压器，蓄压器包括膜盒式蓄压器和注气式蓄压器。这两种蓄压器的区别主要是PV值不同（PV为蓄压器工作状态下气体压力和容积的乘积），膜盒式蓄压器PV值受膜盒结构限制，通常在0.4～2.1MPa·L之间，而注气式蓄压器可以在有限的结构空间内进一步提高PV值，达到5.6MPa·L以上。

以1.6MPa·L的膜盒式蓄压器和5.6MPa·L的注气式蓄压器进行额定工况额定入口压力条件下氧路系统频率特性分析。发动机入口增加蓄压器的幅频特性曲线见图7-45。增加蓄压器以后，蓄压器降频降幅作用显著，并将整个氧路系统分成两部分，特别是发动机入口频率分为两个，一个是整个管路系统的频率，另一个是蓄压器到发动机主泵入口的频率。选取1.6MPa·L的膜盒式蓄压器，管路系统频率降低至4Hz，发动机入口振荡幅值略微降低。选取5.6MPa·L的注气式蓄压器，管路系统频率降低至2Hz，整个管路系统振荡幅值降低明显，有很好的抑制效果。

综上所述，在贮箱出口设置节流装置，结构方案简单，提高稳定裕度的程度与试车台贮箱增压能力相关，管路流阻越大抑制效果越明显，但试车台控制难度增大，综合来说是一种适用于地面试验台有效而简单的方案；在发动机入口设置蓄压器，提高稳定裕度明显，且不需要试验台提高贮箱增压能力，但结构方案复杂，使用维护性能较差，一般不适合在试车台设置。

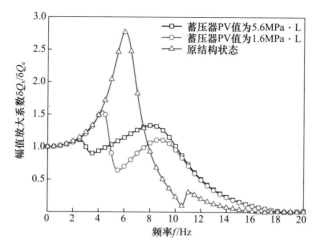

图7-45 发动机入口增加蓄压器的幅频特性曲线

参考文献

[1] 邢理想,杜大华,李斌. 液氧/煤油补燃火箭发动机氧路低频动特性分析[J]. 火箭推进, 2009,35(5):24-28.

[2] 李斌,杜大华,张贵田,等. 液氧/煤油补燃发动机低频频率特性研究[J]. 航空动力学报,2009,24(5):1187-1191.

[3] 罗志昌. 流体网络理论[M]. 北京:机械工业出版社,1988.

[4] 胡寿松. 自动控制原理[M]. 6版. 北京:科学出版社,2013.

[5] ГЛИКМАН Б Ф. 液体火箭发动机自动调节[M]. 顾明初,郁明桂,邱明煜,译. 北京:宇航出版社,1995.

第 8 章
发动机动态特性试验研究

液体火箭发动机主要组件及系统级动力学试验是发动机研制过程中一项非常重要的工作。通过水力试验、气动试验及热试车等,考核其工作环境适应性与可靠性,准确掌握发动机组件和系统的动力学特征、动态响应及稳定性,为液体火箭发动机系统动力学理论研究提供数据支撑。本章主要介绍发动机系统重要动力学参数的识别与获取试验(包括流体声速试验、泵动态特性水力试验)、发动机关键组件及供应系统的稳定性试验(包括单向阀-管路系统自激振荡试验、流量调节器-管路系统频率特性试验、泵后供应系统动态液流试验、深度节流燃气发生器大范围变工况试验)以及发动机系统动态试验(发动机系统热试车搭载动态试验方案)。

发动机动力学试验一般分为两种形式。一是模拟试验,以一定的相似准则与模拟原则作指导,采用模拟产品(或真实产品)、模拟介质(或真实介质)、模拟工况(或真实工况)等进行模拟试验研究,如泵、阀的水力试验和管泵联合试验、挤压试车等;模拟试验具有试验周期短、代价低、便于实现和可重复开展等优点,但由于难以达到真实试验的拟真程度,其结果与实际情况之间仍存在一定的差异;模拟试验多在发动机研制初期进行。二是真实试验,在模拟试验的基础上,开展真实产品、真实工作介质、实际工况下的试验,以获取产品在实际工作环境下的动力学信息,并考察产品的可靠性与安全性,如发动机热试车等;其优点是试验结果真实、可靠,不足之处在于因发动机全尺寸、全工况试验载荷环境复杂,试验保障难度大,开展真实试验周期长、成本高、实现难度大或难以实现。另外,动力学试验包括人工激励和无人工激励,无人工激励动力学试验依靠流体流动、热力组件燃烧、泵运转等系统自身产生的扰动激发起系统的动态响应;人工激励的动力学试验是通过人工激振器产生一定频率、能量的干扰,以获取系统对干扰的动态响应。

8.1 流体声速试验

流体声速是流体系统稳定性和动力学分析中最为重要的参数之一,准确的声速值对动力学仿真精度极为关键。声速不仅与流体本身的物理性质有关,还与管道的几何尺寸、材料的性能、结构的支承方式、流体中的含气量等有关。鉴于影响声速的因素众多,理论计算结果的准确性不高,且精确确定声速十分困难,因此有必要通过试验手段获取流体在真实工作状态下的声速值[1]。获取流体声速的试验方法主要有水击法与驻波法两种。

8.1.1 水击法

流体管路内产生水击时,液压水击波的传播速度即为液体中的声速。动态水试时,阀门的瞬间关闭将产生直接水击。水击是一个快速变化的脉动过程,并伴随液体和管壁的弹性变形。水击波以流体声速在水中传播,波形上相同相位点通过管路上任意两截面所需的时间为 Δt,两截面之间的距离为 l,可得两截面之间的平均声速为

$$a = \frac{l}{\Delta t} \tag{8-1}$$

值得注意的是,相同相位点应在波前取(即第一个水击波的上升沿),因为它受到的干扰最小。但是由于阻尼的作用,波前通过不同测点时,其形状略有不同,这给确定相位点带来一定困难。因此,可人为采用一定标准,取波峰值一半的点(或中点)作为"同相位"点。

对于液氧煤油发动机,在发动机试车台上搭载测量氧化剂泵前各段管路的声速,试验系统如图 8-1 所示。试验介质为液氧;氧化剂摇摆软管、氧化剂

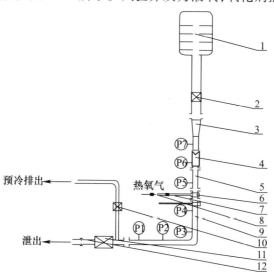

1—液氧贮箱;2—台上隔离阀及输送管路;3—液氧入口隔离管;4—氧化剂摇摆软管;
5—氧化剂预压泵前管路;6—混流器;7—单向阀及其工艺管路;8—声速喷嘴;
9—预压泵后管路;10—预冷控制阀及其管路;11—蝶阀;12—节流圈及工艺管路。

图 8-1 氧化剂泵前管路声速测量示意图

预压泵前/后管采用真实产品;混流器用于模拟燃气掺混过程,用热氧气作为模拟介质,用声速喷嘴保证热氧气的流量;针对不同箱压状态,通过更换节流圈保证液氧流量与额定工作点一致。试验压力范围覆盖发动机入口压力和氧化剂预压泵后压力。试验时首先通过预冷控制阀给系统进行预冷,温度满足要求后打开供应管路各阀门,同时给系统供应热氧气,待液氧稳定流动后快速关闭蝶阀,测量水击波通过各管段的时间,用于计算各段管路的声速。

8.1.2 驻波法

当流体管道的阻抗边界条件确定后,在流体谐振频率的扰动下,流体在管路中形成驻波振荡。管道输送系统的振荡频率与管路中液体声速密切相关,因此可以采用驻波法来测定流体声速。由流体力学可知,略去阻尼影响,管路入口为开端,从分布参数直管传递关系式可得特征方程为

$$Z_\mathrm{D} = -\mathrm{j}Z_\mathrm{C}\tan\frac{\omega l}{a} \qquad (8-2)$$

式中:Z_D 和 Z_C 分别为管路终端阻抗与特征阻抗。

管端阻抗条件的不同,对应的固有频率也不同。对于终端完全封闭(堵塞)的开–闭型管路($Z_\mathrm{D}\to\infty$),根据频率方程可得开–闭型管路的谐振频率为

$$\cos\frac{\omega l}{a} = 0 \qquad (8-3)$$

$$f = \frac{2n-1}{4}\cdot\frac{a}{l} \quad n=1,2,\cdots \qquad (8-4)$$

对于终端完全敞开(放空)的开–开型管路($Z_\mathrm{D}\to 0$),根据频率方程可得开–开型管路的谐振频率为

$$\sin\frac{\omega x}{a} = 0 \qquad (8-5)$$

$$f = \frac{n}{2}\cdot\frac{a}{l} \quad n=1,2,\cdots \qquad (8-6)$$

采用驻波法进行声速试验的基本原理如图 8–2 所示。获取管路系统液路模态频率的基础后,可通过式(8–4)或式(8–6)反算求得流体声速。这样,测量流体声速的问题就转变为寻找液路的谐振频率,用驻波法测得的声速是所分

析管段的平均声速。

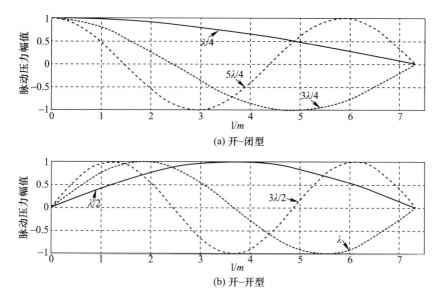

(a) 开-闭型

(b) 开-开型

图 8-2 驻波法流体声速试验原理示意图

在水力试验台上采用开-闭型管路进行液压共振试验。试验系统参数：泵前管长 7.32m，管路通径为 203mm，壁厚为 8mm，管材为 1Cr18Ni9Ti。试验及数据分析方法如下：

（1）首先预估管路内流体系统的一阶模态频率 f_1；

（2）在 f_1 的前后留一定余量，进行扫频激励试验，试验过程中，记录主管路系统上的脉动压力数据以及激振器活塞的加速度数据；

（3）通过脉动压力与加速度之间传递函数数据，可确定该工况下流体系统的模态频率；

（4）调整系统内流体压力，重复上述试验，可以获得不同压力下流路的模态频率；

（5）根据开-闭系统的模态频率与声速公式(8-4)，即可获得声速值。

压力范围在 0.1~0.6MPa 实测液管路的第一阶模态频率随压力的变化情况，如图 8-3 所示，对应声速如图 8-4 所示。声速随压力的升高而增大，在 0.1MPa 时声速为 526 m/s。水的无穷声速为 1483m/s，在不考虑液体夹气的情况下，理论计算的声速为 1319m/s。但若考虑万分之五体积夹气率的情况，则按照式(3-40)计算的声速与实测值 526m/s 较为接近，可见夹气对声速影响较大。因此，在具备试验的条件下，建议通过试验实测流体的声速。

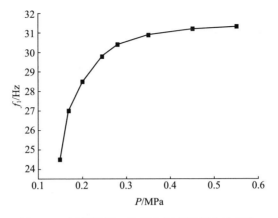

图 8-3　液管路第一阶模态频率随压力的变化

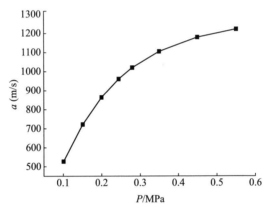

图 8-4　流体声速随压力的变化

8.2　泵动态特性水力试验

泵是对推进剂供应系统动态特性影响最大的组件之一[2]。通过泵动态水试,获得泵的动态特性参数,可以为发动机系统频率特性、稳定性分析及大型火箭 POGO 振动抑制设计提供试验数据支持。包括我国在内的世界多个航天国家均在泵动态特性研究领域做了大量的理论和试验研究[3-8],但是理论预示至今仍不成熟,只能通过专门试验获取泵的动态特性参数。本节介绍全尺寸、降转速模拟的发动机氧化剂泵动态特性水力试验,通过试验识别泵动特性参数,并得到泵的流体动力学传递函数[4-5]。

8.2.1 试验原理、动特性参数识别技术途径

采用 3.3.3.4 小节的泵流体动力学传递方程式(3-150),忽略泵转速波动,可得[6-7]

$$\begin{pmatrix} P_2(s) \\ Q_2(s) \end{pmatrix} = \begin{pmatrix} m+1+sC_bZ_P & -Z_P(1-sM_b) \\ -sC_b & (1-sM_b) \end{pmatrix} \begin{pmatrix} P_1(s) \\ Q_1(s) \end{pmatrix} \quad (8-7)$$

式中:Z_P、C_b、M_b 和 $m+1$ 分别为泵阻抗、气蚀柔度、质量流量增益和动态增益;泵阻抗 $Z_P = R_P + sL_P$,R_P、L_P 分别为泵流阻、惯性;R_P 一般通过泵常规水力(性能)试验测得,L_P 通过理论计算得到;C_b、M_b 和 $(m+1)$ 则需要通过专门的泵动态特性试验获取,在泵水力试验台上进行泵动特性水试,在泵入口施加液压激振,测量泵前后管路流体的脉动压力等数据,采用试验分析与理论计算相结合的方法来获取 M_b、C_b 和 $m+1$。泵动态特性参数具体识别技术途径如下。

1) 流阻

在进行大量全尺寸泵降低转速的常规水试的基础上,统计分析给出具有较高置信度、统计意义上的泵流阻。根据泵的相似准则和水试数据,可得任意转速下泵的流阻特性方程,即

$$R_P = a_2 n + 2a_1 \frac{q}{\rho} \quad (8-8)$$

式中:a_1、a_2 为拟合系数。

2) 惯性

通过分段计算泵流道各部分的惯性。其中,无转动段的惯性可近似地用其流通部分的几何参数来表示;转动部分将分析其流体运动关系,运用速度三角法求出各截面的速度,并进一步求出介质的绝对运动轨迹长度和流道的等效截面面积,即可计算泵惯性 L_P。

3) 气蚀柔度

可通过液压共振试验间接测量出泵的气蚀柔度 C_b,即在流路中人工产生正弦激励,在泵不工作和工作两种状态下,输送管液路的同阶模态频率将发生变化,依据同一液压振型共振频率的差异来推算泵的气蚀柔度。

当泵前管液路(隔离贮箱至泵入口)谐振时,可认为隔离贮箱出口是纯开端(阻抗 $Z=0$),同时因泵终端阻抗相对于泵前抽吸系统的阻抗较大,故可认为泵端为理想闭端,因此其一阶振型为 1/4 正弦波的开-闭振型。

泵不运转、正弦扫频激励时,泵前管液路的一阶频率为 f_0,其柔度为

$$C_0 = \frac{1}{4\pi^2 f_0^2 L} \quad (8-9)$$

式中：L 为隔离贮箱出口至泵入口流路的惯性。

泵运转、正弦扫频激励时，泵前管液路的一阶频率为 f，泵前管与泵液路的共同柔度为

$$C = \frac{1}{4\pi^2 f^2 L} \quad (8-10)$$

因 C 包含了泵前管液路的柔度，由此可得泵的气蚀柔度为

$$C_b = C - C_0 \quad (8-11)$$

4）质量流量增益

依据泵入口与出口之间脉动压力、脉动流量之间的传递关系，采用试验分析与理论计算的方法辨识出泵的质量流量增益 M_b，即

$$M_b = \frac{Q_1 - Q_2 - sC_b P_1}{sQ_1} \quad (8-12)$$

5）动态增益

动态增益反映泵对流体脉动压力的放大作用，是从动态水试的速变数据中获得，而不是从稳态压头增量与入口压力的斜率中得出。

在有些文献中采用下面公式计算，即

$$m + 1 = \frac{P_2}{P_1}\left(1 + \frac{Z_P}{Z_D}\right) \quad (8-13)$$

式中：Z_P、Z_D 分别为泵阻抗、泵下游阻抗；P_2/P_1 为泵压比。

上面的定义显然不够准确，一般由泵的传递方程导出泵动态增益计算式，即

$$(m+1) = \frac{P_2}{P_1} + (1 - sM_b)(R_P + sL_P)\frac{Q_1}{P_1} - sC_b(R_P + sL_P) \quad (8-14)$$

在准确获取泵流阻 R_P、惯性 L_P、气蚀柔度 C_b、质量流量增益 M_b、入口脉动压力 P_1、入口脉动流量 Q_1 和出口脉动压力 P_2 的基础上，即可计算得到泵动态增益 $m+1$。

8.2.2　试验模拟准则

为了尽可能模拟泵的运行环境，泵动态特性试验采用以下模拟原则[9]。

1）泵试验工况相似

泵水试时一般采用电机驱动方式，受电机功率的限制，对于大推力发动机的主泵来说，水试转速难以达到发动机额定转速。为了保证水试工况与发动机额定工况相似，模拟准则应保证水试点与额定点处于同一条相似线上，即

$$\frac{q_{vw}}{n_w} = \frac{q_v}{n} \tag{8-15}$$

式中:q_{vw}、q_v 分别为水试、额定工况下的泵容积流量;n_w、n 分别为水试、额定工况下的泵转速。

2)泵气蚀裕度相等

以下因素导致水试状态与泵实际工作状态下泵气蚀裕度有较大差异:水试转速低于实际工作转速;水的饱和蒸气压与液氧的饱和蒸气压有较大差别。为了减小上述因素的影响,应保证水试转速下泵的气蚀裕度与实际工作状态相等,有

$$\frac{\dfrac{p_{ip} - p_s}{\rho_0}}{\dfrac{p_{ipw} - p_{sw}}{\rho_w}} = \left(\frac{n}{n_w}\right)^2 \tag{8-16}$$

式中:p_{ip} 为泵额定工作点入口压力;p_s 为实际介质、实际工作温度下的饱和蒸气压;p_{ipw} 为泵水试入口压力;p_{sw} 为水在水试温度下的饱和蒸气压。

8.2.3 试验系统设计

针对某补燃循环液氧煤油发动机进行了氧泵动特性水试,系统如图8-5所示,各主要组成部分实物如图8-6所示。在泵入口安装激励系统,激励系统由液压激振器、活塞缸(包括活塞和液压缸)和三通组成;通过液压激振器驱动活塞,活塞的往复运动在泵入口处形成一定量级的流量、压力脉动激励。泵后的节流圈和电动调节阀用来调节流量,以保证水试工况满足模拟准则的要求。根据液压激振器激励频率的范围、泵入口管路实际情况,在主贮箱与泵之间的入口管上设置有隔离贮箱,其作用为:隔离上游供应系统的噪声,在隔离贮箱出口形成

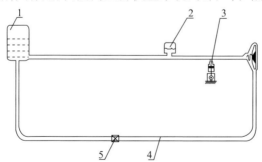

1—主贮箱;2—隔离贮箱;3—激励系统;4—五级节流圈;5—电动调节阀。

图8-5 氧泵动特性水试系统

(a) 隔离贮箱　　　　(b) 激励系统　　　　(c) 泵及泵前后管路

图 8-6　动态水试系统组成实物

一个近似"开"的边界条件；简化对试验系统的分析计算，便于试验时判断隔离贮箱-泵入口管路的谐振频率与相应振型。

8.2.4　隔离贮箱设计

8.2.4.1　隔离贮箱分析模型

对于图 8-7 所示的泵供应系统，左端为主贮箱，近似为开端，右端为泵，近似为闭端。

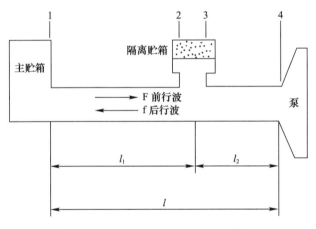

图 8-7　隔离贮箱分析模型示意图

建立隔离贮箱分析模型时作以下假设：泵入口为闭端，认为压力波被完全反射，反射率为1；对于带气垫的贮箱，忽略贮箱结构本身的弹性，气垫按绝热过程考虑；忽略隔离贮箱入口管的柔性，只考虑其惯性和阻力。

一维流体管路的波动方程为

$$\frac{a^2}{A}\frac{\partial q}{\partial x}+\frac{\partial p}{\partial t}=0 \tag{8-17}$$

$$\frac{1}{A}\frac{\partial q}{\partial t}+\frac{\partial p}{\partial x}=0 \tag{8-18}$$

上述波动方程的通解可表示为

$$p = F\left(t - \frac{x}{a}\right) + f\left(t + \frac{x}{a}\right) \qquad (8-19)$$

$$q = \frac{1}{Z_c}\left[F\left(t - \frac{x}{a}\right) - f\left(t + \frac{x}{a}\right)\right] \qquad (8-20)$$

式中：F 为前行波；f 为后行波。设主贮箱出口产生的压力扰动波为 $F = P_0 \mathrm{e}^{\mathrm{j}\omega t}$，此波到达隔离贮箱入口时，一部分被反射回来，反射率为 B；另一部分则通过隔离贮箱，通过率为 S。隔离贮箱入口处的前行波和后行波可分别表示为

$$F_2 = p_0 \mathrm{e}^{\mathrm{j}\omega\left(t - \frac{l_1}{a}\right)} \qquad (8-21)$$

$$f_2 = F_2 B \qquad (8-22)$$

根据式(8-19)、式(8-20)，隔离贮箱入口处（2 截面）的脉动压力和脉动流量分别为

$$p_2 = F_2 + f_2 = (1 + B) p_0 \mathrm{e}^{\mathrm{j}\omega\left(t - \frac{l_1}{a}\right)} \qquad (8-23)$$

$$q_2 = \frac{1}{Z_c}(F_2 - f_2) = \frac{1}{Z_c}(1 - B) p_0 \mathrm{e}^{\mathrm{j}\omega\left(t - \frac{l_1}{a}\right)} \qquad (8-24)$$

当泵对压力波形成完全反射时，隔离贮箱出口处的前行波和后行波分别为

$$F_3 = S \cdot p_0 \mathrm{e}^{\mathrm{j}\omega\left(t - \frac{l_1}{a}\right)} \qquad (8-25)$$

$$f_3 = S \cdot p_0 \mathrm{e}^{\mathrm{j}\omega\left(t - \frac{l_1}{a} - \frac{2l_2}{a}\right)} \qquad (8-26)$$

同理，根据式(8-19)、式(8-20)，隔离贮箱出口处（3 截面）的脉动压力和脉动流量分别为

$$p_3 = F_3 + f_3 = S\left(1 + \mathrm{e}^{-\mathrm{j}\omega\frac{2l_2}{a}}\right) p_0 \mathrm{e}^{\mathrm{j}\omega\left(t - \frac{l_1}{a}\right)} \qquad (8-27)$$

$$q_3 = \frac{S}{Z_c}\left(1 - \mathrm{e}^{-\mathrm{j}\omega\frac{2l_2}{a}}\right) p_0 \mathrm{e}^{\mathrm{j}\omega\left(t - \frac{l_1}{a}\right)} \qquad (8-28)$$

贮箱内气垫按绝热过程考虑，有以下频域有量纲方程，即

$$P_3 = P_2 \qquad (8-29)$$

$$Q_3 = Q_2 - Y_a P_2 \qquad (8-30)$$

式中：$Y_a = sC/(s^2 CL_a + sCR_a + 1)$；$L_a$ 和 R_a 分别为隔离贮箱连接管的惯性和流阻；C 为隔离贮箱的柔度。对于带气垫的贮箱，气垫柔性远大于贮箱壁结构弹性，故忽略贮箱结构本身的柔性，只考虑气垫的影响，则隔离贮箱的柔度可表示为 $C = V_g/(kP_g)$。将式(8-23)、式(8-24)、式(8-27)、式(8-28)代入式(8-29)、

式(8-30),最终可得隔离贮箱的通过率 S 为

$$S = \frac{2}{2 + \omega Y_a Z_c \sin 2\pi Z_1 + j\omega Y_a Z_c (1 + \cos 2\pi Z_1)} \quad (8-31)$$

式中:$Z_1 = 2fl_2/a$ 为从隔离贮箱到泵入口的距离与半波长的比值。由式(8-31)可知,增加隔离贮箱的柔度可以有效减小通过率的模(即$|S|$),从而起到隔离上游噪声的作用。另外,隔离贮箱的安装位置也会对通过率产生影响,对于某一需要隔离的频率,隔离贮箱安装于压力波腹位置时通过率最小,若安放在压力波节处,则通过率最大。

8.2.4.2 隔离贮箱气垫体积对通过率的影响

图8-8给出了不同频率噪声下隔离贮箱气垫体积对通过率的影响。对较高频率的噪声,较好的隔离效果,需要的气垫体积较小,而对较低频率的噪声,为获得较好的隔离效果,则需要的气垫体积较大。但对不同频率的噪声,增大隔离贮箱气垫体积总可以起到减小隔离贮箱通过率的作用,这是因为随隔离贮箱气垫体积的增大,其柔性增大而容抗减小,故起到吸收脉动压力的作用。

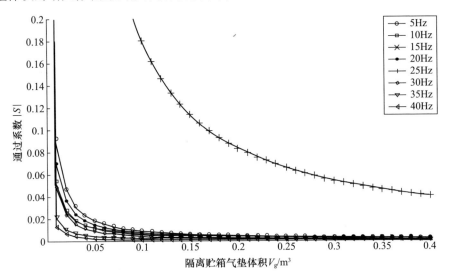

图8-8 气垫体积对通过率$|S|$的影响

为了保证隔离贮箱通过率足够小,同时考虑到分析问题的实际需要,将隔离贮箱气垫体积设计值取为0.3m^3。图8-9为不同频率下,隔离贮箱的通过率。可以看出,除液路一阶谐振频率外($f=25\text{Hz}$),隔离贮箱对其他频率均具有较小的通过率;而对于一阶谐振频率,隔离贮箱位于液压振型的压力波节处,则噪声隔离效果较差,属于正常情况。因此可以认为,隔离贮箱能够模拟"开端"的边界条件。

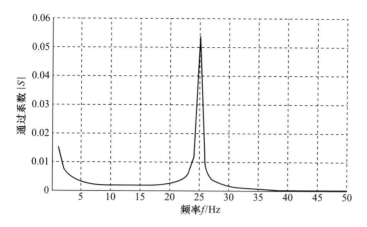

图 8-9 不同频率下的通过率 $|S|$

8.2.4.3 隔离贮箱连接管长度对通过率的影响

隔离贮箱直接连入主管路噪声隔离效果最好,但考虑到试验台的实际情况,只能通过一段短管连接隔离贮箱与主管路,这段连接管的惯性将对隔离贮箱的隔离效果产生较大影响。取通径与主管相同,其长度对通过率 S 的影响如图 8-10 所示。连接管越长,惯性越大,则隔离贮箱的滤波效果越差。因此,在试验台允许的情况下,应尽量减小连接管的长度。

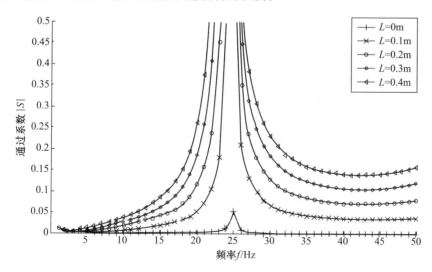

图 8-10 连接管长度对通过率 $|S|$ 的影响

8.2.4.4 隔离贮箱设计要求

隔离贮箱的引入,相当于在管路中加入了一个集中流容元件。此流容足够大时,可使隔离贮箱出口的阻抗很小,从而接近一个开端。因此,进行隔离贮箱设计的要求是:最小的流阻和惯性,较大的气垫体积;具有液位显示功能,且气垫体积可调节,若贮箱后流路中噪声过大而不能满足试验要求时,可通过加大气垫体积来降低隔离贮箱出口的噪声。

8.2.5 激励系统设计

1) 行程计算

在泵动态水试中,为了在泵入口处形成一定量级的流量、压力激励信号,在泵前管路上安装有激励系统。为保证所测量的脉动压力信号有足够高的分辨力与信噪比,激励系统应能在要求的频率范围内激励起足够量级或能量的脉动压力(一般要求为静压的10%以上)。分析模型如图8-11所示。

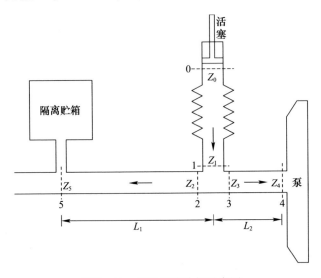

图8-11 激励系统分析示意图

假设隔离贮箱出口5截面处为开端,阻抗为0,泵入口4截面处为闭端,阻抗为无穷大,即 $Z_5=0, Z_4=\infty$,Z_c 为活塞分支管路的特征阻抗。用输出端阻抗表示输入端阻抗,截面2处的阻抗为

$$Z_2 = jZ_c \tan \frac{\omega l_1}{a} \tag{8-32}$$

截面3处的阻抗为

$$Z_3 = \frac{Z_c}{j\tan \frac{\omega l_1}{a}} \tag{8-33}$$

在三通处,依据压力平衡与流量连续关系,得激励活塞出口1截面处的输入阻抗为

$$Z_1 = \frac{Z_2 Z_3}{Z_2 + Z_3} \qquad (8-34)$$

活塞端面0截面至1截面之间的传递函数为

$$\begin{Bmatrix} P_1 \\ Q_1 \end{Bmatrix} = \begin{bmatrix} 1 & -(R_s + sL_s) \\ -sC_s & 1 \end{bmatrix} \begin{Bmatrix} P_0 \\ Q_0 \end{Bmatrix}$$

式中:R_s、L_s和C_s分别为激振器支路的流阻、惯性和柔性。活塞0截面处的脉动流量可用下式表示,即

$$Q_0 = \frac{1 + sZ_1 C_s}{Z_1 + (R_s + sL_s)} P_0 \qquad (8-35)$$

活塞面积为A_s,以$x = X\sin(\omega t)$进行激励,速度为$\dot{x} = X\omega\cos(\omega t)$,此时由活塞激励引起的质量流量脉动为

$$Q_0 = \rho A_s X \omega \cos(\omega t + \varphi) \qquad (8-36)$$

忽略激励与响应之间的相位差,活塞运动位置与激起脉动压力的关系为

$$X = \frac{1}{\rho A_s \omega \cos(\omega t)} \cdot \frac{1 + sZ_1 C_s}{Z_1 + (R_s + sL_s)} P_0$$

由此可得活塞行程为

$$X = \frac{1}{\rho A_s \omega} \cdot \frac{1 + sZ_1 C_s}{Z_1 + (R_s + sL_s)} P_0 \qquad (8-37)$$

根据式(8-37)可以获得活塞行程与频率的变化关系,如图8-12所示。欲在截面1处激起0.05MPa的脉动压力(取泵入口静压为0.5MPa),即$p_1 = 5 \times 10^4 e^{j\omega t}$,在活塞通径203mm、激振频率3Hz的情况下,活塞需要28.4mm的行程;而在50Hz激振频率下,活塞行程只需要0.2mm。总体规律为,随着激振频率的升高,活塞行程将减小,且在谐振频率处所需行程最小。

2)激振力计算

激励系统具有的最小推力应能够克服以下几个力的总和:活塞的最大惯性力、活塞与缸壁的摩擦力和液体介质对活塞的最大阻力。选用激振器的额定推力时,应考虑到传递的衰减和系统的动态补偿。正弦扫描试验时,一般情况下额

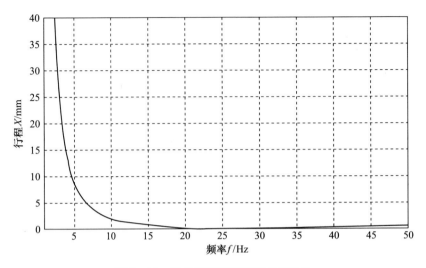

图 8-12　活塞行程随激振频率的变化

定推力可取最小推力的 1.5~2.0 倍；随机激励时，峰值推力为平均推力的 2.5~3.5 倍。

活塞总推/拉力为

$$F = F_p + F_d + F_m + F_f \tag{8-38}$$

式中：F_p、F_d、F_m 和 F_f 分别为静压作用力的合力、瞬态液动力、惯性力和摩擦力。活塞上的静态力主要来源于静压作用力的合力。由于活塞上、下液压作用面积的差异，将产生静态力为

$$F_p = \frac{\pi}{4} D^2 p_s \tag{8-39}$$

式中：D 为活塞杆的直径；p_s 为试验最高压力。

设活塞端压力为 p_0，与管路三通连接处压力为 p_1，活塞分支路的质量流量为 $q_1 = \rho v A_s = \rho A_s x_0 \omega \cos(\omega t)$，活塞距三通处管路长度 l_s，激振器行程 x_0，可建立以下方程，即

$$\frac{l_s}{A_s} \frac{dq_1}{dt} = p_0 - p_1 \tag{8-40}$$

由式(8-40)可得作用在活塞上的瞬态液动力为

$$F_d = (p_0 - p_1) A_s = \rho l_s A_s x_0 \omega^2 \tag{8-41}$$

活塞上的惯性力为

$$F_{\mathrm{m}} = M_{\Sigma}\frac{\mathrm{d}^2 x}{\mathrm{d}t^2} \tag{8-42}$$

式中：M_{Σ} 为运动部件折合质量。

活塞上的摩擦力主要是干摩擦力，由于活塞与缸壁加工精度较高，摩擦力不大。在活塞缸另一边通以一定压力的气体，并用软管与气瓶相连，抵消了液体介质对活塞的阻力，并使活塞运动时气缸压力保持稳定。取 $l_{\mathrm{s}} = 0.4\mathrm{m}$，活塞直径 $d = 0.203\mathrm{m}$，激起 $0.05\mathrm{MPa}$ 脉动压力时，不同频率下所需活塞瞬态液动力如图 8-13 所示。

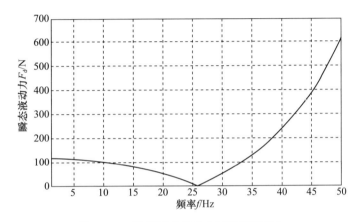

图 8-13　活塞瞬态液动力随频率的变化

3）激振器选型及安装方式

在综合考虑激励频率、行程、力及安装等要求后，即可选择液压激振器的型号。激振器的激振头与液压缸的活塞杆通过法兰盘连接，采用引压软管来平衡活塞上的液压力，整个激励系统通过三通连接到主管路上。推荐采用"主管－三通－液压激振器系统"的"管抱"安装方式，此连接形式将激励力完全转化为内力，并简化了系统及装拆工作。

8.2.6　试验测点

考虑到泵水试工况调节、泵前管液压振型分辨、动特性参数测量等要求，确定了试验测量参数与测点，包括泵转速、流量、介质温度、缓变压力、脉动压力、振动等。试验关键是识别出泵前管路系统的一阶频率，因此脉动压力测点是关键，需要采用低频信号识别能力强的脉动压力传感器。为了满足试验数据分析需要，在泵入口管路上需要沿程设置多个脉动压力测点，用于振型识别；在泵出口沿轴向至少需要设置两个脉动压力测点，用于流量脉动计算。由于脉动流量的测量技术为一大难点,也可利用泵前后直管段测量进出口脉动压力,根据脉动压力反算脉动流量。

8.2.7 试验主要内容

对管泵系统进行人工激励试验,用于研究输送管路的动态特性和泵的流体动力学传递特性。为了保证各试验系统协调工作,研究激励系统、隔离贮箱及测量分析系统等的性能和影响,一般将试验分为预备性试验和正式试验两部分,试验系统见图 8-14。

(a) 不带泵试验系统

(b) 带泵试验系统

图 8-14 泵动态特性试验系统

预备性试验包括:①对激励系统进行结构模态试验;②对泵不运转时泵前、后管路进行模态试验;③隔离贮箱滤波效果试验;④激励系统特性试验;⑤无泵状态下泵前管激励试验等。经过预备性试验的数据分析,发现泵连入系统不运转时,泵前管路并不是理想的闭端,而泵运转时泵前管路近似闭端。为了模拟泵不运转时管路的开闭情况,将泵拆除,泵前管路的泵端封堵,模拟闭端。图 8-15 和图 8-16 分别表示泵端封堵状态、泵运转状态的定频激励特性,图中传感器序号 1~17 分别为从隔离贮箱至泵入口沿程的压力脉动测点,每条

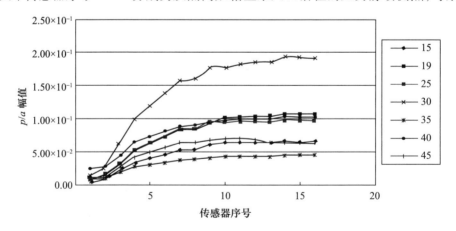

图 8-15 泵端封堵状态下管路液压振型

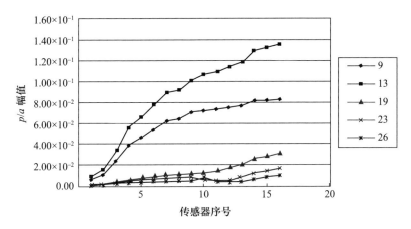

图 8-16 泵运转状态下管路液压振型

曲线代表不同定频激励频率下压力脉动与活塞加速传递函数的幅值。可以看出,隔离贮箱处幅值很小,可以模拟开端;泵入口处幅值最大,为闭端。

为获取泵的气蚀柔度,需要从试验中得到泵不运转时和泵运转时泵前开-闭管路的一阶频率。因此,正式试验分为泵不运转试验与运转试验两种。

泵不运转时的试验:按要求对管路增压,进行正弦扫描激励,判断泵前管路在泵不运转情况下的谐振频率。

泵运转时的试验:

(1) 泵运转但不激励,测量泵进出口脉动压力,获得噪声特性;

(2) 进行正弦扫描激励,判断泵前管路在泵运转情况下的谐振频率;

(3) 在 3~50Hz 范围内进行定频激励试验,获得不同频率下的 $m+1$;

(4) 在不同泵入口增压压力下(根据实际泵入口情况确定),重复(1)~(3)步。

8.2.8 数据分析方法

8.2.8.1 恰当传递函数的选择

确定开-闭管液路系统的谐振频率,一般方法为:①在开-闭管液路系统中,用一个可以测定激励变量的激励器激起液路系统的响应;②确定一个恰当的输出变量(通常是管端或泵入口的脉动压力);③依据对所选恰当传递函数进行幅/相频特性分析,确定流体系统的谐振频率。

在试验系统中,输入扰动由激励系统引入,最常用作传递函数输入变量的是激振压力 p_s 或活塞加速度 a_s。根据给定的试验系统和选定的输入变量,可以建立多种传递函数。理论分析和试验均表明,并非所有的传递函数都能给出正确的系统特征频率,所以必须选择恰当的传递函数。传递函数的选取主要有以下两种形式[10]。

1) 以活塞加速度作为输入变量

对试验系统泵前管路进行简化,采用图 8 – 17 所示的分析模型。

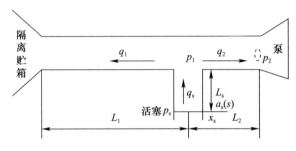

图 8 – 17 泵前抽吸管路分析模型

从隔离贮箱至泵端的管路系统可以近似为开 – 闭管,采用集中参数法建模,认为活塞三通与主管路连接处为短硬直管,不考虑其柔度。设活塞以 $x_s = x_0 \sin(\omega t)$ 运动,则

$$q_s = A_s \rho x_0 \omega \cos(\omega t) \tag{8-43}$$

$$\frac{dq_s}{dt} = -A_s \rho x_0 \omega^2 \sin(\omega t) = A_s \rho a_s \tag{8-44}$$

式中:q_s 为激励活塞处的脉动流量;a_s 为活塞加速度。建立系统动态方程组为

$$\frac{dq_s}{dt} = A_s \rho a_s \tag{8-45}$$

$$L_1 \frac{dq_1}{dt} = p_1 \tag{8-46}$$

$$L_2 \frac{dq_2}{dt} = p_1 - p_2 \tag{8-47}$$

$$C \frac{dp_2}{dt} = q_2 \tag{8-48}$$

$$q_s = q_1 + q_2 \tag{8-49}$$

式中:q_1 为由三通至隔离贮箱的流量;q_2 为由三通至泵的流量;p_1 为三通处压力;p_2 为泵前压力;L_1 为三通处至隔离贮箱管路的惯性;L_2 为三通处至泵管路的惯性;C 为泵前柔度(包括管路集中柔度和泵运转时的气蚀柔度)。

对式(8-45)~式(8-48)进行小偏差线性化处理,联立为

$$(L_1 + L_2)C\frac{d^2 p_2'}{dt^2} + p_2' = L_1 A_s \rho a_s' \qquad (8-50)$$

对式(8-50)进行拉普拉斯变换,有

$$\frac{P_2(s)}{a_s'(s)} = \frac{L_1 A_s \rho}{(L_1 + L_2)Cs^2 + 1} \qquad (8-51)$$

以活塞加速度作为输入变量,系统的特征频率为

$$f = \frac{1}{2\pi}\sqrt{(L_1 + L_2)C} = \frac{1}{2\pi}\sqrt{LC} \qquad (8-52)$$

式中: $L = L_1 + L_2$ 为隔离贮箱至泵的管路惯性。

从式(8-52)可以看出,以活塞加速度作为输入变量的传递函数 $P_2(s)/a_s'(s)$ 可以给出液压系统正确的一阶谐振频率。

2)以活塞处激振压力作为输入变量

根据图8-17,以活塞激振压力作为输入变量,激振器连接管模型为

$$L_s \frac{dq_s}{dt} = p_s - p_1 \qquad (8-53)$$

式中: L_s 为激振器连接管惯性; p_s 为激振压力。

将式(8-53)、式(8-46)和式(8-47)进行线性化、拉普拉斯变换,得

$$\frac{P_2(s)}{P_s(s)} = \frac{L_1}{(L_1 L_2 + L_2 L_s + L_1 L_s)Cs^2 + (L_1 + L_s)} \qquad (8-54)$$

以活塞激振压力作为输入变量,系统的特征频率为

$$f = \frac{1}{2\pi}\left[\left(L_2 + \frac{L_1}{1 + L_1/L_s}\right)C\right]^{-1/2} \qquad (8-55)$$

对比式(8-52)、式(8-55)可得,只有当 $L_s \gg L_1$ 时,才能得到正确的系统特征频率。由于在试验设计时,激振器连接管的惯性 L_s 较小,因此以活塞激振压力作为输入变量的传递函数 $P_2(s)/P_s(s)$ 不适合进行试验数据分析。因此,选用以活塞加速度为输入变量的传递函数 $P_2(s)/a_s'(s)$ 作为试验数据处理的传递函数。

8.2.8.2 脉动流量推算

一般情况下,普通流量计由于频响原因,无法满足脉动流量高采样率的

测量要求。超声波流量计虽具有响应快、动态范围宽以及非接触测量的特点,但在流路夹气严重的区域(如泵入口低压区),流体中的气泡会严重影响测量结果的准确性,故超声波流量计不适合在含气量大的流路中测量脉动流量。另外,超声波流量计价格昂贵,装拆及测量要求较高,流量计的检定也是一个大问题。鉴于以上原因,可采用一种依靠两测点脉动压力推算脉动流量的方法。借助两测点所测得的脉动压力,从两测点脉动压力的传递关系推算得到脉动流量,计算模型如图 8-18 所示,通过分布参数直管的传递关系,可得

$$\begin{cases} Q_1 = \dfrac{P_1}{jZ_c \tan\dfrac{\omega l}{a}} - \dfrac{P_2}{jZ_c \sin\dfrac{\omega l}{a}} \\ Q_2 = \dfrac{P_1}{jZ_c \sin\dfrac{\omega l}{a}} - \dfrac{P_2}{jZ_c \tan\dfrac{\omega l}{a}} \end{cases} \quad (8-56)$$

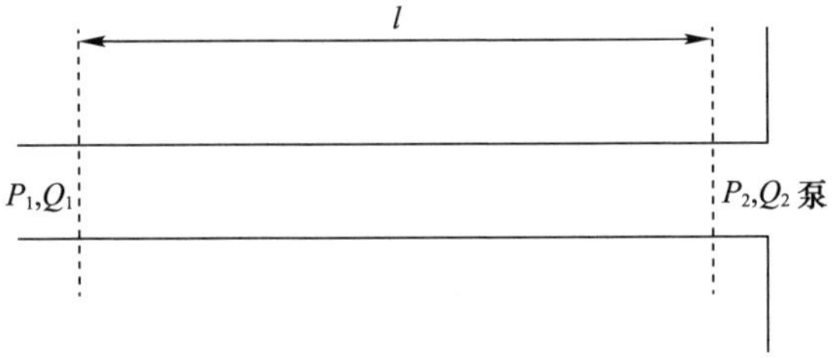

图 8-18 脉动流量计算原理

8.2.9 试验结果及分析

本小节简单介绍某型泵的动态试验分析结果,直观理解泵的几个动力学参数的量级。如果在进行新型发动机动态特性分析时,尚未获取这些泵的动态参数,可以借鉴本节的参数量级来预设数值,以开展初步的系统频率特性及稳定性分析。

1) 泵前管液路一阶谐振频率

由于流体系统的模态特性对含气量、试验过程控制比较敏感,因此进行重复性试验来确认数据的有效性很有必要。在图 8-19 中,给出了泵不运转时 8 个充压状态下的试验结果。对比试验结果可以看出,试验重复性和规律性较好,系统一阶谐振频率随管路充压压力的增大而增高。

第8章 发动机动态特性试验研究

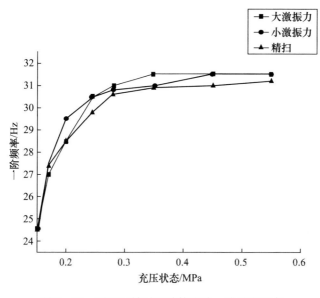

图 8-19 泵不运转时泵前管液路一阶谐振频率

图 8-20 中给出了泵运转、5 个充压状态下的试验结果。泵运转时，系统一阶谐振频率比泵不运转时降低很多，这就是泵运转时泵入口气蚀的影响；系统一阶谐振频率随管路增压压力的升高而增大。

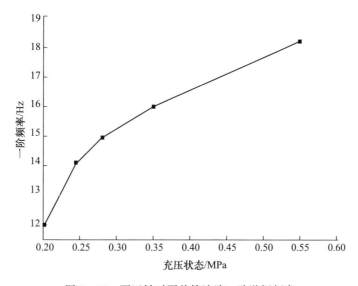

图 8-20 泵运转时泵前管液路一阶谐振频率

· 297 ·

2）泵气蚀柔度

根据泵不运转及泵运转时的泵前管液路一阶谐振频率,求得 5 个充压状态下的泵气蚀柔度,结果见图 8-21。可见,随着泵前压力的减小,泵气蚀加剧,泵气蚀柔度 C_b 急剧增大。

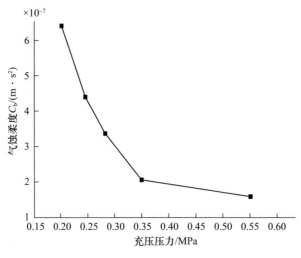

图 8-21　泵气蚀柔度随压力的变化

3）泵质量流量增益及动态增益

根据泵前后脉动压力数据,可计算得泵在多个频率点的 M_b 和 $m+1$。由图 8-22 可以看出,M_b 的模随频率增大迅速减小,10Hz 以上的值在 0.01 以下。

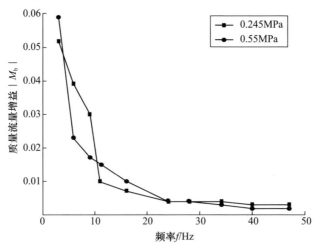

图 8-22　泵质量流量增益 M_b

由图8-23可得,在0.245MPa时,泵出入口脉动压力幅值比P_2/P_1在1.5~4之间,$m+1$在2~6之间(去除野点),整体趋势为随频率升高而增大。分析图8-24,在0.55MPa时P_2/P_1的值在0.7~1.4之间波动,而$m+1$的值在1~1.6之间。对比2个压力状态下的P_2/P_1与$m+1$可以看出,$m+1$随入口压力增大而减小;P_2/P_1与$m+1$差别很大,由此可见,仅用P_2/P_1值来表示泵的动态增益并不准确,而动态增益更能准确地描述泵的流体动力学特性。

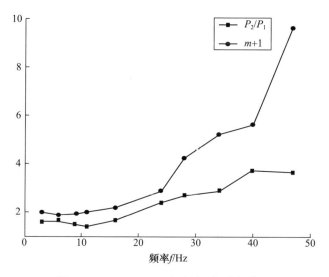

图8-23　0.245MPa时泵压比与动态增益

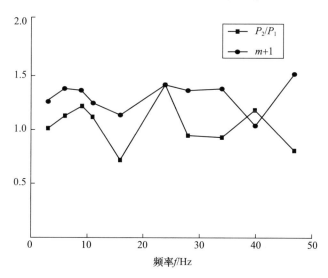

图8-24　0.55MPa时泵压比与动态增益

8.3 单向阀-管路系统自激振荡试验

8.3.1 单向阀自激振荡现象与研究方法

在阀门液流试验和发动机热试车过程中,单向阀的压降如果不足以维持阀芯的稳定打开,则阀芯可能会在相关流路系统中发生颤振,这种现象称为单向阀的自激振荡。当阀门自激振荡现象出现时,常常伴随有流体的强烈脉动、结构的剧烈振动、阀芯磨损和结构失效等故障。

在某次发动机热试车过程中,因降低了流路的流量,该流路中液氧单向阀的压降不足以维持阀芯完全打开状态,阀芯发生颤振,该分支管上出现730Hz的阀-管路系统的自激振荡现象,如图8-25所示。试后检查发现,液氧单向阀阀芯和壳体配合导向面、与阀座配合密封面严重磨损,见图8-26。

对于单向阀-管路系统的自激振荡问题,理论分析主要是建立描述该系统动态过程的非线性动力学模型,通过数值仿真分析系统的稳定性,以弄清产生自激振荡的机理与影响因素,并结合实际制订相应的解决方案。试验研究则是通过搭建单向阀-管路试验模拟系统进行试验研究,找到发生自激振荡的具体原因,以提出增强系统稳定性的措施,并进一步通过试验验证改进措施的有效性[11]。

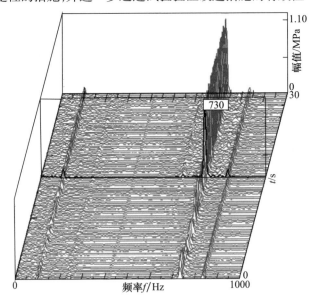

图8-25 单向阀-管路系统内流体压力脉动

图 8-26 单向阀阀芯导向面磨损情况

8.3.2 单向阀自激振荡试验设计

为了验证单向阀-分支管路的自激振荡特性,搭建单向阀-分支管路的水力模拟试验系统,如图 8-27 所示。液氧主导管用于模拟发动机上液氧主输送管路,阀前、后节流圈用来调节流量,并采用发动机上液氧单向阀前、后的真实产品管路。

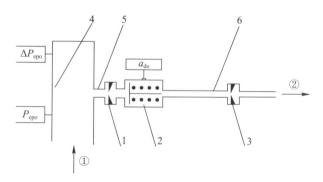

1—阀前节流圈;2—单向阀;3—阀后节流圈;4—液氧主导管;5,6—产品管路。

图 8-27 液氧单向阀动态特性试验示意图

试验时,通过调节①口的压力作为系统的扰动源,期望在某流量工况下激发起系统的振荡特征,以复现试车过程中出现的自激振荡。测量液氧单向阀、阀前、后分支管路和主管路上的振动加速度,同时测量阀入口、出口和主管路内脉动压力,以获取流体脉动与结构振动的特征。

8.3.3 试验数据分析

1）液氧单向阀振荡频率特性

试验过程中逐步增大系统进口压力,试验结果如图 8-28 所示。在阀的入口压力 13MPa、出口压力 1.8MPa,对应水流量 0.12kg/s 情况下,单向阀出现明显的 729Hz 自激振荡,表明系统已经失去稳定性。试验系统进、出口脉动压力信号均出现 729Hz 明显突频,单向阀入口脉动压力 0.001MPa,出口处为 0.05MPa。液氧主导管处脉动压力的频谱如图 8-29 所示,可见有突出的 729.0Hz 基频和 1457.8Hz、2185.0Hz 的倍频分量。

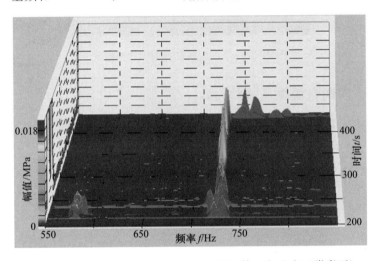

图 8-28 液氧主导管内脉动压力瀑布图（第一次试验）（附彩页）

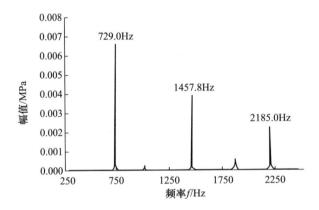

图 8-29 液氧主导管处的脉动压力分频

2）液氧单向阀流量对自激振荡的影响

当入口压力降低至 11MPa（约 150s）时单向阀开始出现约 720Hz 的自激振荡（图 8-30）。约 390s 时，随着出口压力升高，频率逐步升高到 740Hz 左右。在约 450s 时，随着入口压力升高，频率又逐步降低到 720Hz 附近；这一点可以解释为，入口压力的升高和出口压力的降低均代表流量增大，液体动力引起的附加液体质量在阀芯当量质量中所占比例增大，流体附加质量效应导致阀芯当量质量的增加，导致阀芯自激振动频率降低。

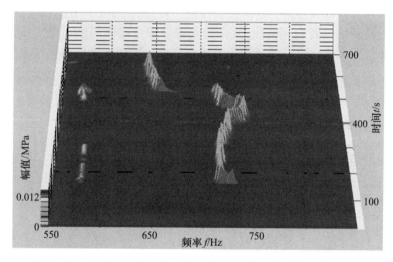

图 8-30 液氧主导管内脉动压力瀑布图（第二次试验）（附彩页）

试验结果均表明，在一定进、出口压力条件下，将产生单向阀-管路系统的流固耦合自激振荡，液氧单向阀在发生自激振荡时存在 729Hz 左右的谐振频率；阀芯自激振动需要满足一定的条件，模拟试验条件下水流量在 0.11～0.15kg/s 范围内阀门均有条件产生自激振荡；在单向阀出现自激振荡后大范围变化阀门流量，阀门可以维持自激振荡过程而不发生衰减。

8.4 流量调节器-管路系统频率特性试验

流量调节器是补燃循环液氧煤油发动机调节和稳定流量供应的重要组件，它安装在燃料二级泵与燃气发生器之间，用于调节和稳定液体火箭发动机的工况，所以流量调节器的静、动态性能的好坏直接影响发动机的工作过程和稳定性。由于流量调节器中的滑阀对系统的压力波动会产生附加的响应作动，势必对流量调节器与所在管路组成的闭环系统的频率特性产生很大的影响，甚至在某些情况下,整个供应系统会出现自发的不稳定现象[12-13]。格列克曼[14]指出,即使流量调节器本身工作很好,但"流量调节器-试验台管路"系统在一些情况下会出现自激振荡现象,改变管路的长度或阻力等就可避免振荡。文献[15]记载了某型流量调节器在进、出口压力恒定的挤压式液流试验台上出现了90Hz的自激振荡现象。近些年来,在大推力高压补燃液氧煤油发动机试车中,发现在流量调节器转级过程中,系统参数易出现较大幅值振荡。

为探究流量调节器频率特性,进行流量调节器-管路系统动态特性试验,以分析流量调节器在关注频率段的动态特性,获得流量调节器在固定工况和转级过程中对特征频率的响应特性,为系统动力学理论建模的修正提供试验数据。对于液体管路和存在自反馈环节的流量调节器共同组成的液体供应系统,其动态特性试验研究还很少。本节结合发动机流量调节器-管路系统动态特性试验,主要介绍试验的系统设计、数据处理分析方法及试验结果分析。

8.4.1 试验系统设计

流量调节器-管路系统动态特性试验为人工激励试验。试验方案的设计要点包括:①尽量采用真实的流量调节器及相关联的管路系统;②尽量准确模拟发动机燃料二级泵至燃气发生器之间的燃料供应系统的进、出口边界条件;③水力激励装置的激励频率覆盖试验范围,激励压力脉动水平大于传感器测量精度;④在水力激励装置出口和流量调节器出、入口及管路沿程布置高精度脉动压力传感器。试验整体思路如下:在相同的试验系统中,首先利用节流圈模拟流量调节器压降,对带节流圈状态的试验系统进行人工激励试验,获得不同频率下的系统响应特性;将模拟调节器的节流圈替换为流量调节器,通过人工激励扫频获得带流量调节器状态的系统响应特性,从而获得流量调节器对系统响应特性的影响;最后进行流量调节器模拟起动转级过程的变节流口面积的频率特性试验。为了保证试验系统各部分的协调工作,确定声学闭端装置、激励装置和测量分析系统的性能,将试验分为预备性试验和正式试验两部分。预备性试验包括声学闭端和激励装置适应性试验。正式试验包括固定工况定频和扫频激励试验以及流量调节器转级过程快速扫频试验。

1) 试验系统原理

由于流量调节器为设置在燃料二级泵后的组件,其工作压力较高,在地面试验中很难模拟发动机工作过程的真实压力,且激励器也难以满足高压密封。因此,在进行动态特性试验时,一般会降低工作压力,以保证流量调节器的压降和流量为基本原则。流量调节器-管路系统动态特性试验原理如图8-31所示。入口设置声学闭端装置模拟发动机燃料二级泵后闭端的边界条件,从声学闭端到流量调节器前过滤器的管路和发动机真实系统一致,并采用真实的发动机流量调节器前过滤器、单向阀和流量调节器,如图中左边虚线方框内所示。节流圈17用来模拟发生器喷注器,其他主路排放节流圈用于保证系统背压。右边虚线方框内为激励装置系统,在流量调节器后引入人工激励。随着脉动发生器内转盘的转动,间歇切断流入旁通管路的流量,在脉动发生器上游的管路内产生周期性的脉动压力信号,从而在激振引出接口产生周期性的流量脉动,对供应系统进行主动激励。由于脉动压力发生器不能承受高压,故采用向外排放式引入激励,设置激励路节流圈用于降压和标定流量。

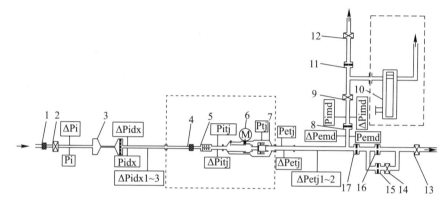

1—过滤器;2—电动气阀;3—声学闭端装置;4—过滤器;5—单向阀;6—伺服电机;7—流量调节器;
8—激励路节流圈;9—激励路电动气阀;10—水力激励装置;11—激励排放路节流圈;
12—激励排放路电动气阀;13,14—主路排放电动气阀;15,16—主路排放节流圈;17—节流圈。

图 8-31 流量调节器-管路系统动态特性试验系统

2) 闭端装置设计

通常为了模拟声学闭端边界条件,其阻抗需远大于主管路的特征阻抗。如果采用设置纯节流元件措施,为了满足其阻抗远大于主管路特征阻抗的要求,即 $2\Delta p/q \gg a/A$,需要节流压降极大,可能会因为流阻过大,导致入口压力供应不足而限流,同时压降过大时容易气蚀。因此,本试验采用一种特殊的声学闭端模拟装置,既能够实现声学闭端,又能降低管路的集中流阻,降低试验台压力供应要求。文献[16]的专利提出了一种节流短管与整流栅结合方式的闭端装置,利用入口与出口处的截面变化及整流栅压降损失增加流阻,利用细管增加流感,整体达到增加阻抗的目的。然而,该专利的闭端装置模型只对中、高频波动具有较好的阻隔效果,但在低频段的闭端效果较差。因此,在原设计的基础上改进细管的长度与结构。原设计和改进设计的声学闭端模型如图 8-32 所示。结合仿真结果和加工条件,改进设计的声学闭端装置见图 8-32(b),既可通过细长管增加阻抗,弯曲段也可增大反射系数。

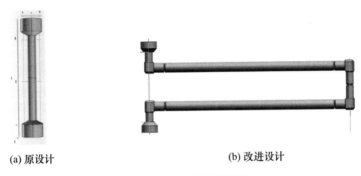

(a) 原设计　　　　　　　　　(b) 改进设计

图 8-32　声学闭端模型

对不同闭端装置模型下的反射系数进行仿真,结果如图 8-33 所示。可见,闭端装置的细管路越长,闭端装置出口截面的反射系数幅值接近 1、相位接近 0 的频率范围越大,能在较宽频率范围内起到闭端效果。在 0~30Hz 的低频段,相位从 180°下降至 0°不够迅速,在这一段内相位并不接近 0°,不能起到较好的闭端效果。超过 1.6m,管路再加长时,效果不明显。因此,通过反射系数计算可知,改进设计的细管长取为 1.6m 是较优的选择。

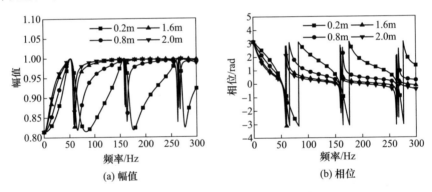

(a) 幅值　　　　　　　　　(b) 相位

图 8-33　反射系数随细管长度的变化

3) 激励装置设计

激励装置系统包括脉动压力发生器、电机、电机控制器、电压信号发生器、指令电缆、测控电缆,如图 8-34 所示。电压信号发生器发出指令信号送至电机控制器,电机控制器接收到指令信号后,通过测控电缆驱动电机转动,脉动压力发生器输出给定频率的流量激励信号。脉动压力发生器的频率 $f(\text{Hz})$ 与电压信号发生器输出的电压 $u(\text{V})$ 之间关系为

$$f = cun$$

式中:c 为常系数;n 为脉动压力发生器转盘上喷孔的数目。

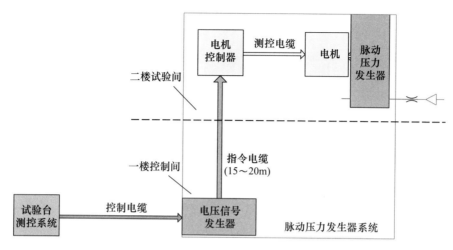

图 8-34 激励装置系统示意图（附彩页）

激励装置的核心为脉动压力发生器。脉动压力发生器内部有与电机相连的转盘，转盘上均布多个小孔，入口接嘴与转盘小孔紧密贴合。对不同转盘孔径进行仿真，如图 8-35 所示，激励频率为 10Hz，在 ϕ6mm 转盘情况下，激励压力的

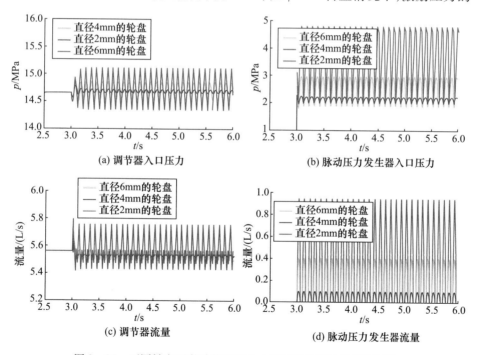

图 8-35 不同转盘下激励装置脉动水平试验仿真结果（附彩页）

振幅为 1.45MPa，脉动流量最大为 0.95kg/s，与设计值基本相符。脉动压力发生器产生的压力脉动可以传递到流量调节器，使流量调节器产生幅值为 0.17kg/s 的流量脉动，流量调节器入口压力脉动幅值约为 0.4MPa。随着转盘孔径减小，激励幅值变小，与设计值基本相符。

4) 测点设置

入口声学闭端前、后布置稳态压力和脉动压力测点，用于测量声学闭端隔绝脉动的能力和流阻特性。激励器节流圈前、后各布置一个缓变和脉动压力测点，测量结果用于计算脉动流量等数据。调节器入口管路沿程设置脉动测点，布置原则为可以测出管路系统振型。流量调节器出、入口设置稳态压力和脉动压力测点，出口管设置两个脉动压力测点。

8.4.2 数据处理及分析方法

对试验脉动压力数据进行时-频域处理，作出脉动压力数据的色谱图，可对色谱图进行分析，判断脉动激励系统的激励能量和频率范围是否达到预期要求，并得到系统响应等。通过对数据的色谱图或瀑布图进行离散切片化处理，消去时间项，在频域内进行分析。图 8-36 展示了压力脉动测点的色谱图，从图可见，由于真实的水力激振系统为分布式的非线性系统，在外界施加激励条件下，系统除了在人工激励频率处有较大响应外，还表现出倍频特征，其分量幅值较小。数据分析重点关注人工激励频率下的响应特性，数据处理时对人工激励下

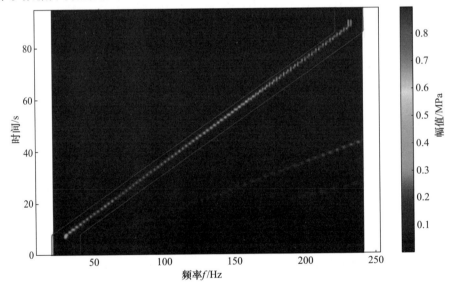

图 8-36 压力脉动色谱图（附彩页）

的时频图实施突频附近斜切寻找最大值操作,斜切阈值线见图 8-36 中人工激励频率处的两条斜线。

根据自动控制理论,建立起输入、输出之间的传递函数,通过传递函数的幅频特性研究调节器及其管路系统的动力学特性。对脉动压力数据进行频谱分析,由于脉动流量难以准确测量,根据液体管路动力学模型和节流圈线性化方程 $p_1' - p_2' = (2R\bar{q})q'$,其中 R 为激励路节流圈的流阻系数,p_1' 和 p_2' 分别为激励路节流圈前、后压力脉动量,$\bar{q}$ 为激励路节流圈稳态平均流量,计算出激励路流量脉动量 q'。由于 $p_1' - p_2'$ 与 q' 在各个频率处相差常数倍,因此本节以 $p_1' - p_2'$ 表征激励源流量脉动,建立流量调节器-管路系统各处脉动压力相对于激励路流量脉动量 $p_1' - p_2'$ 的传递函数,获得流量调节器-管路系统的流体谐振频率和流量调节器出、入口压力的幅频关系。

8.4.3 试验结果分析

8.4.3.1 激励水平

图 8-37 展示了不同转盘孔径下脉动压力发生器入口压力的试验数据。从图 8-37(a) 可以看出,转盘孔为 $\phi4mm$ 时,激励源处的压力脉动幅值大约为 0.5MPa,转盘孔为 $\phi6mm$ 时,压力脉动幅值可达 0.8MPa,与仿真计算的压力脉动幅值基本吻合。可见,较大的转盘孔径可激励起较大的脉动幅值,在试验环境允许且未超过小扰动范围的条件下,选择激励幅值较大的 $\phi6mm$ 转盘进行调节器激励试验。

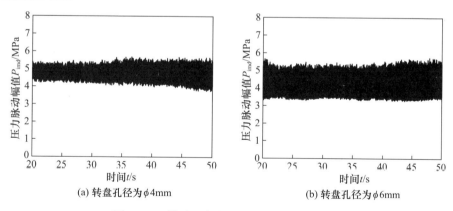

图 8-37 脉动压力发生器入口压力试验数据

8.4.3.2 闭端效果

原设计与改进设计的声学闭端装置如图 8-32 所示,声学闭端结构改进前、后的实测压力脉动曲线如图 8-38 所示,其中 p_i、p_{idx} 测点分别为闭端装置前、后的测点。试验通过线性扫频完成,即随着时间增加,激励频率增加。通过时域试验数据可见,在近乎相同工况下,原设计的声学闭端装置前、后压力脉动幅值相差较小,衰减效果较差,改进设计则具有更好的闭端效果。改进后的闭端装置前、后的压力脉动的衰减作用较强,且除谐振频率外,在更宽频率范围内 p_{idx} 测点的压力脉动幅值远大于 p_i 测点。因此,改进后的声学闭端装置基本达到试验要求。

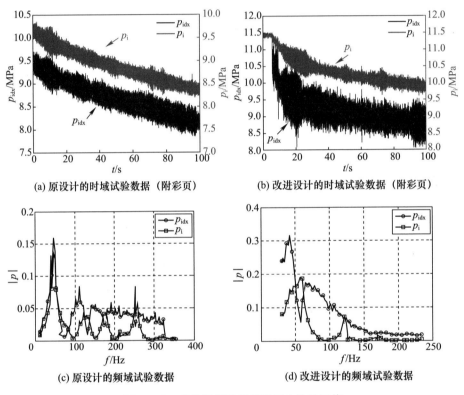

图 8-38 声学闭端装置前后压力脉动幅值

8.4.3.3 频响特性

1) 固定工况

固定工况包括节流圈状态和调节器状态,激励扫频方式为在 80s 内从 30Hz 增加至 230Hz。当在下游激励时,脉动向上游传播,若在传播途中经过节流组件,脉动幅值便会衰减。当试验件分别为节流圈与调节器时,前、后压力脉动如图 8-39 所示。可见,试验件前、后的压力脉动随频率的增加急剧衰减,也就是说,水力试验系统对高频脉动信号的衰减作用较大,随着频率增加,衰减作用增加。此外,系统表现出管路的多阶谐振特征,且在大流量工况下,管路的多阶谐振特性更为明显,一、二、三阶谐振频率分别为 35Hz、65Hz、100Hz。在 3 种流量工况下,试验件前的压力脉动明显均小于试验件后,这是由于节流圈与调节器均属于具有较大压降的节流组件,压力脉动经过此组件时衰减。从节流圈状态可见,随着流量增加,试验件的压力脉动的衰减作用更强,这是由于流量增加,节流圈阻抗增加,对脉动的衰减效果更好。

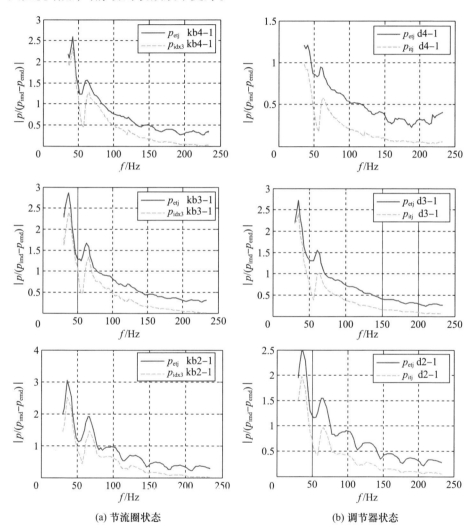

(a) 节流圈状态　　　　　　　　(b) 调节器状态

kb—节流圈状态;d—调节器状态;4-1—小流量工况;3-1—中流量工况;2-1—大流量工况;
p_{idx3}—模拟调节器的节流圈前压力脉动;p_{itj}—调节器前压力脉动;
p_{etj}—节流圈和调节器后压力脉动。

图 8-39　固定工况试验件前后压力脉动响应幅值

在相同的工况下,节流圈与调节器状态的稳态流量保持一致。图 8-40(a) 对比了节流圈和调节器状态的激励源的流量脉动幅值。可见,激励源处产生的脉动幅值随频率变化,反映了激励路的频率特性,小流量工况下,在 125 Hz 附近

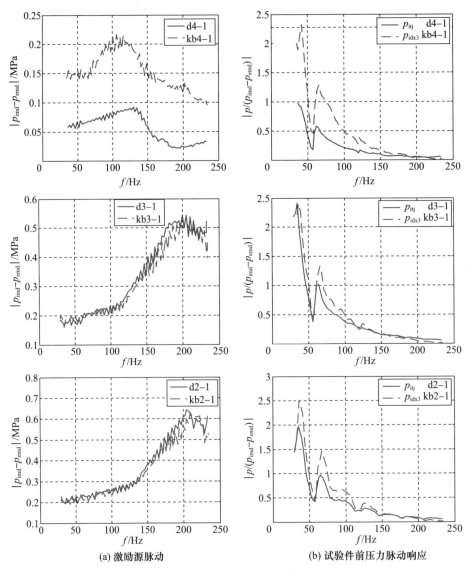

(a) 激励源脉动　　　　　　(b) 试验件前压力脉动响应

kb—节流圈状态; d—调节器状态; 4-1—小流量工况; 3-1—中流量工况; 2-1—大流量工况;
p_{idx3}—模拟调节器的节流圈前压力脉动; p_{itj}—调节器前压力脉动;
p_{etj}—节流圈和调节器后压力脉动。

图 8-40　固定工况下激励源脉动及试验件前压力脉动响应幅值

出现谐振峰,中、大流量工况下,谐振频率更大;随着流量增加,谐振峰值呈现增加趋势。图8-40(b)对比了在下游激励源作用下,节流圈与调节器状态试验系统中脉动向上游传播至试验件前的衰减情况。可见,随着频率增加,传播至试验件前的压力脉动产生急剧衰减。对小于150Hz的低频段来说,在3种流量工况下,相较于节流圈,压力脉动经过调节器衰减得更厉害,这是由于相比于节流圈,调节器内部存在阀芯运动部件,除了内部节流口的节流作用外,还存在高阶系统的滤波作用,因此对脉动的衰减效果更强。对大于150Hz的高频段来说,调节器对脉动的衰减作用与节流圈相同,这是由于滑阀阀芯的机械运动响应时间较长,对频率较高激励信号反应较小,因此作用与节流圈类似。

2) 转级过程

当模拟转级过程时,保持调节器上游贮箱压力不变,下游通过切换节流圈支路改变调节器背压,以保证调节器压降在起调范围,且保持调节器非气蚀状态。由于转级过程较为复杂,不能完全模拟实际试车过程中调节器压降的变化。因此,主要分析试验条件下调节器管路系统的频率特性。在转级过程中流量与试车工况保持一致,用来模拟调节器转级的流量特性,激励器产生的压力脉动频率在0.6s内从130Hz线性增加至170Hz,用来模拟燃气发生器产生的压力脉动。

图8-41所示为试验转级过程调节器前、后压力脉动,在约0.17s时将带节流圈15的并联支路由关闭切换为打开,以增加下游并联支路的总流通面积。图8-42所示为对应的转级过程调节器压降与流量,可见切换节流圈支路后,调节器压降急剧增加,但此过程对流量影响不大。从图8-41可看出,在切换节流圈支路之前和之后,随着频率增加,脉动幅值均呈增加趋势。从图8-42可见,在切换节流圈前,压降随时间呈下降趋势,流量随时间呈增加趋势,调节器阻抗随之减小。因此脉动压力幅值呈放大状态,即脉动衰减效果减弱,在切换节流圈后规律相同。此外,在切换时间附近,切换支路后的脉动幅值小于切换支路前,这是由于切换后调节器压降骤然增加,但流量增加幅度较小,因此阻抗是增加

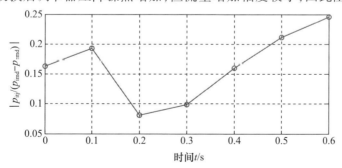

图8-41 转级过程调节器前压力脉动响应

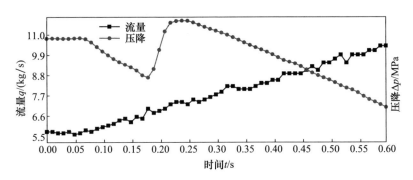

图 8-42 转级过程调节器压降和流量

的,进而使压力脉动减小。总之,流量调节器对压力脉动衰减特性的影响与自身压降和流量(即调节器阻抗)息息相关,随着调节器阻抗增加,衰减作用增大。

8.5 泵后供应系统动态液流试验

根据研制液体火箭发动机的工程实践,当液-液型燃烧推力室出现自发纵向压力振荡时,虽然推力室通常不会直接出现烧蚀破坏,但在该频率下推力室产生显著的结构振动(也称为"大振动问题"),大大恶化了发动机的工作环境。根据燃烧稳定性理论,推力室出现纵向压力振荡存在两种机理:一种是燃烧过程本身与纵向声振产生耦合;另一种是局部供应系统与燃烧室内纵向压力振荡耦合(如液压谐振,见图 8-43)。大尺度推力室纵向压力振荡的频率处于中频范围内,推进剂局部供应系统能够产生显著的响应,产生流量脉动反馈。推进剂供应系统的中频振荡与燃烧过程耦合,可能引发中频不稳定燃烧。

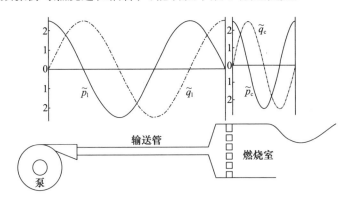

图 8-43 液压谐振时脉动压力、脉动流量波形

发动机局部供应系统的动力学特性对发动机系统的工作稳定具有重要影响。在供应系统频率特性理论分析的基础上,有必要对供应系统开展宽频范围内的水力激振试验,详细研究发动机泵后供应系统在中、高频范围内的动力学特性与动态响应,以获取供应系统的谐振频率与振型,为工程问题的分析提供参考[17-18]。

8.5.1 试验系统设计

发动机泵后供应系统水力激振试验原理如图 8-44 所示,采用真实的发动机氧化剂泵后主导管、氧主阀、推力室头腔和喷注器。为了模拟在发动机工作过程中推力室内燃气振荡对氧化剂供应系统的激励,在氧化剂喷前腔中引入主动水力激振信号[17]。沿供应系统测量各点的脉动压力响应,建立测点压力脉动相对激励源压力脉动的传递函数,研究氧化剂供应系统的动力特性与动态响应。此系统设计与调节器激励试验的最大不同为激励路注入式布局,这与被试件的特点息息相关,由于发动机泵后供应系统可以采用低压模拟,引入激励时可通过激励路节流圈近似气蚀来保证主路与激励系统的隔绝。这种系统设计的优点是激励源受主路的影响较小,便于试验数据处理。

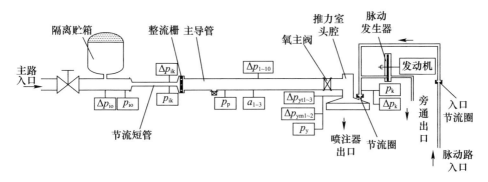

图 8-44 泵后供应系统水力激振试验原理

在发动机工作时,高速旋转的离心泵叶片对下游的扰动波形成硬反射边界,且离心泵内推进剂流速很高,泵后供应系统的入口边界接近声学闭端。推力室内燃气的压缩性远大于液体推进剂的压缩性,供应系统的出口边界接近声学开端。在液流试验中,应尽量模拟发动机工作中泵后主管路供应系统的入口、出口声学边界条件。

在发动机氧化剂主导管入口设置大压降的节流组件,以模拟入口声学闭边界。为了增大其声学阻抗和感抗,将节流组件设计为细直径的节流短管与整流栅相结合的形式[18]。为了模拟出口声学开边界,将推力室喷注器出口直接通向外界，即为理想的声学开端。为减小试验台上游带来的流动噪声干扰，在入口设置大容积的隔离贮箱，并设置一定容积的气垫。

脉动压力发生器采用流量调节器 - 管路系统动特性试验中的激励器。通过对脉动发生器电机电压对时间的变化规律进行编程设置，实现对脉动发生器转速的精确控制，进而对激振频率进行准确控制。

试验之前，需要先预估供应系统的前 5 阶模态频率，保证扫频范围覆盖前 5 阶的频率，确定扫频范围 $f_1 \sim f_2$ 后，可采用以下两种扫频方式。

（1）线性扫频方式。从 $f_1(\text{Hz})$ 开始，以 $\Delta f(\text{Hz/s})$ 的频率增速，匀速增加至 $f_2(\text{Hz})$。原则上频率增速 $\Delta f(\text{Hz/s})$ 越小，获得的数据信息越精细，但是试验时间会增加，可以通过调试试验确定。本书介绍的试验案例，扫频范围为 10 ~ 1200Hz，频率增速为 4Hz/s。

（2）阶梯扫频方式。从 $f_1(\text{Hz})$ 开始，以 $\Delta f((\text{Hz/s})$ 的频率增速线性扫频，每经过 $t(\text{s})$ 时间，则在该频率停留 $t(\text{s})$，然后再继续进行 $t(\text{s})$ 线性扫频，然后再停留 $t(\text{s})$，如此反复直至 $f_2(\text{Hz})$。该方式所需试验时间更久，但可以保证系统在各阶梯频率下完全响应，可以获得更为准确的数据。本书介绍的试验案例，阶梯间隔时间为 5s，对应频率间隔为 20Hz。

8.5.2 数据测量及分析方法

为监测压力波的传播特性，在试验台主管路上和节流短管出口处分别设置脉动压力测点 Δp_{io}、Δp_{ik}。为获得压力脉动的高分辨率振型，在管路沿程布置多个脉动压力测点，见图 8-45，并在激励源位置设置脉动压力测点 Δp_k。鉴于燃烧室直径较大，在燃烧室喷前腔周向对称布置两个脉动压力测点 Δp_{ym1} 和 Δp_{ym2}，其中 Δp_{ym2} 测点在脉动激励源引入接嘴附近。在推力室头腔上沿程布置 3 个脉动压力测点，沿流向分别为 Δp_{yt1}、Δp_{yt2}、Δp_{yt3}。在主导管沿程设置 10 个脉动压力测点，从入口至出口分别为 $\Delta p_1 \sim \Delta p_{10}$。此外，在试验台管路、节流短管、主导管、喷前腔、脉动激励源处设置缓变压力测点，分别为 p_{io}、p_{ik}、p_p、p_y、p_k。

根据 8.4 节的频域传递函数分析方法建立输入量与输出量之间的传递函数。供应系统的输出用沿程的脉动压力测点数据（如 p'_x）表征。外界输入的扰动实际为通过进入喷前腔的脉动流量 q'，由于脉动流量难以准确测量，故用激励源处脉动压力 p'_k 表征。将脉动压力测点 Δp_k 设置为紧邻出口节流圈的上游位置，并将出口节流圈直接安装在头腔引入接嘴上方，脉动压力测点 Δp_k 与推力室头腔之间的距离很短，两者之间局部系统的频率特征可以忽略，仅为出口节流圈的流阻特性。另外，脉动路的稳态压力显著高于氧头腔内压力，出口节流圈的压降很大，因而输入流量扰动为 $q' = p'_k/(2R\bar{q})$，R 为出口节流圈的流阻系数，$\bar{q}$ 为

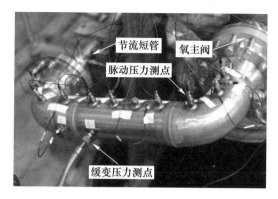

图 8-45 动态液流试验脉动压力测点设计

稳态平均流量。因此,可以建立传递函数 $G_x = p'_x/p'_k$,传递函数的谐振频率即为供应系统在试验条件下的谐振频率,沿程各脉动测点的幅值分布即为发动机供应系统在谐振频率下的振型。

8.5.3 试验结果与分析

8.5.3.1 供应系统频响特性

本小节进行线性扫频的数据分析,每间隔 5s 读取激励源脉动压力和头腔上两个脉动压力的激励频率和分频幅值(40~1050Hz),如图 8-46 所示。在图 8-46(a)中,随着激振频率的变化,激励源的脉动压力幅值不是恒定的,而是存在明显的谐振特性,这是由于脉动发生器上游高压试验管路的谐振特征被激发出来。图 8-46(b)中推力室头腔的脉动压力测点在低于 650Hz 也存在明显的谐振特征,且峰值频率不同于图 8-46(a)中激励源脉动压力谐振频率,这反映了该泵后供应系统在试验条件下的谐振特征。

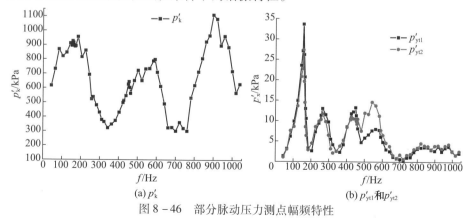

图 8-46 部分脉动压力测点幅频特性

根据出口节流圈的流阻系数 $R=0.3138\text{MPa}\cdot\text{s}^2/\text{kg}^2$、激励源处稳态压力均值 $p_k=4.473\text{MPa}$ 以及氧喷前腔压力均值 $p_y=0.137\text{MPa}$，获得通过脉动激励路进入喷前腔的稳态流量 $q_m=3.72\text{kg/s}$。脉动激励路的稳态流量达到供应系统主路稳态流量的 14.9%。由式 $q_m'=p_k'/(2Rq_m)$ 和图 8-46（a）中 p_k' 的分频幅值，可计算得通过脉动激励路进入喷前腔的流量脉动分频幅值，流量脉动最大分频幅值达 0.475kg/s。为了排除激励源幅值随频率的变化对供应系统脉动压力频率特性的影响，以氧头腔脉动压力测点为例，计算脉动压力幅值与扰动源幅值的比值，传递函数的幅频特性表征了供应系统自身的幅频特性。如图 8-47 所示，在 1050Hz 以内，在试验条件下供应系统明显存在四阶谐振峰，即 $f_1=156\text{Hz}$、$f_2=264\text{Hz}$、$f_3=426\text{Hz}$ 和 $f_4=542\text{Hz}$。在 650Hz 以上供应系统的谐振特征不明显，相对响应幅值都很低。

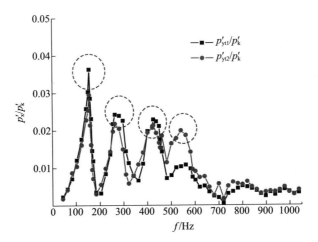

图 8-47 氧头腔脉动压力的相对响应幅值

根据图 8-47 得到供应系统相对输入扰动传递函数的幅频特性，以 p_{yt1}' 为例，计算各阶谐振频率下的半功率带宽、半功率带宽与谐振频率比值（即阻尼比），如表 8-1 所列。阻尼比表征了供应系统在谐振频率下液体的阻尼特性，阻尼比越小，则谐振峰越陡。

表 8-1 各阶谐振频率的阻尼比

模态阶次	一	二	三	四
半功率带宽 $\Delta f_i/\text{Hz}$	19.45	57.30	63.01	97.17
阻尼比 $\Delta f_i/f_i$	0.125	0.217	0.148	0.179

8.5.3.2 供应系统液压振型分析

供应系统在试验条件下前四阶谐振频率相对应的液压振型如图 8-48 所

示,其中横坐标为距产品入口端法兰面的一维流向距离,从左至右依次为脉动压力 p_1'、p_2'、…、p_{yt3}'、p_{ym1}'。在试验条件下,一阶振型推力室喷前腔和主导管入口处的幅值最低,为压力的波节位置,主管路上脉动压力 p_8' 的响应幅值最高,为压力的波腹位置,表明一阶振型接近于半波长 $\lambda/2$。二阶振型接近于波长 λ,存在 2 个压力波腹位置,分别为 p_3' 和 p_{yt1}'。三阶振型接近于 $3\lambda/2$,存在 3 个压力波腹位置。四阶振型接近于 2λ,有 4 个压力波腹位置。综合前三阶谐振频率的振型来看,振型中的压力波腹和波节位置很清晰。而对于第四阶振型,脉动压力传感器的数量还略显偏少,振型分辨率不够。另外,对于所有振型,喷注器位置均为压力波节位置,也即为流量振荡的波腹位置,说明当泵后系统达到液压谐振状态时,通过喷注器产生较明显的流量振荡,对下游的燃烧组件产生较强的流量脉动反馈作用。

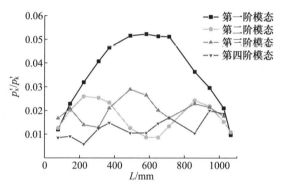

图 8-48 液压系统前四阶模态振型

对比前四阶谐振频率下发动机供应系统的相对响应幅值得出,一阶谐振频率下供应系统中最大相对响应幅值最高,第二阶和第三阶谐振频率下的最大相对响应幅值相近,但均明显低于一阶,第四阶谐振频率下的相对响应幅值整体上低于第二阶和第三阶。一阶谐振频率下压力波腹的相对幅值明显高于其他三阶谐振频率的压力波腹相对幅值。第四阶谐振频率下,从氧喷前腔逆向上游,压力波腹的相对幅值依次减小,表明在较高的扰动频率下,压力扰动波在液体介质中传播的衰减特性逐步显现。

在一阶谐振频率 156Hz 下,供应系统上脉动压力测点的局部时域波形如图 8-49 所示。受主导管入口影响,$p_1' \sim p_3'$ 的波形并不规则。当供应系统达到一阶谐振状态,在压力波腹位置附近($p_7' \sim p_{10}'$),脉动压力的波形较为规则。主导管压力波腹处的脉动压力瞬时峰值达到 0.152MPa,而主导管的稳态压力时均值为 0.1748MPa,脉动压力时域幅值相对稳态压力的比例达到 87%。并且,压力波腹位置附近脉动压力波形呈现上部尖、下部宽的非线性波形,具有一定程度的非线性特征,即超出了线性小扰动的分析范围。因此,在供应系统的出口端附近,当外界在一阶谐振频率下输入流量扰动时,整个供应系统呈现出"理想"共振状态。

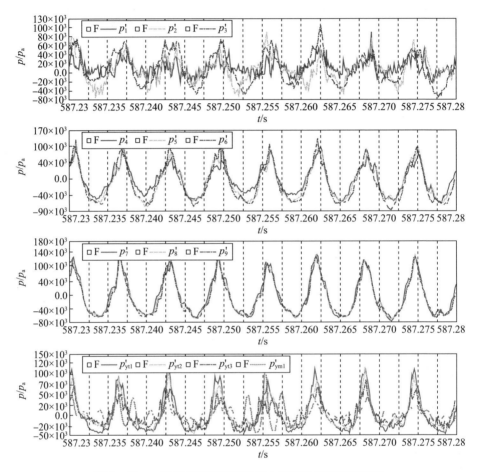

图8-49 一阶谐振频率下脉动压力的时域波形(附彩页)

8.5.3.3 激励扫频策略影响分析

本小节进行阶梯扫频数据分析,采用的阶梯形扫频策略为:150Hz 以内线性增加,之后每5s递增20Hz后,维持5s,逐步增大至1200Hz,再按原速率阶梯形降低至0Hz。激励频率递增和递减过程的总周期为1140s,激励总时间长于线性扫频策略。此次试验中,保持供应系统的稳态流量25.0kg/s和边界条件不变,激励源处稳态压力均值 $p_k = 3.78$ MPa。

按同样方法计算推力室头腔脉动压力幅值与扰动源脉动压力幅值的比值,

如图 8-50 所示。在 1050Hz 以内,在试验条件下供应系统同样存在 4 个清晰的谐振峰,供应系统的谐振特征被充分激发起来。其中,前四阶谐振频率分别为 $f_1=152\text{Hz}$、$f_2=256\text{Hz}$、$f_3=408\text{Hz}$ 及 $f_4=530\text{Hz}$。与线性扫频策略相比,前四阶谐振峰基本相似,但谐振频率值略有差异。

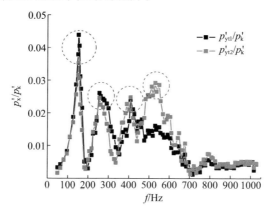

图 8-50 阶梯形扫频头腔脉动压力的相对响应幅值

两次试验前三阶谐振频率供应系统的沿程脉动压力相对响应幅值对比如图 8-51 所示。在相同的试验流量工况下,两种扫频激励供应系统的一阶振型都接近于半波长,只是阶梯形扫频获得的压力波腹处相对响应幅值高于线性扫频激励下的相对幅值,表明在低频段适当延长激励时间至每个激励频率点流体的脉动状态相对稳定,可以提高供应系统的沿程响应幅值。而在第二阶和第三阶振型下,两次试验供应系统中脉动压力相对响应幅值差别很小,振型分布也完全一致。

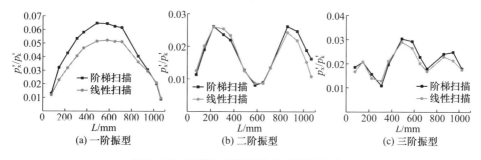

图 8-51 两种扫频激励策略下的振型对比

总体上讲,阶梯形扫频激励与线性扫频激励获得的供应系统振型分布规律吻合很好,说明该动态液流试验的重复性较好,也说明采用单程 300s 的线性扫频激励对于获得全尺寸供应系统的谐振频率及振型是足够的。

8.6 燃气发生器大范围变工况稳定性试验

随着液体火箭可重复使用、大规模载人地外星球探测软着陆等需求,发动机的变工况范围越来越宽。在较低工况下,发动机燃烧组件,特别是燃气发生器的工作参数大幅偏离额定点,燃气温度大幅降低,燃烧时滞变长。另外,推进剂供应系统的阻尼变小,易出现燃烧组件与供应系统的耦合振荡[19-20]。这种振荡的机理是,在发生器压力振荡作用下,引起供应系统较大的流量振荡,推进剂流量振荡在发生器内通过燃烧环节,产生燃气压力振荡,在相位合适、振荡增长大于系统阻尼耗散的情况下,初始压力振荡不断发展并维持下去,最终形成发生器与供应系统的流量型耦合不稳定[21-22]。

燃气发生器在挤压试验台上开展各种工况下的热试车是发动机研制过程中的重要试验,通过试验可以验证发生器在低工况下的工作稳定性。由于试验台能力限制,台上推进剂供应系统难以完全模拟发动机实际状态,因此需要对发生器-试验台系统进行稳定性仿真。通过试验结果修正仿真模型,然后再进行发动机系统动态仿真,以确认发动机在各工况下的稳定性。另外,在试验系统中可以采取一些稳定性控制措施,并通过试验验证措施的有效性,可为发动机稳定性设计提供技术支撑。

本节以某型 5∶1 变推力富氧补燃液氧煤油发动机的燃气发生器为例,主要介绍试验方案设计、发生器-试验台推进剂供应系统稳定性分析与试验数据处理。一般在这类试验中,有很多考核目的,本节主要介绍与系统稳定性相关的内容。

8.6.1 试验方案设计

对于规模较大的发动机,考虑到试验台能力,一般进行发生器缩尺件的挤压试验;而对于规模较小的发动机,试验台供应能力可以覆盖,可直接进行全尺寸发生器的挤压试验,以获得产品更真实的工作特性。试验系统原理如图 8-52 所示。

试验时,测量氧入口氧阀前、氧气蚀管前及燃料入口阀前、燃料路节流圈前、氧喷前、燃料喷前、燃烧室燃气的脉动压力。试验产品和试验系统特点如下。

(1) 采用高压贮箱挤压供应系统。

(2) 在发生器出口设置工艺喉部,用来模拟发生器压力,通过不同喉部直径来满足不同发生器压力的要求。发生器的液氧入口、燃料入口设置高压控制阀门。液氧路通过气蚀管控制流量。不同工况采用不同喉部直径的气蚀管,如果

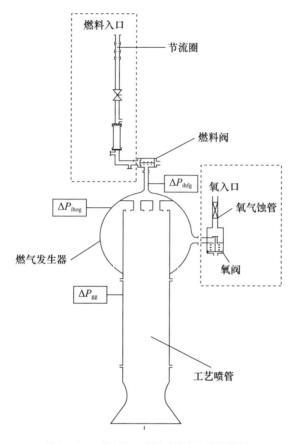

图 8-52　燃气发生器挤压试验系统简图

工况差别不大,可以设计一个气蚀管来适应多个工况,以提高试验效率。另外,也可以采用节流圈控制流量。气蚀管至发生器的管路尽量模拟发动机上氧主泵至发生器的供应管路,以保证相似的管路特性。

(3) 燃料路则通过阀前多个串联节流圈控制流量,需保证各节流圈均处于不气蚀状态;不同工况采用不同通径的节流圈来控制。另外,节流圈位置和压降也是影响系统稳定性的关键因素之一。为便于描述,将燃料路入口的多个节流圈统称为节流圈5。

(4) 设置必要的点火系统、预冷和吹除系统。

为了对比发生器及供应系统在不同工况下的稳定性,共开展4个工况的热试车,包括:①90%额定工况热试车(因试验台能力限制,未进行100%工况试验);②40%工况热试车;③20%工况热试车;④10%工况热试车。具体工况如表8-2所列。4组工况采用相同管路组件,氧路气蚀管和燃料路限流节流圈根据流量需求设置。在进行20%工况及以下试验时,为抑制发生器与燃料路系统的低频耦合振荡,在靠近燃料主阀入口设置一个节流圈,使燃料系统阻尼进一步加大。

表8-2 燃气发生器试验工况

序号	参数名称	单位	90%	40%	20%	10%
1	发生器压力	MPa	17.0	6.0	2.8	1.5
2	发生器氧流量	kg/s	15.9	6.58	2.8	1.6
3	发生器燃料流量	kg/s	0.28	0.12	0.06	0.03
4	氧喷嘴压降	MPa	5.61	1.11	0.44	0.14
5	燃料喷嘴压降	MPa	5.24	1.16	0.30	0.10
6	燃料路节流圈压降	MPa	4.46	2.74	7.5	8.3

8.6.2 发生器-推进剂供应系统耦合稳定性分析

为防止供应系统与燃烧装置的中、低频耦合振荡影响试验,需要根据第5章的分析方法对试验系统的稳定性进行分析。

90%工况时,推进剂供应系统出口导纳和燃气系统入口导纳仿真结果如图8-53所示。液氧供应系统、燃料供应系统和燃气系统导纳幅值均不相交,表明系统稳定。

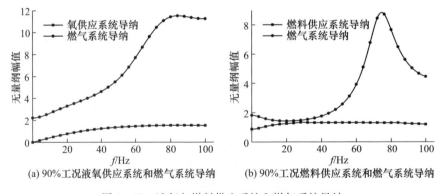

(a) 90%工况液氧供应系统和燃气系统导纳　　(b) 90%工况燃料供应系统和燃气系统导纳

图8-53 液氧与燃料供应系统和燃气系统导纳

40%工况时,推进剂供应系统出口导纳和燃气路入口导纳仿真结果如图8-54和图8-55所示。液氧供应系统和燃气系统导纳幅值不相交,不满足振荡幅值条件,液氧闭环系统的奈奎斯特曲线不包围原点,系统稳定。燃料供应系统和燃气系统导纳幅值在10~60Hz相交,满足振荡的幅值条件;燃料闭环系统奈奎斯特曲线在时滞大于4.5ms后包围原点,表明燃料闭环系统满足耦合不稳定的充要条件,系统失稳。

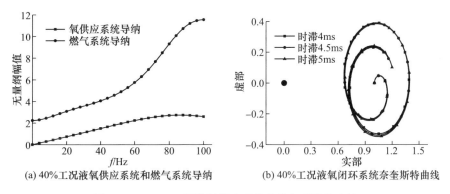

图 8-54　40%工况液氧供应系统和燃气系统稳定性

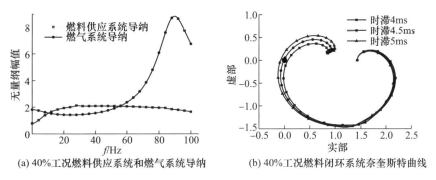

图 8-55　40%工况燃料供应系统和燃气系统稳定性

20%、10%工况时推进剂供应系统出口导纳和燃气系统入口导纳仿真结果如图 8-56 和图 8-57 所示。可见,液氧供应系统和燃气系统导纳不相交,液氧闭环系统奈奎斯特曲线不包围原点,系统稳定。

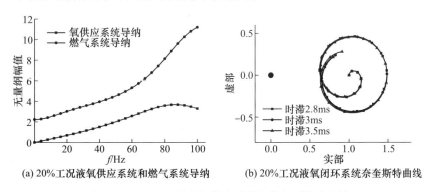

图 8-56　20%工况液氧供应系统和燃气系统稳定性

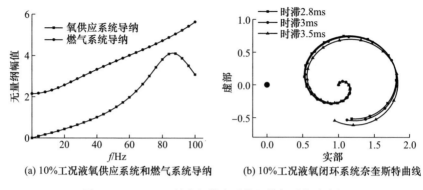

图 8-57　10%工况液氧供应系统和燃气系统稳定性

图 8-58 所示为 20%工况下、燃料阀前不增加节流圈的情况,燃料供应系统和燃气系统导纳在 10~70Hz 范围内相交,在时滞大于 3ms 时闭合回路奈奎斯特曲线开始包围原点,表明燃料闭环系统满足耦合不稳定的充要条件。图 8-59 所示为燃料阀前增加节流圈的情况,大阻尼状态可以保证系统的稳定性。

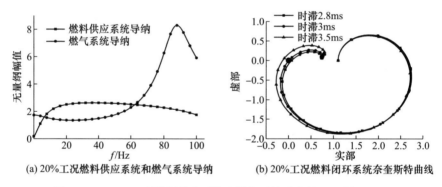

图 8-58　20%工况燃料供应系统和燃气系统稳定性(不增加阻尼)

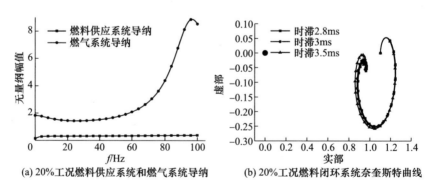

图 8-59　20%工况燃料供应系统和燃气系统稳定性(增加阻尼)

图 8-60 和图 8-61 所示为 10% 工况下燃料阀前不增加和增加节流圈的情况,可以得到与 20% 工况相似的结论。

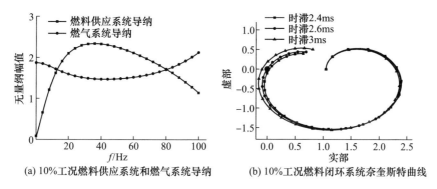

图 8-60 10% 工况燃料供应系统和燃气系统稳定性(不增加阻尼)

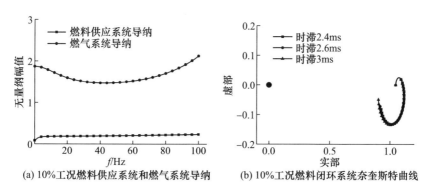

图 8-61 10% 工况燃料供应系统和燃气系统稳定性(增加阻尼)

8.6.3 各工况系统稳定性试验数据分析

对各工况下,发生器热试中实测的发生器燃烧室脉动压力进行频谱分析,发生器热试低频突频(分频)幅值见表 8-3。各工况下,发生器燃烧室脉动压力的频谱见图 8-62。

表 8-3 发生器热试低频突频(分频)幅值

工况	90%	40%	20%	10%
燃料路节流圈状态	节流圈 5 压降 3.4MPa;燃料阀前无节流圈	节流圈 5 压降 2.5MPa;燃料阀前无节流圈	节流圈 5 压降 4.2MPa;燃料阀前节流圈压降 3.5MPa	节流圈 5 压降 4.5MPa;燃料阀前节流圈压降 3.6MPa

续表

工况	90%	40%	20%	10%
突频频率/Hz	无	60	73	67
ΔP_{gg}/MPa	0.01	0.6	0.2	0.25
ΔP_{gg}与室压比值/%	0.06	10	7.2	9.4

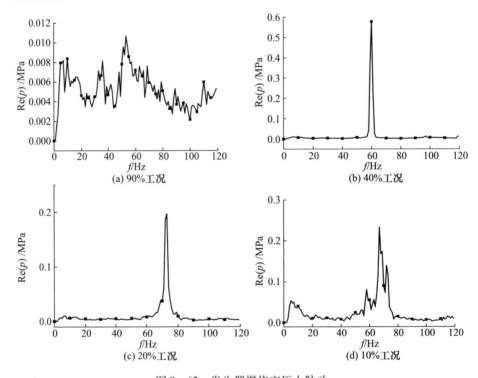

图 8-62 发生器燃烧室压力脉动

90%工况时,未出现明显的低频突峰,系统稳定。40%工况时燃气发生器压力出现明显的60Hz突频振荡,振荡幅值大约为0.6MPa。20%工况时燃气发生器压力有73Hz小幅振荡,幅值大约为0.2MPa;虽然20%工况比40%工况更低,但其室压脉动幅值降低,约为40%工况的3/4,说明在燃料阀前增加阻尼(采取了第2个节流圈靠近发生器的措施),可起到对系统耦合的隔离和抑制作用,从而有效防止了低工况下发生器与供应系统耦合带来的参数大幅波动的问题。10%工况也增加了燃料路阻尼,但是脉动并未出现明显的衰减,此时燃料供应系统和发生器燃气系统的耦合振荡条件已不满足。因此,该脉动主要是由发生器自身在低喷注压降下的低频振荡燃烧引起的。

8.7 发动机系统热试车搭载动态试验方案

发动机整机热试车上开展的动态试验,是真实产品、真实工作介质、实际工况和基本模拟实际工作环境下的试验,主要目的是获取推进剂供应-发动机系统的低频特性。目前在整机热试车时进行动态试验,一般不采用人工激励,仅在发动机上设置脉动压力和振动测点,获取发动机工作过程中的动态信息;一般蓄压器也会和发动机联合热试车,以获取带蓄压器状态的系统动态特性。

8.7.1 动特性试车模拟准则

地面热试车与真实飞行过程之间的差异会对系统动态特性产生较大的影响,主要表现在以下方面。

(1) 贮箱至发动机的供应管路不同。

(2) 地面试车,无箭体结构弹性振动与推进供应系统的耦合作用(即 POGO 效应)。

(3) 目前发动机试车两种推进剂均采用氮气增压方式,这与箭上实际工作状态有差别,增压介质影响推进剂的含气状态。

为了消除这些差异,通常采取以下模拟准则。

(1) 在供应系统中增加起动贮箱模拟火箭贮箱的开端条件(图 8-63),保证起动贮箱和发动机之间的管路长度、通径、阻尼等与箭上一致。

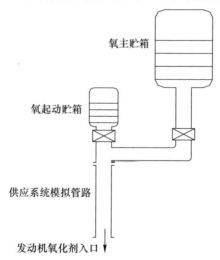

图 8-63 动特性试车氧化剂供应系统

（2）在发动机入口增加所需频率范围、能量幅值的人工激励，以获取发动机推进剂供应系统的动态响应。

（3）在热试车时，按火箭贮箱的增压方案进行增压。

8.7.2 试验激励方式

通过第7章的分析，对于富氧补燃循环发动机，氧化剂供应系统的动态特性对发动机推力特性及全箭低频特性影响很大，而燃料供应系统的影响较小，因此试车过程在氧入口增加人工激励是比较合适的。激励频率范围覆盖3~30Hz即可。

在发动机氧化剂入口进行激励，可采用两种激励方案。一种方案是通过振动台驱动活塞，在发动机氧化剂入口施加定频、扫频激励，测量发动机流体与结构的动态响应，但此方案实施难度大，风险高。另一种方案是在发动机氧化剂入口管路上增加一路旁通，设置转盘式的流体激振器，在发动机进入稳定工作后打开旁通管路，通过流体激振器控制进入主流路的流量，从而在发动机入口产生可控的流体激励信号。

8.7.3 试验测点设计

在发动机推进剂供应液路、燃气主路沿程布置低频、高灵敏度、频响特性较好的脉动压力传感器，同时在供应系统管路、发动机主要组件上设置振动测点。通过对压力脉动、振动加速度的分析，以掌握发动机系统的动力学特征及动态响应。

参考文献

[1] 杜大华,张继桐. 液压系统管路内流体声速研究[J]. 液压与气动,2006,(10):7-10.

[2] DOTSON K W, RUBIN S. Effects of unsteady pump cavitation on propulsion – structure interaction (POGO) in liquid rockets[R]. AIAA 2004 – 2027.

[3] 王小军,于子文,张兵,等. 国内外运载火箭POGO抑制技术研究进展[J]. 中国科学:技术科学,2014,44(5):492-503.

[4] 杜大华,邢理想,徐浩海. 液体火箭发动机泵动态特性水力试验研究[J]. 火箭推进, 2013,39(3):50-57.

[5] 李斌. 补燃循环液氧煤油发动机系统频率特性研究[D]. 西安:西北工业大学,2011.

[6] 邢理想,杜大华,李斌. 液氧煤油发动机氧主泵动态水试方案研究[C]. 中国宇航学会会议,2010.

[7] RUBIN S. An interpretation of transfer function data for a cavitating pump[R]. AIAA2004 – 4025.

[8] SHIMURA T. Geometry effects in the dynamic response of cavitating LE – 7 liquid oxygen pump [J]. Journal of Propulsion and Power,1995,11(2):330 – 336.

[9] 董锡鉴. 相似准则在液体火箭发动机试验中的应用[J]. 火箭推进,2004,30(1):23 – 26.

[10] 汪钺. POGO 动力试验中恰当传递函数分析[J]. 推进技术,1985,(6):1 – 10.

[11] 刘上,刘红军,徐浩海. 单向阀流路系统自激振荡特性研究[J]. 火箭推进,2011,37(3):1 – 5.

[12] 刘上,刘红军,徐浩海,等. 流量调节器 – 管路系统频率特性及稳定性[J]. 推进技术,2012,33(4):631 – 638.

[13] 张淼,李斌,邢理想. 流量调节器动力学模型优化及自激振荡特性研究[C]. 中国航天第三专业信息网第四十届技术交流会暨第四届空天动力联合会议,2019.

[14] ГЛИКМАН Б Ф. 液体火箭发动机自动调节[M]. 顾明初,郁明桂,邱明煜,译. 北京:宇航出版社,1995.

[15] 张贵田. 高压补燃液氧煤油发动机[M]. 北京:国防工业出版社,2005.

[16] 刘上,张兴军,程晓辉,等. 一种液流系统声学闭端入口边界条件模拟装置[P]. 陕西:CN108225726A,2018 – 6 – 29.

[17] 刘上,赵瑞国,付幼明,等. 宽频高幅值水力激振信号的产生与控制[J]. 航空动力学报,2018,33(10):2492 – 2499.

[18] 刘上,张兴军,程晓辉,等. 火箭发动机泵后供应系统水力激振试验[J]. 航空动力学报,2018,33(11):2635 – 2643.

[19] 李春红,高玉闪,陈晖,等. 深度变推力液氧煤油发动机技术研究[J]. 载人航天,2020,26(1):107 – 112.

[20] 陈文,邢理想,徐浩海,等. 深度节流补燃循环发动机系统稳定性研究[J]. 火箭推进,2020,46(3):41 – 48.

[21] 刘上,刘红军,孙宏明,等. 液体火箭发动机中频耦合振荡初步研究[J]. 推进技术,2013,34(1):101 – 108.

[22] 刘上,刘红军,陈建华,等. 富氧燃气发生器 – 供应系统耦合稳定性研究[J]. 推进技术,2013,34(11):1148 – 1458.

内 容 简 介

本书重点针对液体火箭发动机系统的振荡过程,介绍了适用于不同频率范围的液路系统、流体机械系统、气路系统的动力学模型,包括时域模型、频域模型,在此基础上,针对不同机理的系统振荡问题讨论了系统流体与机械运动耦合稳定性、流体与燃烧过程耦合稳定性、两相流体动力学过程耦合稳定性、发动机整机系统频率特性及稳定性等问题,分析了系统振荡机理、振荡特性和控制措施。本书还通过发动机研究中的实例介绍了通过冷态试验或热试验研究系统稳定性的方法,书中的理论与方法都通过了实际发动机的验证。

本书可作为液体火箭发动机领域工程技术人员的参考书,也可作为液体火箭发动机专业本科高年级学生及研究生教学、科研用书。

Focused on the oscillations in the liquid rocket engine system, the dynamic models of the liquid feed system, the fluid – machinery system and the gas flow paths for different range of frequencies are introduced, including the transient simulation model and the frequency – domain analysis. Furthermore, stability of fluid system coupled with mechanical motion, stability of fluid system coupled with combustion process, stability of two – phase fluid system, frequency characteristics and stability of the entire engine system are discussed, and the oscillation mechanism, oscillation characteristics and suppression of oscillation are analyzed. Finally, this book also introduces the investigations on the stability of the system byhydraulic tests or hot fire tests. The main theory and methods of this book are verified by the tests of the real engines.

This book can serve as a reference book for the engineers and technicians in the field of liquid rocket engines. It can also be used as the textbook and reference book for the senior undergraduate students and graduate students in the field of liquid rocket engines.

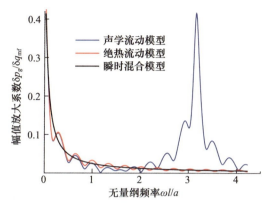

图 3-24 燃料流量激励下室压振荡

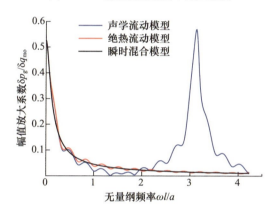

图 3-25 液氧流量激励下室压振荡

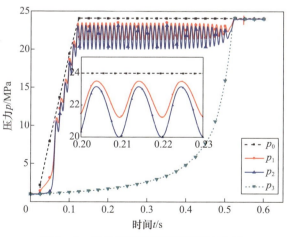

图 4-5 流量调节器管路系统压力曲线

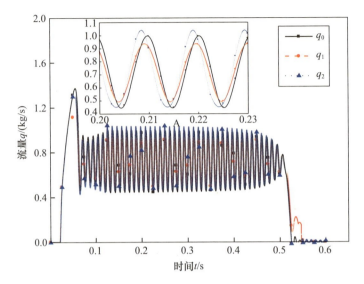

图 4-6 流量调节器管路系统流量曲线

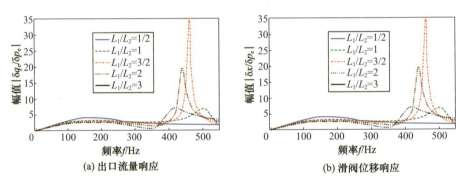

图 4-13 调节器前后不同管路长度比例下系统的频率特性

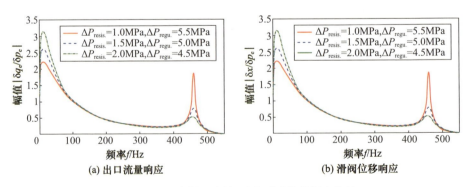

图 4-14 不同出口局部阻力下系统的频率特性

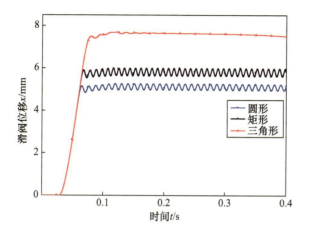

图4-19 流量调节器过渡过程滑阀位移曲线

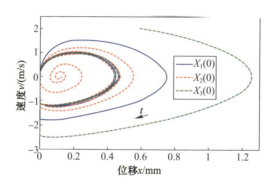

图4-32 不同初值条件下阀芯运动相图

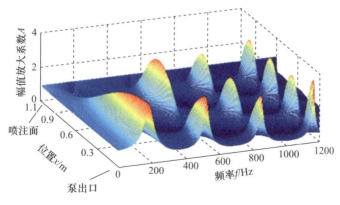

图5-10 燃气发生器压力扰动下液氧供应系统沿程压力响应的幅频特性

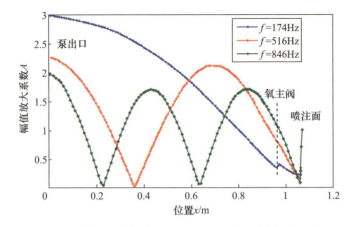

图 5-11 管路谐振频率下液氧供应系统沿程压力响应幅值

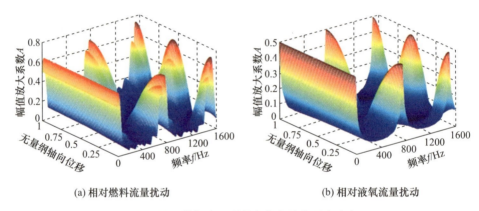

(a) 相对燃料流量扰动

(b) 相对液氧流量扰动

图 5-15 燃气发生器轴向各点处的压力响应

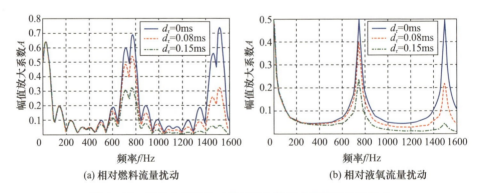

(a) 相对燃料流量扰动

(b) 相对液氧流量扰动

图 5-20 燃尽曲线形状对燃气发生器压力幅频特性的影响

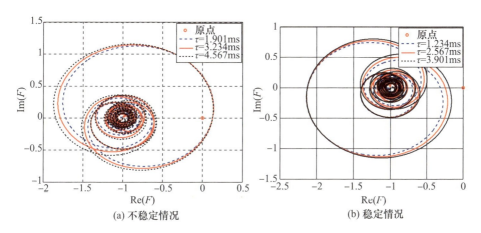

(a) 不稳定情况 (b) 稳定情况

图 5-22 不同燃烧时滞 τ 下氧闭环系统的奈奎斯特曲线

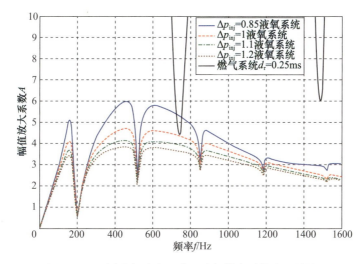

图 5-25 不同液氧喷注压降下液氧供应系统出口导纳和燃气系统入口导纳的幅频特性

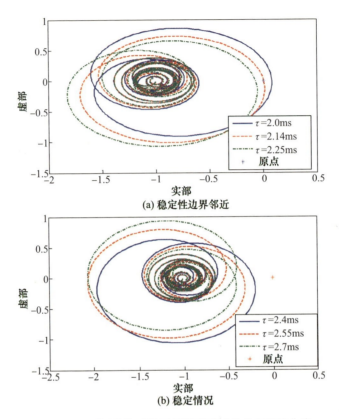

(a) 稳定性边界邻近

(b) 稳定情况

图 5-29 不同燃烧时滞下氧闭环系统的奈奎斯特曲线

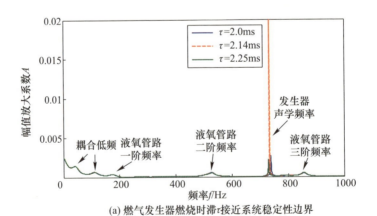

(a) 燃气发生器燃烧时滞τ接近系统稳定性边界

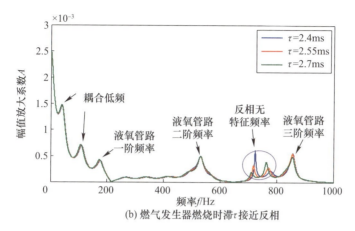

(b) 燃气发生器燃烧时滞τ接近反相

图 5-30 不同燃烧时滞下燃气发生器喷注面压力相对蒸发器路流量扰动的幅频特性

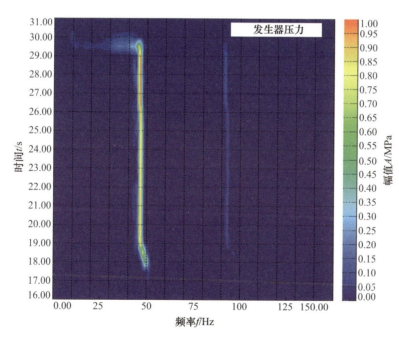

图 5-36 实测燃气发生器压力色谱图

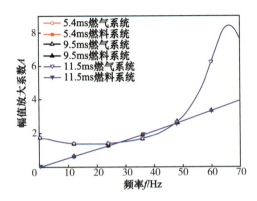

图 5-37 不同燃烧时滞下燃料供应系统出口导纳和燃气系统入口导纳的幅频特性

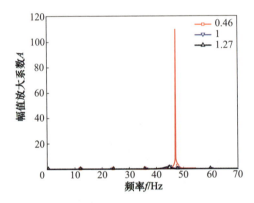

图 5-43 不同喷注压降下发生器压力相对于燃料二级泵出口流量扰动的幅频特性

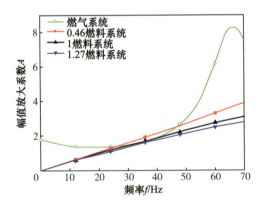

图 5-44 不同喷注压降下燃料供应系统出口导纳和燃气系统入口导纳的幅频特性

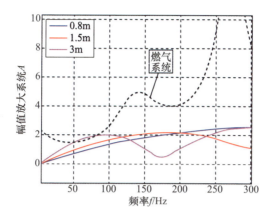

图 5-48 不同泵后管路长度下燃料供应系统出口导纳和燃气系统入口导纳的幅频特性

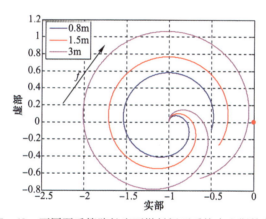

图 5-49 不同泵后管路长度下燃料闭环系统奈奎斯特曲线

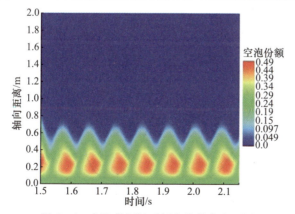

图 6-4 空泡份额随时间变化的分布云图

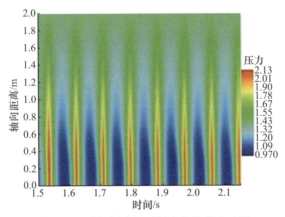

图 6-5 液氧压力随时间变化的分布云图

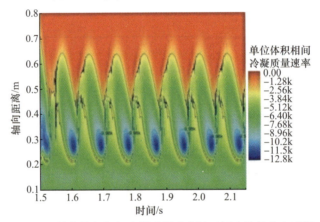

图 6-6 单位体积相间冷凝质量速率随时间变化的分布云图

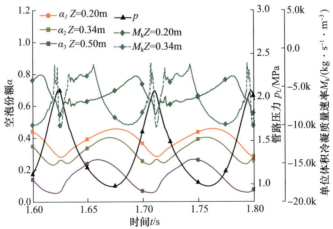

图 6-7 不同位置空泡份额、液氧压力和冷凝质量速率随时间的变化曲线

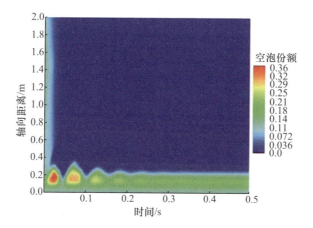

图6-8 空泡份额随时间变化的分布云图

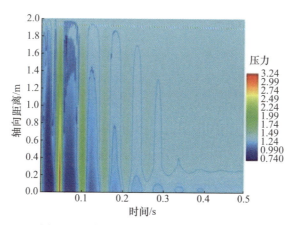

图6-9 液氧压力随时间变化的分布云图

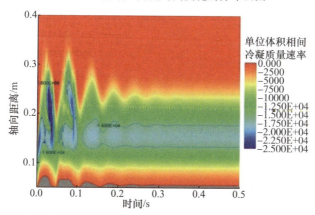

图6-10 单位体积相间冷凝质量速率随时间变化的分布云图

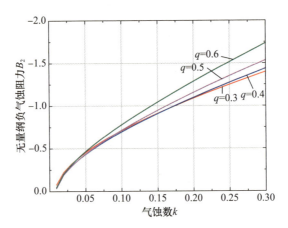

图 6-39 无量纲负气蚀阻力与气蚀数 k、工况系数 q 之间的关系

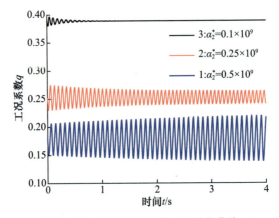

图 6-48 不同工况系数 q 的变化曲线

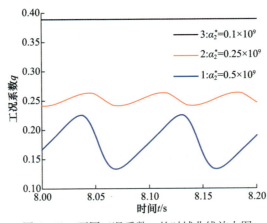

图 6-49 不同工况系数 q 的时域曲线放大图

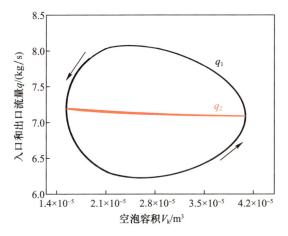

图 6-54　入口流量、出口流量与空泡容积的关系曲线

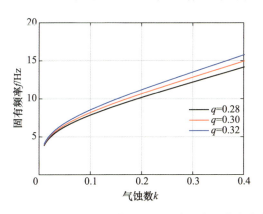

图 6-56　不同工况系数下气蚀振荡频率随气蚀数变化曲线

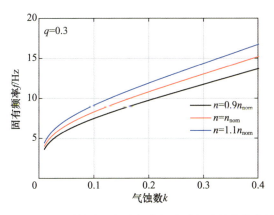

图 6-57　不同转速下气蚀振荡频率随气蚀数变化曲线

(a) 壳体开槽　　　　　　　　(b) 壳体扩径

图 6-61　诱导轮入口回流试验

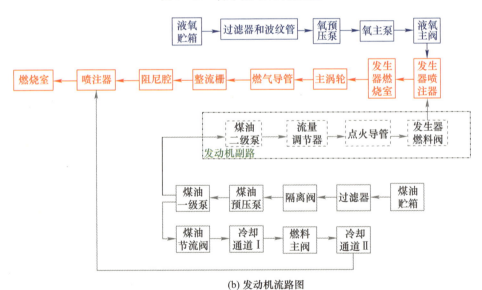

(b) 发动机流路图

图 7-1　液氧煤油富氧补燃发动机系统示意图

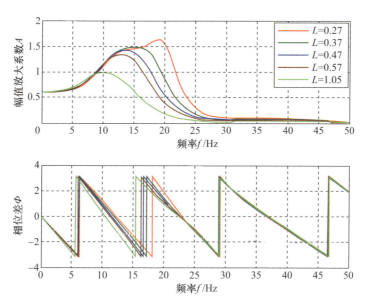

图7-5 燃气穿透长度对频率特性的影响

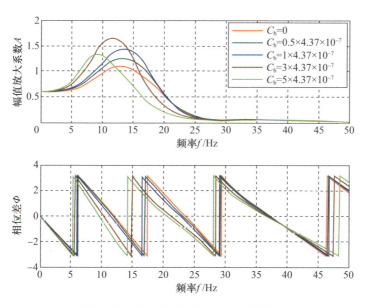

图7-6 泵气蚀柔度对频率特性的影响

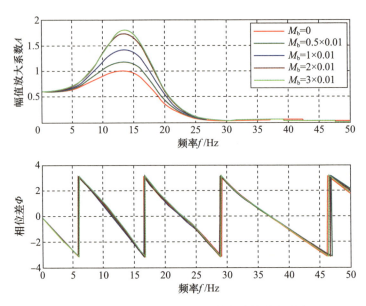

图7-7 泵质量流量增益对系统频率特性的影响

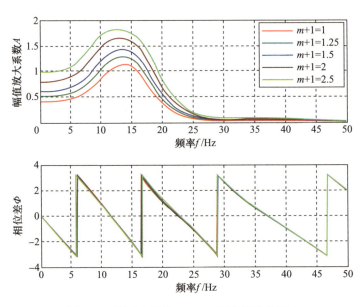

图7-8 泵动态增益 $m+1$ 对频率特性的影响

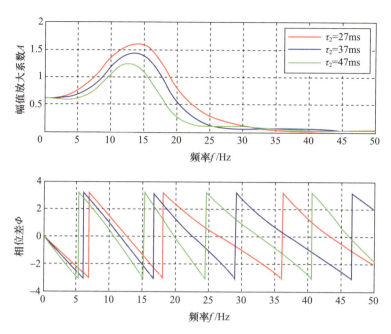

图 7-9 燃气管路停留时间的影响

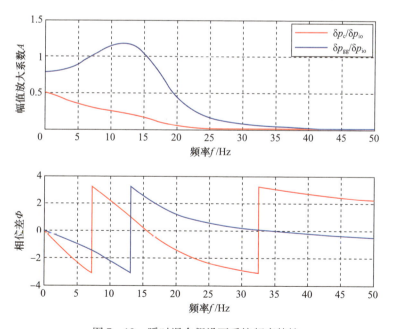

图 7-10 瞬时混合假设下系统频率特性

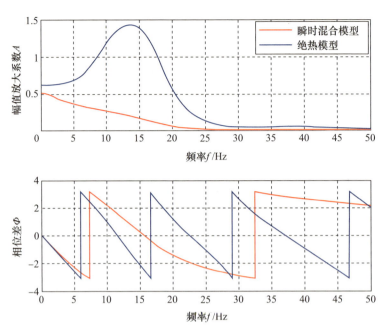

图 7-11 两种模型的发动机频率特性对比

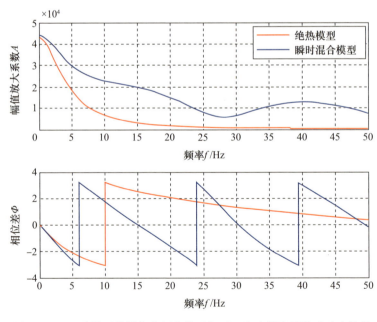

图 7-12 两种模型的燃烧室压力脉动相对于发生器流量脉动响应特性

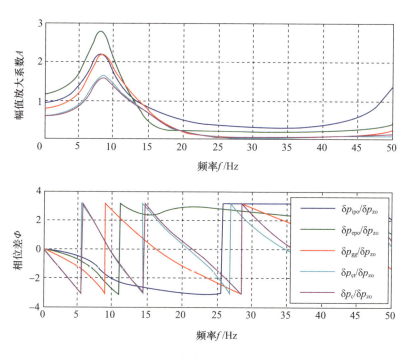

图7-15 发动机各处脉动对比

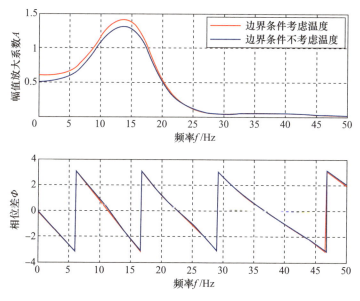

图7-16 边界温度对系统频率曲线的影响

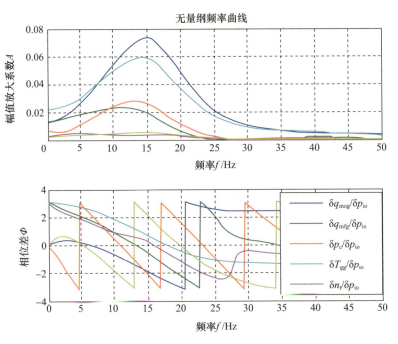

图 7-17 相对于发动机氧入口压力干扰的无量纲频率特性

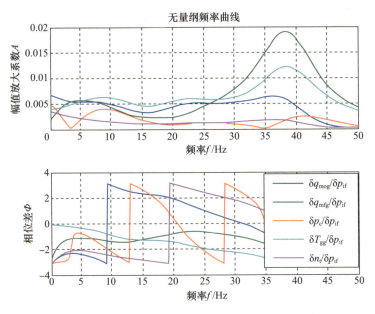

图 7-18 相对于发动机燃料入口压力干扰的无量纲频率特性

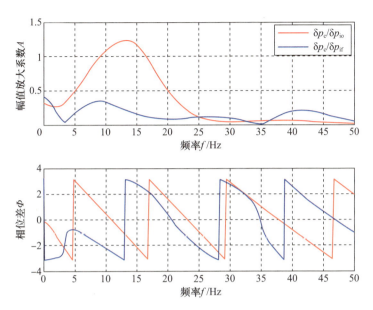

图 7-19　燃烧室脉动幅值对比

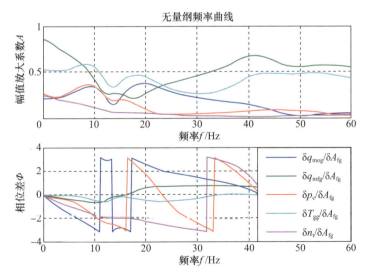

图 7-20　相对于发生器流量调节器节流口流通面积干扰的无量纲频率特性

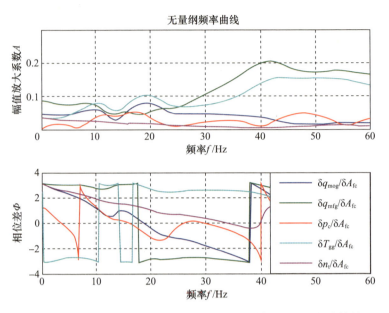

图 7-21 相对于燃料主路节流阀流通面积干扰的无量纲频率特性

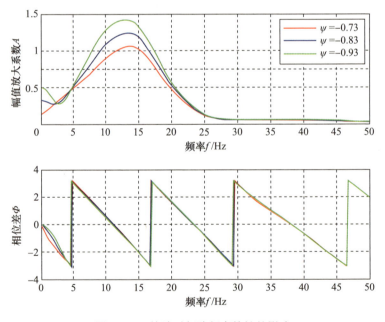

图 7-22 熵波对氧路频率特性的影响

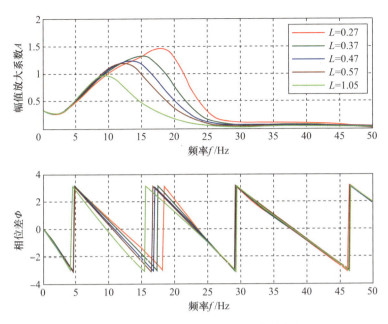

图 7-23 燃气穿透长度对氧系统频率特性影响

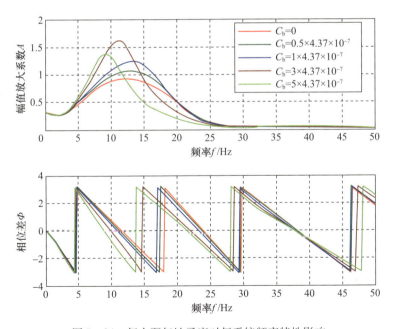

图 7-24 氧主泵气蚀柔度对氧系统频率特性影响

彩23

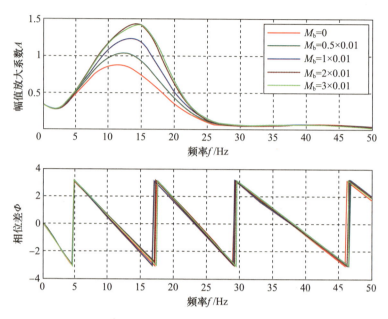

图 7-25 氧主泵质量流量增益对氧系统频率特性影响

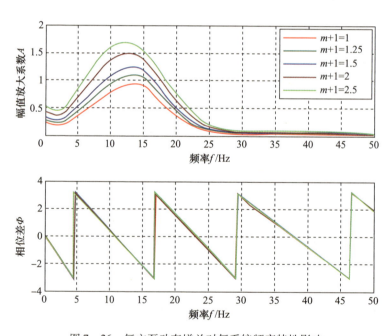

图 7-26 氧主泵动态增益对氧系统频率特性影响

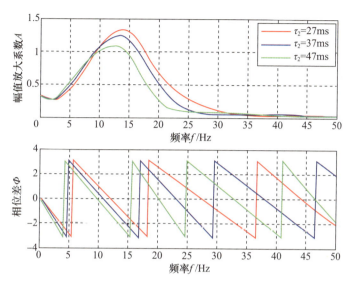

图7-27 燃气停留时间对氧系统频率特性影响

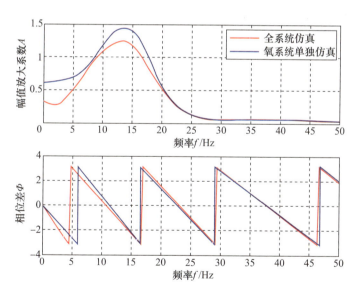

图7-28 两种模型的燃烧室相对氧入口频率特性对比

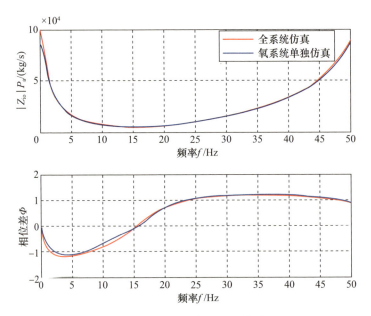

图 7-29 两种模型氧入口阻抗对比

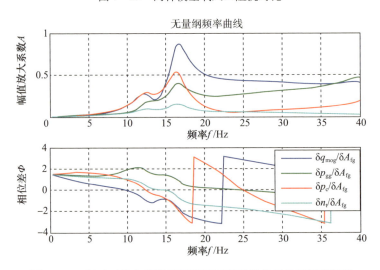

图 7-33 相对于发生器燃料阀流通面积干扰的无量纲频率特性

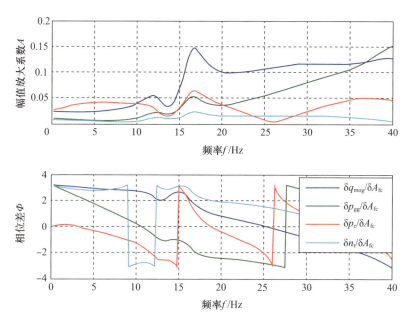

图 7-34 相对于燃料主路节流阀流通面积干扰的无量纲频率特性

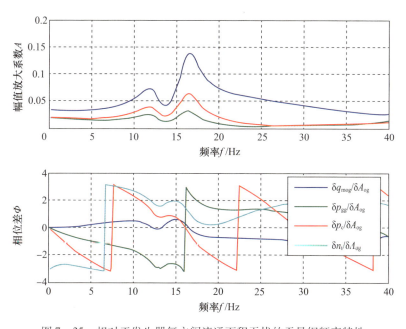

图 7-35 相对于发生器氧主阀流通面积干扰的无量纲频率特性

彩27

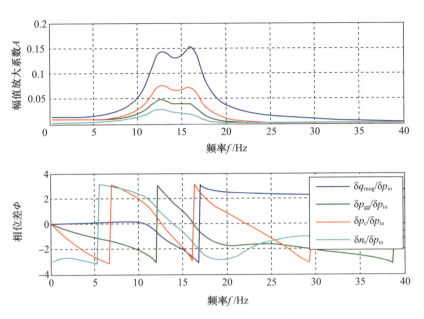

图7-36 相对于发动机氧入口压力干扰的无量纲频率特性

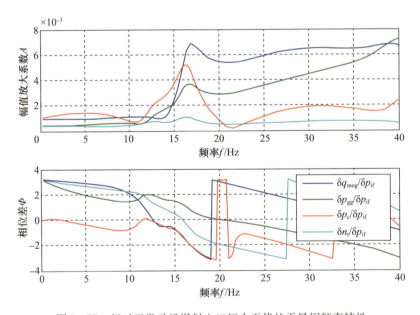

图7-37 相对于发动机燃料入口压力干扰的无量纲频率特性

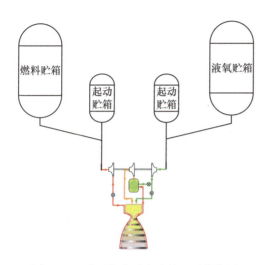
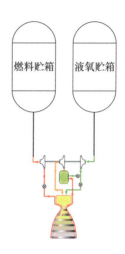

图 7-38 发动机与试车台输送系统简图　　图 7-39 发动机与工艺验收试车台输送系统简图

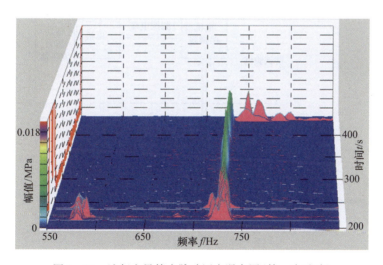

图 8-28 液氧主导管内脉动压力瀑布图(第一次试验)

彩29

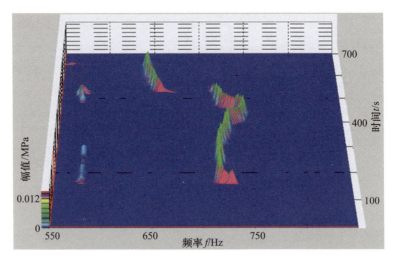

图 8-30 液氧主导管内脉动压力瀑布图(第二次试验)

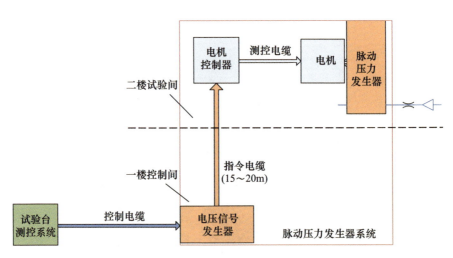

图 8-34 激励装置系统示意图

彩30

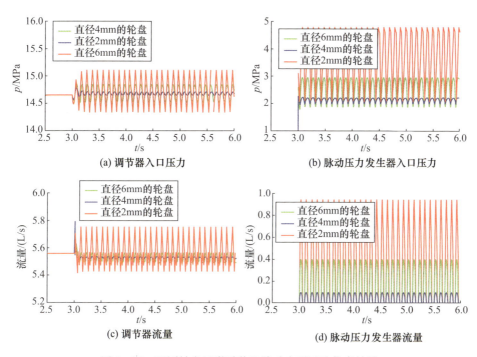

图 8-35 不同转盘下激励装置脉动水平试验仿真结果

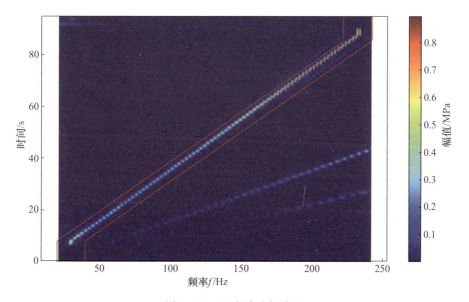

图 8-36 压力脉动色谱图

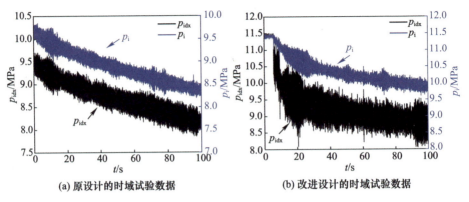

图 8-38 声学闭端装置前后压力脉动幅值

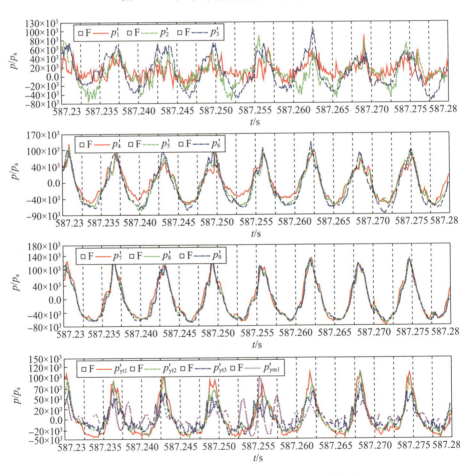

图 8-49 一阶谐振频率下脉动压力的时域波形